气瓶安全管理与技术

岳 忠 主编

中国劳动社会保障出版社

图书在版编目(CIP)数据

气瓶安全管理与技术/岳忠主编. —北京:中国劳动社会保障出版社,2011

ISBN 978-7-5045-9251-4

Ⅰ.①气… Ⅱ.①岳… Ⅲ.①气瓶-安全技术 Ⅳ.①TH490.8

中国版本图书馆 CIP 数据核字(2011)第 185211 号

中国劳动社会保障出版社出版发行
(北京市惠新东街1号 邮政编码:100029)
出 版 人:张梦欣

*

北京北苑印刷有限责任公司印刷装订 新华书店经销
850 毫米×1168 毫米 32 开本 11.75 印张 279 千字
2011 年 9 月第 1 版 2011 年 9 月第 1 次印刷
定价:30.00 元

读者服务部电话:010-64929211/64921644/84643933
发行部电话:010-64961894
出版社网址:http://www.class.com.cn

版权专有　　侵权必究
举报电话:010-64954652
如有印装差错,请与本社联系调换:010-80497374

内 容 提 要

本书系统地介绍了气瓶基础知识、气瓶设计与制造安全、气瓶充装安全、气瓶运行安全、气瓶定期检验,以及最新相关法律、法规、标准。并结合有关的最新法律、法规和事故案例,分析气瓶从设计、制造直至报废各环节存在的危险性,并提出相应的安全控制措施。本书内容翔实,资料丰富,既重视基本理论概念的阐述与鲜释,又具有很强的实用性,系统地研究气瓶有关安全问题和事故防范措施。本书可作为指导有关气瓶安全操作和管理的参考书,适合于高校安全工程专业师生、安全管理人员、安全评价师以及从事气瓶相关工作的人员。

本书共六章,由岳忠主编。其中第一、二(一、二节)、三、四、六章由岳忠执笔,第二(第三节)、第五章由钱林执笔。安全工程研究生于飞同学参与了文献查阅和文字排版校对工作,在此表示感谢。由于作者水平有限,可能存在疏漏偏颇之处,敬请广大读者批评指正。

目　录

第一章　概论 …………………………………………………… (1)

第二章　气瓶基础知识 ………………………………………… (16)
 第一节　气体性质 …………………………………………… (16)
 第二节　常用瓶装气体 ……………………………………… (31)
 第三节　气瓶的分类及结构 ………………………………… (64)

第三章　气瓶的设计与制造安全 ……………………………… (117)
 第一节　气瓶主体材料的选择 ……………………………… (117)
 第二节　强度设计 …………………………………………… (126)
 第三节　气瓶制造及质量控制 ……………………………… (135)

第四章　气瓶的充装安全 ……………………………………… (153)
 第一节　永久气体气瓶的充装 ……………………………… (153)
 第二节　液化气体气瓶的充装 ……………………………… (167)
 第三节　乙炔气瓶的充装 …………………………………… (181)
 第四节　气瓶充装站安全 …………………………………… (191)
 第五节　气瓶充装站安全管理 ……………………………… (217)

第五章　气瓶运行安全 ………………………………………… (221)
 第一节　气瓶安全管理与监察 ……………………………… (221)

第二节　气瓶操作安全 …………………………………（228）
　　第三节　气瓶运输 ………………………………………（234）
　　第四节　气瓶储存与保管 ………………………………（238）
第六章　气瓶定期检验 ………………………………………（243）
　　第一节　气瓶检验概述 …………………………………（243）
　　第二节　定期检验 ………………………………………（248）

附录 A　特种设备安全监察条例（2009 年修订）………（267）
附录 B　气瓶安全监察规程 ………………………………（295）
附录 C　永久气体气瓶充装规定 GB 14194—2006 ………（325）
附录 D　液化气体气瓶充装规定 GB 14193—2009 ………（335）
附录 E　溶解乙炔气瓶充装规定 GB 13591—2009 ………（347）
附录 F　气瓶使用登记管理规则 TSG R5001—2005 ……（360）
参考文献 ……………………………………………………（369）

第一章 概 论

一、气瓶安全特点

所谓气瓶是指正常环境温度（-40~60℃）下使用的、公称工作压力大于或等于0.2 MPa（表压）且压力与容积的乘积大于或等于1.0 MPa·L的盛装永久气体、液化气体和标准沸点等于或低于60℃的液体的移动式压力容器。根据盛装介质可以把气瓶分为压缩气体气瓶（永久气体气瓶、液化气体气瓶、低温绝热气瓶）和溶解乙炔气瓶，气瓶内的介质可以为单一气体，也可以为混合气体。根据气瓶的制造型式可以把气瓶分为无缝气瓶、焊接气瓶和特种气瓶（特种气瓶指车用气瓶、低温绝热气瓶等，其中低温绝热气瓶的公称工作压力的下限为0.2 MPa）。从气瓶的材质可以把气瓶分为钢制气瓶、铝合金气瓶、复合材料纤维缠绕气瓶。根据充装可以把气瓶分为重复充装和非重复充装气瓶。

1. 气瓶数量大，应用广泛

气瓶应用非常广泛，无论是在生产领域，还是在生活领域，几乎都离不开气瓶。2010年全国在用气瓶数量达1.41亿只。气瓶使用范围之广、数量之多、流动性之大和所处环境之恶劣，是其他压力容器所不能比拟的。可以说，气瓶已经并将继续渗透到国民经济中的各个领域。

2. 气瓶危险性大，事故率高

气瓶是一种承压设备，具有爆炸危险。其盛装介质一般具有易燃、易爆、有毒、强腐蚀等性质。使用环境又因其移动、重复充装、操作使用人员不固定和使用环境变化的特点，比其他压力容器更为复杂、恶劣。一旦发生爆炸或泄漏，往往并发火灾和中毒，乃至引起灾难性事故，带来严重的财产损失、人员伤亡和环境污染。据国家质量监督检验检疫总局统计，2006年气瓶严重以上的事故26起（严重事故为一次事故造成人员死亡1人以上3人以下或人员重伤10人以上事故）。气瓶事故率呈上升趋势，2009年气瓶事故起数比2008年上升73%。

3. 一旦发生事故，危害性大

气瓶断裂破坏，具有巨大的破坏力，不仅损坏设备本身，而且损坏周围的设备和建筑，并常常造成人身伤亡，后果极其严重。一旦发生事故，造成的伤害主要表现如下：

（1）冲击波破坏设备、建筑或直接伤人。

（2）碎片伤人或击穿设备、建筑。气瓶爆炸时，断裂成碎片并高速飞出，可能击穿、撞坏相遇的设备或建筑，有时直接伤人。

（3）容器内介质因气瓶爆炸或气瓶泄漏而外逸，引起中毒、燃烧、二次爆炸，产生连锁反应。如果容器内的介质是有毒、有害的，介质外逸会造成大面积毒害区域，不仅伤害域内人员，而且破坏生态环境。气瓶爆炸或泄漏，常造成大面积、立体性的破坏和群体伤害。

二、气瓶的发展及应用

气体产品是现代工业的重要基础原料，广泛用于冶金、钢铁、石油、化工、电子、玻璃、建材、建筑、机械、食品、医疗、轻工、航天、航空、核工业以及国防建设各领域，气体工业具有重要的战略地位。国外一般把气体工业与供电、供水一起作为投资环境的基础设施，列为公用事业，称为"工业的血液"。工业气体的经营活动，其中一个较为重要的环节是工业气体的输送，其输送方法主要有三种：一是管道输送。对于大的用户，尤其是钢铁和化工企业,主要使用大型的气体生产,用管道输送气体。二是深冷液态气体槽车输送。中等用量的用户,在工业发达国家一般使用深冷液态气体槽车输送到各用户,就地气化使用。三是气瓶输送。对于小用户,由于单个储存量小,品种需要多,且使用分散,则使用气瓶输送气体。

可见,气瓶制造工业的兴起和发展是由于气体工业的产生和发展所引起的。使用气瓶输送气体,刚一开始主要是缩小气体的体积,但随着工业的发展,对气瓶的功能要求越来越高。主要有以下几种:

第一,以气体为原料的合成反应。使用气瓶提高压力可加快反应速度,并使化学平衡向有利的方向进行。

第二,抑制反应物质的气化。使用气瓶可使介质保持液体状态或增加气体在液体中的溶解度。

第三,利用气体的气化热制作制冷剂。

第四,气体压缩后,可利用其蓄能作为动力。

第五,具有特别强烈扩散性气体,可用做检漏指示剂。

第六,利用气瓶中气体作为保护气、稀释气等。

由于瓶装气体具有上述优异性能,在技术、经济方面显示了多种有利因素,从而促进了气瓶的发展。

1. 钢质无缝气瓶的发展和应用

气体工业的发源地是德国,中容积钢质无缝气瓶最早是由德国的曼内斯曼钢管公司采用钢管制造的,该公司成立于 1890 年。法国生产气瓶的历史也较长。1899 年,德、法两国装有气体的钢瓶,经由印度洋和西伯利亚传入日本。1920 年,意大利 A.T.B 公司开始生产钢质无缝气瓶。

日本的中容积钢质无缝气瓶(30~47 L)是 1931 年由住友金属工业株式会社(兵库),采用冲拔拉伸方式制造的(水压试验压力为 20 MPa,内容积 30 L)。1953 年,住友和昭和高压工业株式会社开始使用锰钢制造无缝气瓶,从而结束了使用碳钢制造无缝气瓶的历史。1959年在美国州际商会(ICC)的影响下,住友金属工业株式会社开始使用铬钼钢以冲拔拉伸法制造中容积无缝气瓶。

我国气瓶制造业兴起较晚,起初靠进口。1957年,国营东北机器制造厂(即沈阳724厂)设计并制造了我国第一批40 L、工作压力150 at(1 at≈98 kPa)的钢质无缝气瓶,从而结束了我国气瓶完全依靠进口的历史。20世纪60年代至70年代初,我国在碾子山、上海、宁波等地相继建起了用冲拔拉伸法生产钢质无缝气瓶的工厂,并在南京、广州、天津等地建成了用无缝钢管收口成型方法制造无缝气瓶的工厂。

2. 钢质焊接气瓶的发展和应用

钢质焊接气瓶(直径600~800 mm、容积400~800 L)是用于盛装低压液化气体的专用运输容器。主要盛装液氨、液氯、1,3-丁二烯、异丁烯、环氧乙烷、液态二氧化硫、环丙烷、无水氟化氢、氟氯烷(F12,F22)和光气等。其中以液氯和液氨钢瓶用量最大。钢质焊接气瓶在我国已生产了近30年。

3. 溶解乙炔气瓶的发展和应用

氧—乙炔火焰的温度高达约3 200 ℃,所以,在工业界广泛将氧—乙炔火焰应用于气焊与气割。随着金属热喷涂技术、热旋压技术、火焰淬火与热校正技术的迅速发展,乙炔的消耗量日益增加。

在乙炔瓶没有大量使用的时候,使用的乙炔气是用瓦斯罐(亦称浮桶式乙炔发生器)和小型乙炔站(中压系统乙炔发生器)而取得的。由于瓦斯罐重量大,移动不方便,占地面积大,而中压系统发生器又不可以移动,要安置许多地上或地下管道,使用起来都不方便。

1896年法国化学家克劳德(Claoude)和赫斯(Hess)根据

实验发现乙炔极易溶解于丙酮，并在气瓶中填入多孔性物质，发明了乙炔安全压缩的新方法。接着，法国政府专门创办了溶解乙炔公司，实施了克劳德和赫斯的专利，开创了溶解乙炔这一新兴工业。

单纯的乙炔气加压储存到一般的气瓶中，由于乙炔很不稳定，极易发生聚合和分解反应，只要稍微给予能量（例如振动）就会引起爆炸。而多孔物质可将气瓶分割成若干小气室，这样可使被压缩的乙炔相对安定，又由于丙酮可以吸收比它本身体积大许多倍的乙炔气，特别是加压情况下更是如此，根据实验，在一个大气压下，乙炔在丙酮中的溶解度约是在水中的溶解度的25倍，在5个标准大气压力下，则乙炔在丙酮中的溶解度是在水中的溶解度的125倍。

在1910年以前，日本使用的溶解乙炔气瓶是从瑞典进口的，气体用完后再返回到瑞典充装。1910年，日本瓦斯制作所引进了瑞典溶解乙炔装置，后在广岛建立了溶解乙炔厂。

在我国，1920年法商在上海芦家湾徐家汇路开设东方氧气厂，溶解乙炔整套设备和全部溶解乙炔气瓶都是从法国带来的，这就是现在上海4805工厂乙炔充装厂的前身。1932年，上海中国炼气厂（现上海吴淞化工厂）再次从法国引进技术和设备。1936年，法商又在青岛开设东方修焊公司。

应用溶解乙炔气瓶储存乙炔已大量应用于工业，其优势在于安全可靠、节省能源、减少公害、使用方便。

4. 液化石油气钢瓶的发展与应用

液化石油气的问世与发展同石油化学工业的发展紧密相连。1910年，美国生产出第一批液化石油气，1912年制成了第一套液化石油气民用炉具（包括液化石油气钢瓶），1926—1928年，输送液化石油气的铁路槽车和汽车槽车又相继制成，并投入使用。

我国的液化石油气供应是从1965年开始的。液化石油气钢瓶制造业是20世纪60年代随着我国石油工业的兴起而逐步发展起来的。1964年气瓶在沈阳新光机械厂研制成功。液化石油气钢瓶在我国的发展大致经历了四个阶段，即20世纪60年代的开发阶段、20世纪70年代的发展阶段、1980—1985年的提高阶段和1986年之后的相对稳定阶段。

5. 铝合金气瓶的发展与应用

随着科学技术的飞速发展，气体的应用已普及到科技领域。高科技的发展又带动了特种气体、纯气体的开发与生产。气瓶的主体材料——钢材，特别是铬钼钢确实具有许多优点，但它们也有不可克服的弱点，诸如耐腐蚀性差、重量大、不适宜盛装CO等气体，尤其在盛装高纯气体时，对于气体的稳定性有不利的影响。于是，有着重量轻、耐腐蚀等优点的铝合金气瓶获得了发展的机遇。

20世纪30年代，瑞典、法国开始制造铝合金气瓶，但由于工艺成本高，产量一直无法提高。到了20世纪50年代，英国勒克斯菲尔公司首先采用冷挤压工艺制造铝合金气瓶，从而大大降低了成本，产量也很快得到提高，使铝合金气瓶在某些领域已和钢质气瓶不分上下。该公司到20世纪70年代末，已经生产了将近500万只铝合金气瓶，广泛用于工业、潜水、医疗等领域。随着电子工业的发展，对于标准气、电子气的需求量越来越大，需求越来越迫切。钢质气瓶内表面处理成本又高，所以铝合金气瓶更是大显身手。美国爱尔康公司、澳大利亚CIG公司均于20世纪70年代开始大量生产铝合金气瓶。

我国生产铝合金气瓶工厂均采用世界公认的6351材料，即铝镁硅合金材料生产铝合金气瓶。

6. 复合材料气瓶的发展与应用

复合材料气瓶的器壁是由两部分组成的，即内胆和缠绕层

（玻璃纤维、碳纤维等）。复合材料气瓶分为三种：钢制内胆复合材料气瓶、铝制内胆复合材料气瓶和塑料内胆复合材料气瓶（全复合材料气瓶）。其中全复合材料气瓶具有低密度、高性能、重量轻、耐用、抗腐蚀性好、气密性好、静强度和疲劳强度高，且制造工艺简单、生产效率高、成本低等优点，成为复合材料气瓶发展的方向之一，在国内外备受青睐。

复合材料气瓶的使用最早开始于20世纪五六十年代，主要用在国防和航天领域，20世纪70年代开始研究将复合材料气瓶用于消防呼吸器、车用压缩天然气气瓶等。由于钢质气瓶具有重量大、耐蚀性不足等缺点，使得钢瓶在轿车和轻型客车上的应用受到了制约。为此各国气瓶行业研究机构和厂家开始研制复合材料气瓶。

1981年，美国开始生产金属内胆的复合材料气瓶，1997年开始生产塑料内胆的复合材料气瓶。美国的SCI公司、Lincoln公司、Brunswick和Hydostpin公司在复合材料气瓶的研制和开发方面走在世界的前列，现已开发出不同规格的复合材料气瓶多达10余种。在气瓶的测试和检验方面，1999年国际标准Powertech实验室Craig Webster在压缩天然气复合材料气瓶的安全标准和测试技术上做了大量的研究，制定了ISO TC 58/SC 3/WG 11，弥补了国际上对复合材料气瓶检验标准的空白。整体上讲，国外在车用压缩天然气全复合材料气瓶的研制和标准的制定等方面做了大量的工作，目前整个体系已经相对完善。俄罗斯、德国、法国等国也研制和生产了不同规格的复合材料的气瓶。

在我国，对复合材料气瓶进行了大量研究。航天四院西安气瓶有限公司，从1995年开始研究压缩天然气（CNG）复合材料气瓶，1999年取得了国家质量技术监督局颁发的制造许可证，成为首家压缩天然气气瓶生产厂家。北京天海工业有限公司从美国引进了纤维缠绕气瓶及呼吸气瓶生产线,重庆益峰高压容器有限公司主要将产品定位在铝内胆、外玻璃纤维缠绕气瓶的生产上。

7. 低温液体气瓶的发展与应用

随着低温技术的发展,液氮、液氧、液氩、液氢、液氦、液化天然气等低温液体的应用日趋广泛,各行各业对储存和输送低温液体的低温容器(包括气瓶)的需求不断增长。低温容器应用于航天、航空、机械、电子、地质矿产、冶金、建设、环保、交通、农业、卫生、食品、能源、化工、科技、医疗、生物工程等领域。19世纪90年代末,国外主要跨国气体公司竞相在我国建立合资企业,带来了先进的空气分离设备、技术和管理,使我国低温液体的产量大幅度提高,供应的地区和范围不断扩大,价格大幅度降低,促进了低温液体的应用,带动了我国低温容器的发展,低温容器已经成为一个新兴的行业。世界范围内兴起的技术革命中,高温超导、微电子技术、生物工程、材料科学和新能源等研究开发,以及航天技术的发展都会促进低温液体在新领域中的应用。液化天然气和高温超导的开发应用,给低温容器的发展带来新的机遇和市场。

8. 大容量长管气瓶的发展与应用

大容量长管气瓶俗称长管拖车气瓶,气瓶长径比(瓶体长度与直径之比)要比一般工业用气瓶大得多,而且都是靠两端的固定与支撑横置在拖车或集装管束拖车上。

长管拖车作为一种运输工具,由于其具有机动、灵活、便捷和高效等特点,一出现便得到了广泛应用。在欧美等发达国家已经有几十年的历史,在交通运输、石油化工、工业制造、科学研究和居民生活等领域发挥着重要的作用。与管道运输难以实现地域的全覆盖和运送介质较为单一相比较,长管拖车能将气体运输到任何通公路的地方,覆盖范围更加广泛,且可运送液化或压缩的氧、氢、氮和天然气等气体以及其他特种气体；与传统小气瓶运送效率较低相比，长管拖车气瓶承载的压力高、体积大，大大提高了运输效率，降低了搬运费用，还减少了单个气瓶的数量，使不安全因素和事故发生的可能性也相应降低。

三、气瓶事故分析

气瓶事故是指瓶装气体在充装、储存、运输及使用过程中出现的火灾、爆炸、致使人员伤亡、设备建筑破坏、有毒气体气瓶泄漏或破裂而造成的毒害等。气瓶事故的原因是由超装、气瓶混装、错装、泄漏、野蛮搬运等因素造成的。

气体的正确充装是保证气瓶安全使用的一个关键环节。由于充装不当、超装、错装、混装而发生充装站起火、气瓶爆炸和中毒伤害的事故屡见不鲜。气瓶事故的破坏形式大多是爆炸，伴随着剧烈的燃烧，造成火灾、烧毁气瓶、设备、厂房，致使人身伤亡，甚至气体充装站全部被烧掉或炸毁。毒性的瓶装气体（往往既是毒或剧毒且又是可燃的）事故除爆炸、火灾之外，还由于毒气的外逸扩散，导致众多人员中毒死亡。

从充装事故原因来看，首先是管理不善，该类事故占事故总数的50%以上，如充装前没有对气瓶进行检查或未按规定进行认真检查，结果瓶内的气体与充装气体发生化学反应，造成充装当时或充装后在运输、使用中爆炸。因违章作业，如切换总阀操作不当、违反用火规定等，也是造成充装站事故的重要原因。其次是工艺装备原因造成的事故，如工艺设备设计、安装或改装不合理，致使气体流速过快；管道、阀门材质选择不当；输气管道静电未能导除等。最后是充装过量而发生的事故。此外，由于其他原因，如气瓶本身质量问题而发生的事故。

1. 典型事故案例

（1）罕见液氯气瓶爆炸。

1979年9月7日，浙江温州市某厂液氯车间发生一起罕见的液氯钢瓶恶性爆炸事故。事故是由一只0.5 t和三只1 t的液氯钢瓶（满装）同时爆炸引起的。爆炸碎片导致邻近的5只气瓶爆炸，5只气瓶被击穿。液氯计量储槽及管线也都被击穿，致使10.2 t液氯泄漏，造成59人死亡，1 200余人中毒（严重中毒779人），紧急疏散人口达8万人。液氯外溢扩散，波及范围达7.35 km^2，2 km范围内的树木有不同程度的枯萎和中毒现象。经调查和理化试验证实，事故原因是由于气瓶内发生化学反应，压力骤升，而发生爆炸。

（2）操作人员无资质，焊接酿着火。

1993年10月27日8时，辽宁旅顺某厂一名铆工，自行操作气焊工具，工作不到3 h，即发现减压阀与割嘴之间的软管着火，这名铆工立即上前拔下软管，此时因瓶内尚有余压与氧混合导致火焰加剧，火焰喷射长达3 m远，燃烧持续约30 min，后经消防人员努力将火熄灭。经检查，乙炔软管烧毁约10 m，乙炔减压器全部烧毁，气瓶瓶口的密封填料部分烧化，并伴有白色泡沫状的物质，分析可能系乙炔瓶内的填料因受热溢出。事故原因分析：①使用时间过长，割嘴温度升高，乙炔—氧混合气体受热膨胀，阻碍了混合气体的流动速度，导致可燃的混合气体在割嘴甚至导管内自燃；②施焊者不具备气焊（割）知识，有违章操作现象；③焊工失职，擅离职守，将气割（焊）工具交与他人使用，是导致这次事故的主要原因。

（3）过量充装，液氨钢瓶爆炸。

1997年10月21日上午，某肉联厂的一辆车内装2只容积400 L的空液氨钢瓶到某化肥厂购买液氨，为了能多装点，少计算点，在熟人的"关照"下，过量充装。在返回的路上1只钢瓶下午3时突然爆炸，飞出30多m，司机罗某和乘车人杨某被冻灼伤并中毒。下午5时左右，当地派出所民警和附近群众在清理现场时，另一只钢瓶又突然爆炸，造成2人中毒受伤，从钢瓶喷出的大量液氨迅速挥发成氨气向周围扩散,致使 100 m 外下风头的 2 名过路群众中毒倒地。过量充装是造成这次爆炸的直接原因。

(4) 违规充装,乙炔气瓶爆炸。

1999 年 3 月 24 日 8 时 50 分,哈尔滨某厂四车间数控工段,准备进行焊接作业的溶解乙炔气瓶发生爆炸,死亡 4 人,伤 30 人,直接经济损失 1 500 万元。此次恶性事故的大致原因是:违反了《溶解乙炔气瓶安全监察规程》及《溶解乙炔气瓶充装规定》(GB 13591—2009)。如乙炔充装单位充装管理混乱,乙炔瓶不加或少加丙酮,严重的达到一只瓶缺丙酮 11.8 kg。在丙酮不足的情况下,又超量充装乙炔,最严重的超量达 4.8 kg。

(5) 氧气充进液化石油气,气瓶爆炸。

2001 年 9 月 13 日上午 10 时,巩义市大峪沟镇紧邻 310 国道处的一个个体液化气店发生气瓶爆炸事故,爆炸使液化气店夷为平地,造成 2 人死亡。爆炸原因是店主用氧气瓶向液化气瓶充氧气加压时引起化学爆炸。

(6) 车用复合材料天然气气瓶爆炸。

2004 年 7 月 10 日下午 4 时,一辆出租车在成都市二环路南四段鲁能永丰加气站内加气,出租车尾部的压缩天然气复合材料气瓶发生爆炸,司机当场死亡,另有一名等待加气的出租车司机受伤。

(7) 不合格液化石油气气瓶,因泄漏而爆炸。

2004 年 8 月,广东汕头一辆运送液化石油气钢瓶的小货车在行驶途中发生气瓶爆炸,所幸未发生人员伤亡。装有 32 个液化石油气钢瓶的小货车上有 2 个钢瓶发生爆炸。消防人员从大火中奋力抢救出尚未爆炸的气瓶,才避免了连环爆炸的发生。当时车上拉的 32 个钢瓶中只有 8 个是合格的。这次爆炸事故原因是由于不合格气瓶发生了泄漏引起的。

(8) 错误倒瓶,气瓶爆炸。

2007年6月11日凌晨2时左右，陕西省志丹县保安镇东五沟村一村民在家中进行"瓶对瓶"倒气，由于液化石油气泄漏，遇明火爆燃，造成三间平板房倒塌，3人死亡，1人受伤。

(9) 氧气瓶可燃气体超标，充装发生爆炸。

2005年3月，北京南亚气体厂在充装高纯度氧气瓶时，刚开启进气阀进行充装时，气瓶立即发生爆炸。瓶体炸裂成七大块，其中的封头碎块飞出约40 m，充装操作人员当场被炸身亡。距事故点约10 m远的压缩机地脚螺栓折断，机体移位。据查，事故当天7时许，该厂从天津拉回5只空瓶，曾用压力表测试瓶内余压，发现其中的两只空瓶有较高的余气压力，但没有查验瓶内所剩的是什么气体。将5只气瓶装接在汇流排上，开动液压泵准备充气。开启第一只瓶阀后，情况正常。继而开启第二只气瓶的进气阀，此时气瓶突然发生爆炸。因为第一只、第二只气瓶都有较高压力的余气，根据现场实际情况分析，认为瓶内剩余的可能是氢气，在与装入的氧气混合后而发生化学性爆炸。

2004年8月，河北省保定市两天内在不同地点有4只气瓶先后发生爆炸。这些气瓶都是由同一个气体厂在同一天内充装的（是否是同一批次在汇流排上灌装，则因充装记录不完善而无从查证）。从爆炸气瓶的残骸上可以断定，气瓶属于化学性爆炸，但用户中没有用氢单位，周围地区也没有氢气制造厂。气体厂是通过空气分离法制取氧气的，气体分析也表明所生产的氧气完全符合要求。事故发生后，保定市决定冻结当天（爆炸瓶充气的日期）充装而尚未用完的数百个气瓶（因不明爆炸气瓶的充装批次，只知道充装日期），并对逐只气瓶进行剩余气体的定性分析，结果检验出有多只气瓶余气中含有可燃性气体。

(10) 野蛮操作，氧气瓶爆炸。

2000年10月河北省泊头市西关街个体经销点朱某从泊头市拉回5瓶氧气，卸车过程中氧气瓶相撞发生爆炸事故，造成朱某死亡。事故直接原因是朱某违规操作，用手抱着瓶嘴往下硬拽时，致使小车后置瓶与瓶碰撞；而氧气瓶没有加装安全帽和防振圈，超期未检验进行充装是气瓶爆炸的另一原因。

2. 常见气瓶事故原因及预防措施

气瓶事故前，往往会有一些事故征兆，例如已充装的二氧化碳气瓶，连续不断地出现瓶阀的安全装置爆炸片爆破，这表明瓶内的压力值大于规定的公称工作压力，气瓶有可能发生爆炸。气瓶的常见事故、事故征兆、破坏形式、原因及预防措施见表1—1。

表1—1　常见气瓶事故征兆、原因及预防措施

常见事故	事故征兆	破坏形式	原因	预防措施
液氯钢瓶爆炸	事故前瓶体发热；易熔塞泄漏；还可见到瓶体鼓包等异常现象	①钢瓶爆炸致人伤亡　②瓶内液氯溢出，沿地面迅速扩散，造成人畜中毒死亡、树木农作物枯萎	使用时倒入水或其他能引起化学反应的物质，与氯发生强烈化学反应，放出热量，致使气瓶爆炸	①气瓶应留有不少于1.0%规定充装量的剩余气体　②充装前应进行残液残气处理
毒性气体泄漏	大部分毒性气体开始出现微漏时即可闻到气味	毒性气体浓度一定，致人死亡或中毒	①瓶阀关闭不严　②气瓶焊缝等部位泄漏	①严格气瓶的定期检验，进行气密性试验　②毒性气体存放期不超过规定，定时检漏或可靠监测　③良好通风

续表

常见事故	事故征兆	破坏形式	原因	预防措施
可燃气体泄漏	开始出现微漏时,即可闻到气味	发生燃烧或爆炸	①瓶阀关闭不严 ②气瓶焊缝等部位泄漏	①严格气瓶的定期检验,进行气密性试验 ②定时检漏或可靠监测 ③良好通风
液化气体气瓶爆炸	事故前瓶阀的安全装置动作	气瓶爆炸,致人伤亡,建筑设施遭到破坏	①超装 ②高温	①按规程规定充装系数充装,例如,液氨气瓶充装系数<0.53 kg/L ②温度不高于60℃
氧与可燃物混合爆炸	①气瓶的外表颜色标志及瓶阀等有异常 ②氧气瓶存在油脂污染	化学爆炸能量大,对人员及建筑设施破坏大	①气瓶改装、混装、错装所致 ②氧气瓶中可燃气体(如H_2等)超标	①气瓶必须专用,不得改装 ②加强充装前的瓶检,防止混装、错装、可燃气体超标 ③保持氧气瓶干净,无油脂污染
"回火"燃爆	①水电解法生产的H_2或O_2,因设备或操作原因而造成混合装瓶,使用时"回火"爆炸 ②乙炔气瓶回火燃爆	化学爆炸能量大,对人员及建筑设施破坏大	①设备或操作原因导致氢氧混合 ②不做或不认真做气体纯度分析检测,致爆炸性混合气体充瓶 ③乙炔气瓶没有装设回火防止器或回火防止器失效	①完善造气设备 ②加强气体分析检测等管理工作 ③瓶阀出口处必须配置专用的减压器和回火防止器。正常使用时,放气压力不得超过0.15 MPa,放气流量不得超过0.05 m^3/h

续表

常见事故	事故征兆	破坏形式	原因	预防措施
溶解乙炔气瓶爆炸或燃烧	搬运气瓶时,瓶重明显轻于正常瓶,特别情况下,接触气瓶温度反常（高于正常气瓶）	气瓶爆炸或因瓶内高温、易熔塞穿孔泄漏,出现燃烧	①未按标准规定补加丙酮 ②在丙酮严重不足的情况下超量充装	①按标准逐只称重检查,补充溶剂 ②严格控制不超量充装,充后复秤
液化石油气钢瓶火灾爆炸	气瓶超装,受高温影响而出现气瓶爆炸	①气瓶爆炸 ②二次火灾爆炸	超装受高温影响	标准规定充装,坚持充后复秤
	乱倒残液而导致火灾,引起爆炸	乱倒残液,因气体挥发,遇火源引发火灾、爆炸	违章乱倒残液所致	液化石油气瓶的残液应按规定在专门装置上封闭处理
	因泄漏而导致火灾爆炸,可闻到较浓气味	泄漏的液化石油气与空气混合,达爆炸极限,一旦遇到火源,即可爆炸	①角阀关闭不严 ②气瓶某处泄漏	①气瓶按时送检不超期使用 ②充装车间或存瓶库房应良好通风 ③避免火源
	未经减压供气；液态气体气瓶倾倒	造成火灾,甚至爆炸	①气瓶倒地液态石油气排出挥发 ②未经减压控制供气	①气瓶牢固立放,有防止倾倒措施 ②减压供气

第二章 气瓶基础知识

第一节 气体性质

一、物质的三态及基本状态参数

1. 物质三态

众所周知,纯物质有三种不同的集态形式:固态、液态和气态。三种集态形式又称为相。物质的形态在热力学上称为相,如液态称为液相,气态称为气相。物质能以某种单相形态存在,也能以两相甚至三相平衡共存。在一定条件下相与相之间可以互相转化,称为相变过程(或集态变化)。

$p—v—T$ 热力学面清晰地反映了物质的三种集态及其相变过程,如图2—1所示。图中标示固、液、气的面分别表示物质的固、液、气三种单相区域。当物质从一种相转变为另一种相的相变过程发生时,一种相的物质逐减少,另一种相的物质逐渐增多。相变过程中经历的任一平衡状态是两相共存的状态,它们处于两单相区之间的两相共存区域。标示 $S—L$、$L—V$ 和 $S—V$ 的面分别表示固—液、液—气和固—气共存区。图2—1a表示液态凝固时体积缩小的拘物质的 $p—v—T$ 热力学面;图2—1b表示液态凝固时体积膨胀 $p—T$ 坐标面上的投影,称为 $p—T$ 图。

固、液、气共存的状态为三相点。对于确定的物质,三相点的压力和温度是确定的。表2—1列出了几种物质的三相点温度和压力。

气瓶中盛装的工质的状态主要为气态、液态和气液共存状态。

第二章 气瓶基础知识

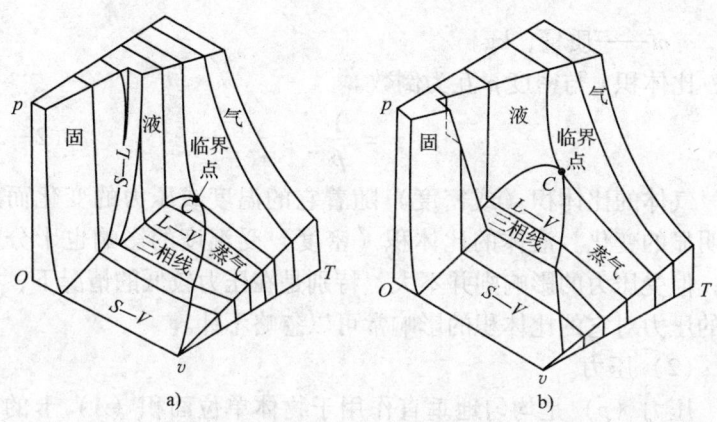

图2—1 固、液、气三态相图

表2—1 几种物质的三相点温度和压力

名称	温度/K	压力/kPa	名称	温度/K	压力/kPa
氩 Ar	83.78	68.75	水 H_2O	273.16	0.611 2
氢 H_2	13.84	7.039	一氧化碳 CO	68.14	15.35
氮 N_2	63.15	12.53	二氧化碳 CO_2	216.55	518.0
氧 O_2	54.35	0.152			

2. 气体的基本状态参数

反映物质状态特征的物理量称为状态参数。常用的气体状态参数有温度 T、压力 p、比体积（又称质量体积）v、内能 U、比焓 h、熵 S。其中温度、压力和比体积称为基本状态参数。

（1）比体积。

比体积是单位质量工质所占体积。比体积的符号为 v，单位是 m^3/kg。

$$v = \frac{V}{m} \tag{2—1}$$

式中 v——比体积，m^3/kg；

V——体积，m^3；

m——质量，kg。

比体积 v 与密度 ρ 互为倒数。

$$v = \frac{1}{\rho} \tag{2—2}$$

气体的比体积（或密度）随着它的温度或压力的变化而发生明显的变化。液体的比体积（密度）受温度的影响也十分明显，但受压力的影响则并不大。特别是在压力较低的情况下，液体的压力对它的比体积的影响常可以忽略不计。

（2）压力。

压力（p）是均匀地垂直作用于物体单位面积（A）上的力（F）。即物理学中的压强，但工程上习惯称为压力。

$$p = \frac{F}{A} \tag{2—3}$$

式中 F——力，N；

A——单位面积，m^2。

压力的单位为帕（Pa）、千帕（kPa）、兆帕（MPa）。过去，工程上常用千克力（kgf/cm^2）、标准大气压（atm）等非法定计量单位。

$$1 \text{ MPa} = 10^3 \text{ kPa} = 10^6 \text{ Pa}$$

各种压力的单位之间的换算关系见表2—2。

表2—2　　　　　　　压力单位换算关系

Pa	bar	at（kgf/cm^2）	atm	mmHg	mmH_2O
帕	巴	工程大气压	标准大气压	毫米汞柱	毫米水柱
1×10^5	1	1.019 7	$9.869 2 \times 10^{-1}$	$7.500 6 \times 10^2$	$1.019 7 \times 10^4$
1	1×10^5	$1.019 7 \times 10^{-5}$	$9.869 2 \times 10^{-6}$	$7.500 6 \times 10^{-3}$	$1.019 7 \times 10^{-1}$
9.8×10^4	9.8×10^{-1}	1	$9.678 4 \times 10^{-1}$	$7.355 6 \times 10^2$	1×10^4
1.01×10^5	1.01	1.033 2	1	7.6×10^2	$1.033 2 \times 10^4$
1.33×10^2	1.33×10^{-3}	$1.359 5 \times 10^{-3}$	$1.315 8 \times 10^{-3}$	1	$1.359 5 \times 10^1$
9.8	9.8×10^{-5}	1×10^{-4}	$9.678 4 \times 10^{-5}$	$7.355 6 \times 10^{-2}$	1

第二章 气瓶基础知识

工质的真实压力称为绝对压力。用压力表测量出来的压力称为表压力，压力表上所指示的压力值是指气瓶内的压力与气瓶周围大气压力的差值，故称为相对压力。

提高气体温度、增大气体密度都可以使气体压力增大。因为物体的温度越高，分子运动就越激烈，也就是平均运动速度越快，气体压力也就越大。气体的密度越大，则单位容积内气体分子的个数也越多，因而碰撞在单位面积上的分子次数也越多，压力也就越大。

（3）温度。

温度是物体冷热程度的标志，是对物质分子运动平均动能的度量。

温标是温度的数值表示。常用的温标有三种，即摄氏温标、华氏温标和热力学温标。

摄氏温标计量温度的标准是：以在标准大气压下冰水混合物的温度为零度（0℃），水沸腾时的温度为100℃，它们之间分成100等份，每一等份就是1摄氏度，用符号℃表示。

华氏温标也是以水的状态变化为基准建立温度标准的。不过它把标准大气压下冰水混合物的温度定为32度，水沸腾时的温度定为212度，它们之间平均分为180等份，每一等份即为1华氏度，用符号F表示。例如，50华氏度可写成50 F。

华氏温标是最早出现的温标，它是由德国物理学家华伦海特（Fanrlenheit）在1714年根据物体热胀冷缩的性质建立起来的，目前英、美等西方国家还在普遍使用。

热力学温标（简称绝对温标，又称开氏温标）是以水的三相点（即水、冰、水蒸气三相共存的温度）作为温标的基准点。K为热力学温度单位，称为开［尔文］，等于水的三相点热力学温度的1/273.16。规定-273.16℃为热力学温标零点，称为0 K（或零开）。其分度法与摄氏温标相同（即绝对温标上相差1 K

时,摄氏温标上也相差1℃)。所不同的是绝对温标的冰点为273.16 K,沸点为373.16 K。绝对温标与测温物质的性质无关,因而它是一种基本的、科学的温标。

二、物质的状态变化

自然界中的物质,当外部条件(压力、温度、比体积)发生变化到一定程度时,物质的形态也就发生变化,即表现为状态的变化,称为态变,又称相变。气瓶中的介质主要为气态、液态和气液共存状态。本部分主要分析物质的气态、液态变化。某种物质在一定的压力下,当温度高于该压力下的饱和温度时,物质变化为气态;当温度等于该压力下的饱和温度时,其状态可能为饱和液态、饱和气态、气液共存状态;当温度低于该压力下的饱和温度时,其状态为液态。

物质从液态变成气态的过程称为汽化。在汽化过程中,要吸收大量的热。汽化过程一般有两种方式:蒸发和沸腾。

蒸发为液体表面汽化现象。蒸发现象的特征:①液体表面发生的汽化现象;②在任何温度下,只要液体表面空间该物质蒸气分压力小于该温度所对应的饱和蒸气压力,蒸发就可以发生。

沸腾为液体从内部和表面同时汽化的现象。沸腾现象的特征:①剧烈的汽化现象,不但发生在液体表面,而且发生于液体内部;②沸腾不是在任何温度下都发生,只有当液体温度达到该压力下的饱和温度时才会发生。由此可见,蒸发和沸腾并无性质上的差别,仅是程度上的不同。

物质从气体变为液体的过程称为液化,与汽化是相反的过程。

下面介绍物质的两个特殊状态:饱和状态和临界状态。

1. 饱和状态

在相变过程中,物质要从一个相,通过两相之间的界面迁移到另一个相中去。当宏观上物质的迁移停止时,就称为相平衡。物质的相平衡状态取决于温度和压力,若有一个条件发生变化,则与其对应的相平衡就遭到破坏，同时发生相变过程，进而建立新的相平衡关系，直到达到新的平衡。

例如，当温度低于31℃时，盛装在气瓶内的液化二氧化碳（压力15 MPa、气瓶充装系数为0.60 kg/L）由于分子不断扩散与碰撞运动，经过一定时间后，飞离液面的分子数与返回液面的分子数恰好相等，这种现象称为气液两相动态平衡。只要条件（如温度、压力）保持不变，这种动态平衡也持续不变。如果在温度不变的情况下，打开瓶阀向外排气，瓶内的压力略有下降，这就破坏了原来的相平衡状态，从而液相不断蒸发，以供阀门排出，当阀门均匀排放，排放量等于或接近蒸发量时，液相便连续稳定地蒸发。当关闭阀门时，停止向外排气，气瓶内压力保持不变，气液两相重新达到动态平衡状态。如果气瓶阀门关闭，温度升高，分子运动加剧，相平衡被破坏，液体表面的分子进入气体空间，压力升高；经过一定时间后，飞离液面的分子数与返回液面的分子数恰好相等，气液两相达到新的动态平衡。

气、液两相达到动态平衡的状态称为饱和状态。饱和状态下物质的状态可为液态，可为气态，也可为气液共存状态。

在同一温度下，不同的物质，其饱和蒸气压不同。即使同一物质，在不同温度下，其饱和蒸气压也不一样。几种常用物质在不同温度下的饱和蒸气压见表2—3。

表 2—3　几种常用物质在不同温度下的饱和蒸气压　　　MPa

温度/℃ 物质	0	10	20	30	40	50	60	70
NH_3	0.43	0.62	0.85	1.17	1.56	2.03	2.62	3.31
Cl_2	0.37	0.50	0.68	0.88	1.13	1.43	1.78	2.19
C_3H_8	0.47	0.64	0.83	1.08	1.37	1.72	2.12	2.58
C_3H_6	0.59	0.77	1.03	1.31	1.66	2.07	2.52	3.04

2. 临界状态

在不同的温度下进行定温压缩时,气—液相变过程如图2—2所示。

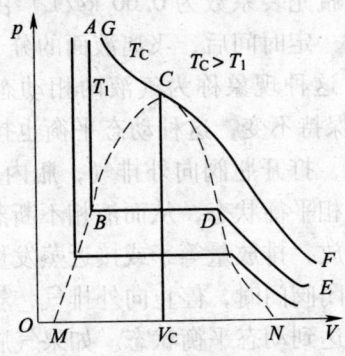

图2—2 气—液相变过程

当气体在温度 T_1 时开始压缩,由 E 点到 D 点,气体比体积随着压力增加而缩小。由 D 点开始液化直到 B 点全部变成液体;BD 段平行于横坐标轴,表明在液化的全过程中压力保持不变,但容积在缩小,D 点为饱和气态,B 点为饱和液态,DB 之间为饱和气液共存状态。B 点以前的曲线,即 BA 段急剧上升,表明压力虽继续增高,但液体很难压缩,故比体积几乎不再缩小,物质状态为液态。提高气体的温度,达到为 T_C 时,则从 F 点开始压缩至 C 点,但此后没有相当于 BD 段的直线部分,C 点以前的曲线(CG 段)与 BA 段相似。C 点称为临界点,气体在 C 点的状态称为临界状态,其特点是气液两相差别消失,具有相同的比体积,即在临界状态下不存气液共存状态,由气态直接变化为液态。

临界状态下的基本状态参数为临界温度、临界压力和临界比体积,临界温度、临界压力、临界比体积通称为气体的临界常数,不同的气体有不同的临界恒量。

(1) 临界温度。

实验证明,只有当气体温度降低到某一温度以下时,对其施加压力,才能使之液化;换言之,如果气体高于这一温度,不论对其施加多大压力,都不能使之液化。这个特定的温度称为该气体的临界温度,通常用 T_C 来表示。

临界温度低于 $-10℃$ 的气体称为永久气体,例如氧的临界温度为 $-118.4℃$,常温下,氧气、氮气为永久气体。

气体的温度低于其临界温度,气体可以通过加压液化而得到液化气体。例如氨的临界温度为 $132.5℃$,在标准大气压力下,沸点是 $-33.4℃$,高于此沸点温度就变成气态。如果在 $20℃$ 以下,增大压力至 0.8 MPa,它就可以被液化。

(2) 临界压力。

气体在临界温度下,使其液化所需要的最小压力,称为临界压力。通常用符号 p_C 来表示。不同气体的临界压力也是不同的,例如丙烷的临界压力为 4.25 MPa,氧的临界压力是 5.077 MPa,氯的临界压力是 7.76 MPa,二氧化碳的临界压力是 7.387 MPa。

常见的几种气体的临界参数请见表 2—4。

表 2—4 常见的几种气体的临界参数

物质名称	分子式	T_C/K	p_C/MPa
氦	He	5.3	0.229 01
氢	H_2	33.3	1.297 02
氖	Ne	126.2	3.394 56
氧	O_2	154.8	5.076 63
二氧化碳	CO_2	304.2	7.386 96
氨	NH_3	405.5	11.298 30
水	H_2O	647.3	22.129 7
甲烷	CH_4	190.7	4.640 91
一氧化碳	CO	133.0	3.495 89

三、气体状态方程式

1. 理想气体状态方程

假定的理想气体,分子之间不存在相互引力,分子本身是不占体积的弹性质点。描述理想气体物理状态的方程式有波义耳—马略特定律、查理定律、盖·吕萨克定律和联合定律。

在工程实际中,有许多气体遵循波义耳—马略特定律、查理定律和盖·吕萨克定律。综合这些经验定律,得到描述理想气体 p、v、T 之间的克拉贝龙状态方程,又称为理想气体的状态方程。理想气体状态方程简单明了地反映了理想气体基本状态参数间的关系。

$$pv = R_g T \quad (2—4)$$

式中 p——气体绝对压力,Pa;
  v——比体积,m^3/kg;
  T——热力学温度,K;
  R_g——气体常数,$J/(kg \cdot K)$。

R_g 值是仅取决于气体种类的恒量,与气体所处状态无关。气体常数 R_g 与摩尔气体常数 R 的关系为:

$$R_g = \frac{R}{M} \quad (2—5)$$

式中 M——气体的摩尔质量,kg/mol;
  R——摩尔气体常数,$R = 8.3143 \, J/(mol \cdot K)$。

对于 m kg 的气体,理想气体状态方程为:

$$pV = mR_g T \quad (2—6)$$

式中 V——气体体积,m^3。

对于 n mol 的气体有:

$$pV = nRT \quad (2—7)$$

[例 2—1] 体积为 0.03 m^3 的钢瓶内装有氧气,其压力为 0.7 MPa,温度为 0℃。由于使用,压力降至 0.28 MPa,而温度

未变,问使用了多少氧气?

解 根据题意,钢瓶中氧气使用前后的压力、温度和体积都已知,所以可以运用理想气体状态方程求得使用的氧气质量。

$$pV = mR_g T$$

$$\Delta m = m_1 - m_2 = \frac{(p_1 - p_2)V}{R_g T} = \frac{(0.7 - 0.28) \times 10^6 \times 0.03}{\frac{8.314}{32 \times 10^{-3}} \times (273.16 + 20)}$$

$$= 0.165 \text{ kg}$$

[**例 2—2**] 20℃时,氮气瓶的压力为 20 MPa,若温度升至 60℃,压力会升至多少 MPa?

解 高压、常温的氮气比较接近理想气体,因此,可以用理想气体状态方程来计算。

氮气瓶的压力 20 MPa 为表压力,绝对压力应加上大气压 0.1 MPa,即在理想气体状态方程中的压力 p 应取气瓶的绝对压力 20.1 MPa。

$$\frac{p_1 v_1}{T_1} = \frac{p_2 v_2}{T_2}$$

$$p_2 = \frac{p_1 T_2}{T_1} = \frac{(20 + 0.1) \times 333.16}{293.16} = 22.84 \text{ MPa}$$

从理想气体的微观解释中可知,实际中并不存在理想气体,因为实际气体分子本身不可能不占据体积,分子之间也不可能没有作用力,因此理想气体仅是一种理想的假设气体。但理想气体的概念和理想气体状态方程在实际应用中却具有很重要的意义。在物质的 p—v—T 热力学面上,压力相对较低,温度相对较高的气体,其比体积相对较大,气体分子间距大,分子之间相互作用力很小,分子本身的体积相对分子运动所占空间也显得极小,此种气体就比较接近理想气体。事实上,理想气体是实际气体在压力趋近于零,比体积趋于无穷大的极限状态,实验研究也证明了这一点。因而工程应用中的许多气体都可以作为理想体处理,例如,常温、常压或较低压力下,O_2、H_2、N_2、CO 等可以作为理想气体处理。

2. 实际气体状态方程

随着实验技术的发展,特别是化工生产中低温技术的应用,对于气体的研究也有了新的进展。理论与实验研究表明:建立在理想气体模型基础上的理想气体状态方程,当压力和温度偏离标准状态时,各种气体偏离了理想气体规律。理想气体遵循 $pv = R_gT$ 的规律,实际气体则有很大的偏差。在低温、高压时,$pv \neq R_gT$,温度越低,压力越高,偏差越大,而且不同的气体有不同的偏差程度。为了表示实际气体与理想气体之间的偏差,引入一个物理量,称为压缩因子,用符号 Z 表示,定义 $Z = \dfrac{pv}{R_gT}$。实际气体状态方程为:

$$pv = ZR_gT \qquad (2—8)$$

对于理想气体,则 $Z=1$,对于实际气体 $Z>1$ 或 $Z<1$。

压缩因子可以通过压缩因子图获得,有些常用气体已经绘制了专用压缩因子图,如氮气、氧气、甲烷等,图 2—3 为氮气在不同温度下的压缩因子。以氮气在 0℃ 时的实验值为例,在 1~15 MPa,$Z<1$,实际氮气的体积要比按理想气体状态方程式求得的计算值小,但相差不大,最大约为 1.5%。随着压力的继续升高,当压力超过 20 MPa 时,$Z>1$,实际体积就要比按理想气体状态方程求得的计算值大,而且越来越大,20 MPa 时约大 3.5%,60 MPa 时为 52%,到 100 MPa 时则超过 100%。显然当压力超过 20 MPa 时,用于工程计算,理想气体状态方程就不够准确了。

对于那些缺乏专用状态方程和专用压缩因子图表的气体可以通过查阅通用压缩因子图获得压缩因子 Z,进而计算其 p、v、T。

各状态参数与其临界状态的同名参数的比值称为对比参数。

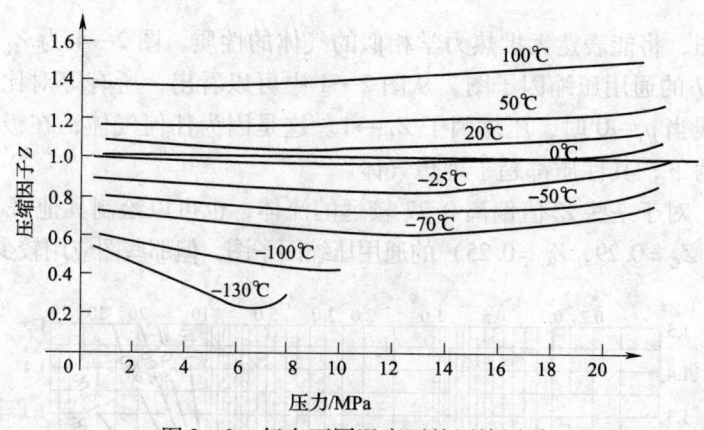

图2—3 氮在不同温度下的压缩因子

对比温度 $\quad T_r = \dfrac{T}{T_C}$

对比压力 $\quad p_r = \dfrac{p}{p_C}$

对比质量体积 $\quad v_r = \dfrac{v}{v_C}$

由实际气体状态方程转化为对比态方程,则有:

$$Z = \frac{pv}{R_g T} = \frac{p_C v_C}{R_g T_C} \cdot \frac{p_r v_r}{T_r} = Z_C \frac{p_r v_r}{T_r} = Z_C \frac{p_r v_r}{T_r} \quad (2\text{—}9)$$

其中 $Z_C = \dfrac{p_C v_C}{T_g T_C}$ ——临界压缩因子,各种气体的临界压缩因子不同。

实验证明:具有相同临界压缩因子值的流体是一组热力学相似的流体,凡是 Z_C 相似的气体,对比温度 T_r 和对比压力 p_r 彼此相等,则压缩因子相同,在工程上通常用与多种 Z_C 相近的气体做实验,将所得结果的平均值作出 Z 值随 T_r、p_r 而变化的曲线图,称为通用压缩因子图。由于大多数流体的临界压缩因子接近 0.27,因此,如能得到一个 $Z_C = 0.27$ 的对比状态方程和压缩因子图,将能表达大批热力学相似的气体的性质。图 2—4 为 $Z_C =0.27$ 的通用压缩因子图,从图 2—4 中可以看出,所有等对比温度线当 $p_r \to 0$ 时,压缩因子 $Z_C \to 1$。这是因为任何气体,在极低压力下,其性质都趋于理想气体。

对于一些 Z_C 值偏离 0.27 较远的流体,也可以绘制其他 Z_C 值(如 $Z_C = 0.29$,$Z_C = 0.25$)的通用压缩因子图,但那些图应用较少。

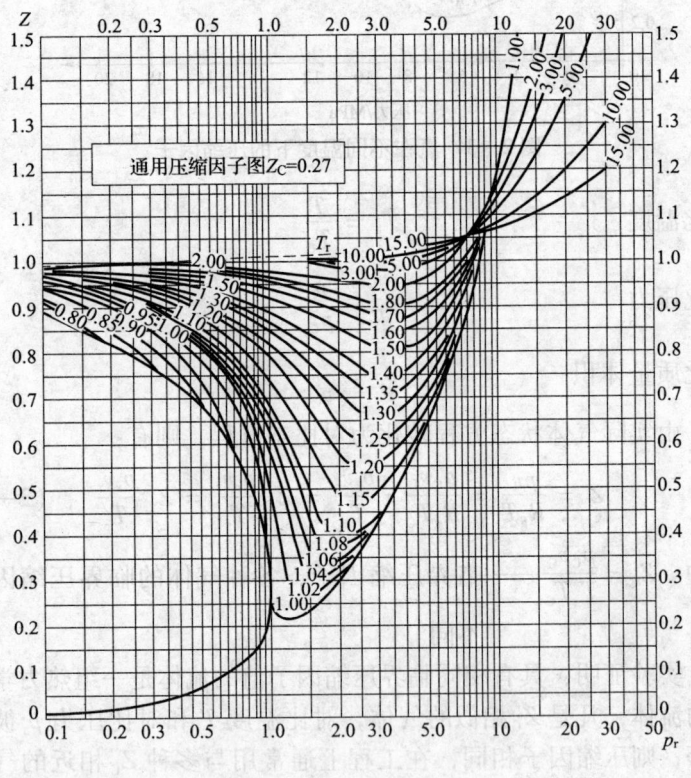

图 2—4 通用压缩因子图

图 2—5 为低压区段通用压缩因子图,图 2—6 为高压区段通用压缩因子图。

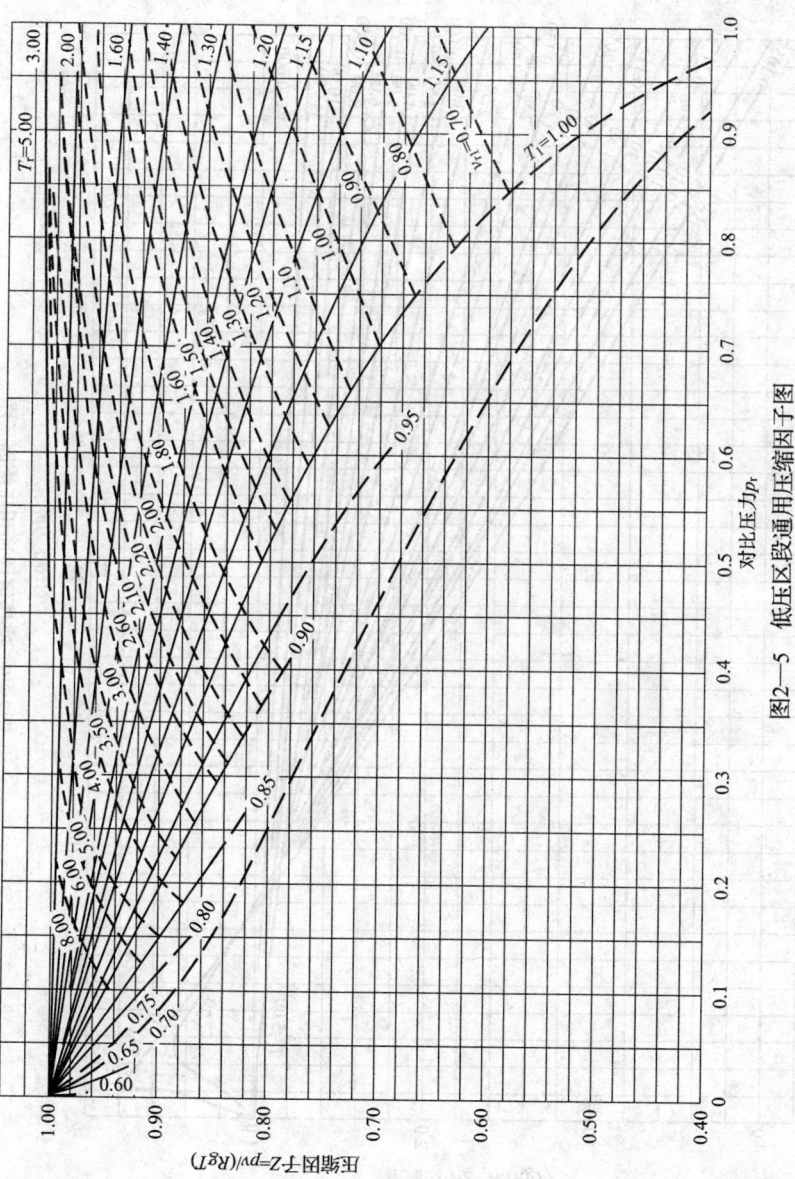

图2—5 低压区段通用压缩因子图

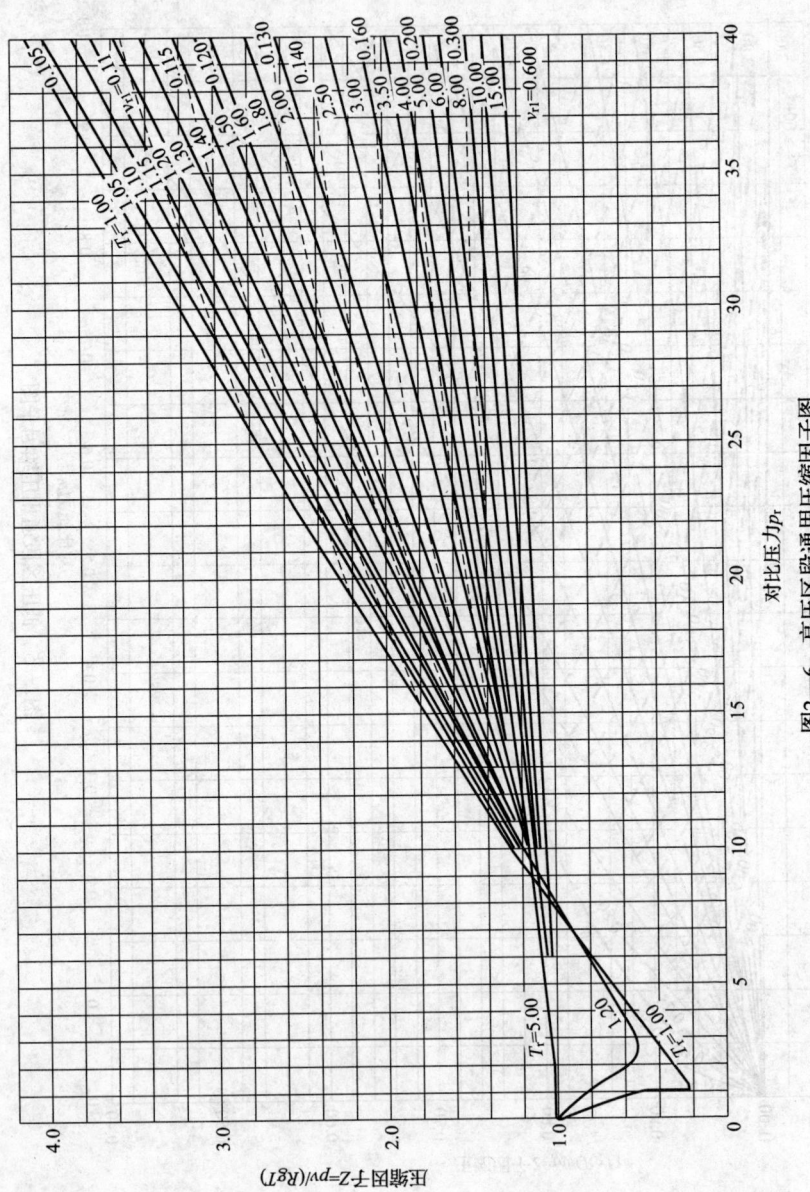

图2-6 高压区段通用压缩因子图

第二节 常用瓶装气体

一、瓶装气体分类

根据《瓶装压缩气体分类》（GB 16163—1996）规定，瓶装气体按其临界温度可划分为永久气体、液化气体、溶解气体三类。

1. 永久气体

永久气体指临界温度小于 -10℃ 的气体，如氧气、氮气、甲烷等。在常温下，无法通过加压得到液态，需要通过降低温度至其临界温度以下才能使其液化。

2. 液化气体

液化气体指临界温度大于等于 -10℃ 的气体。液化气体可分为高压液化气体和低压液化气体。

高压液化气体指临界温度大于等于 -10℃，且小于等于 70℃（按国际标准《气瓶充装规则》ISO 11622—2005 为 65℃）的气体，如液化二氧化碳、乙烷等。

低压液化气体指临界温度大于 70℃（按国际标准为 65℃）的气体，如液化石油气、氰化氢等。

3. 溶解气体

溶解气体是指在加压下溶解于气瓶内溶剂中的气体，我国仅有溶解乙炔气。

二、瓶装气体的数字编码 FTSC

气瓶安全由气体特性、气体数量、周围环境三方面决定。

气体的危险性取决于其特性，气体特性主要包括可燃性、毒性、状态及腐蚀性四方面。为明确每种气体的特性，《瓶装压缩气体分类》（GB 16163—1996）对所有的瓶装气体进行了数字编码 FTSC，根据编码的数字可对该气体的特性一目了然。FTSC 是火灾的潜在可能性（FirePotential）、毒性（Toxicity）、气体状态（State of Gas）和腐蚀性（Corrosiveness）的英文词组首位字母的简称。FTSC 数字编码用 4 位阿拉伯数字分别按顺序表示气体的上述 4 种特性，即第一位数表示火灾的潜在可能性（简称燃烧性），第二位数表示气体的毒性，第三位数表示气体在瓶内的状态，第四位数表示腐蚀性。FTSC 数字编码见表 2—5。

例如，氢气的 FTSC 编码为 2160，其特性为易燃、无毒、高压液化气体、无腐蚀。

又如，二氧化硫的 FTSC 编码为 0201，其特性为不燃（惰性）、有毒、压力小于 3.5 MPa 的液化气体、酸性腐蚀、不形成氢卤酸。

表 2—5　　　　　　　FTSC 数字编码

F 燃烧性（第一位数）			
0			不燃（惰性）
1			助燃（氧化）
2			易燃：爆炸下限小于 10% 的气体（在空气中）
3			自燃：易燃气体在空气中的自燃温度小于 100℃
4			强氧化性
5			易分解或聚合且是可燃的
T 毒性（第二位数）吸入半数致死量浓度 $LC_{50}/1h$			
	1		无毒 $LC_{50} > 5\,000 \times 10^{-6}$ (v/v)
	2		毒 200×10^{-6} (v/v) $< LC_{50} \leqslant 5\,000 \times 10^{-6}$ (v/v)
	3		剧毒 $LC_{50} \leqslant 200 \times 10^{-6}$ (v/v)

续表

S 状态（第三位数）表示气瓶内气体在 20℃ 的状态		
	0	压力小于 3.5 MPa 的液化气体
	1	压力大于 3.5 MPa 的液化气体
	2	液化气体（从液相排出）
	3	溶解气体（乙炔）
	4	压力小于等于 3.5 MPa 的气相分离的气体
	5	压力在 3.5~30 MPa 的永久气体
	6	压力在 3.5~20 MPa 的永久气体或液相消失的高压液化气体
C 腐蚀性（第四位数）		
	0	无腐蚀
	1	酸性腐蚀、不形成氢卤酸的
	2	碱性腐蚀
	3	酸性腐蚀、形成氢卤酸的

1. 燃烧性

气体的燃烧性是指它产生这种反应的可能性和难易程度。气体是否具有易燃性是根据其爆炸下限和爆炸上限与下限之差来判断的。爆炸下限小，表示其在空气中的含量较少就可以发生爆炸，说明它容易燃烧；爆炸上限与下限之差大，爆炸范围广，易于发生爆炸。根据气体燃烧的潜在危险性，分为不燃（惰性）、助燃（氧化）、易燃、自燃、强氧化性、易分解或聚合六个类型（0~5）。

2. 毒性

毒性气体泛指会引起人体正常功能损伤的气体，一般以引起实验动物的某种毒性反应时该毒物在空气中的浓度来表征气体毒性大小。其中最常用的毒性反应是半数实验动物死亡的最低浓度,用LC_{50}表示。LC 是由致死浓度(Lethal Concentration)词组第一个字母组成,下标 50 是表示在此浓度下实验,有半数(50%)以上的动物致死。这项指标是在急性中毒实验中,对动物一次性染毒后(在我国用大鼠 2 h,在美国为 1 h、2 h、4 h,国际标准用 1 h),观察两周内死亡的情况测得的。毒性分为三个级别(1~3):无毒、毒、剧毒。

瓶装气体中有一部分属于毒性气体。盛装毒性气体的气瓶在充装、储运、使用过程中,其主要危害是由于泄漏造成人体的慢性中毒,或由于气瓶发生事故,导致气体的大量外泄所引起的人体急性中毒。

3. 气体状态

在《瓶装压缩气体分类》(GB 16163—1996)的编码中,气体状态分为 7 个类型(0~6):压力小于 3.5 MPa 的液化气体、压力大于 3.5 MPa 的液化气体、液化气体(从液相排出)、溶解气体(乙炔)、压力小于等于 3.5 MPa 的气相分离的气体、压力在 3.5~30 MPa 的永久气体、压力在 3.5~20 MPa 的永久气体或液相消失的高压液化气体。

但国内的瓶装压缩气体实际只有 4 种状态,即永久气体、高压液化气体、低压液化气体与溶解气体。

4. 腐蚀性

瓶装气体的腐蚀性,主要是指装瓶后的气体在一定的条件下,对气瓶内壁的侵蚀作用,使气瓶的瓶壁减薄或产生裂纹,造成气瓶的强度下降,以致发生气瓶的爆炸事故。FTSC 数字编码将气体的腐蚀性分为 4 种类型(0~3),即无腐蚀,酸性腐蚀不形成氢卤酸的,碱性腐蚀,酸性腐蚀、形成氢卤酸的。

在进行瓶装气体的数字编码时需注意以下几点:

(1) 编码中所指的气体特性是指纯气体的特性。

在很多情况下,气体的特性往往与它所含的杂质有密切关系,特别是它的腐蚀性。例如液氯在无水时对气瓶并不腐蚀。但当瓶内有一定量的水时,水与液氯生成次氯酸,并浮于表面,如果在一段时间内液面保持在同一位置,液面处的瓶体将产生一沟槽状腐蚀,这是一种表面腐蚀。又如氯化氢在无水时对钢没有腐蚀性,但当含水量大于 0.30% 时,其腐蚀性就大大增加了。实践证明,很多气体对钢的腐蚀与它的干燥程度密切相关。只有氨例外,含水的氨能减缓其对钢的腐蚀。

(2) 应力腐蚀。

应力腐蚀是腐蚀介质和拉应力的共同作用下的腐蚀,具有更大的危险性。如一氧化碳在干燥的情况下对气瓶是没有腐蚀作用的,但装瓶的一氧化碳在含有二氧化碳和水时,对气瓶的腐蚀是一种典型的应力腐蚀。

1979 年,上海光机所和上海第二分析仪器厂分别使用 9 只和 40 只合格的新气瓶,材质为 40Mn2。在使用 5~12 个月后,先后发现 38 只气瓶漏气,其中 1 只气瓶爆炸。经观察:漏气部位均为穿透性裂纹;爆炸的气瓶断口平整,呈脆性断裂。金相分析:金相基体中存在大量微纹,基本上是穿晶并有分枝现象的裂纹,具有明显的应力腐蚀开裂特征。经过应力腐蚀试验得出的结论如下:

1) 在 CO、CO_2、H_2O 共存的介质中(模拟上述气瓶瓶内的实际情况,CO 86%~88%,CO_2 5%~6%,H_2O 6%~9%),对 40Mn2 钢存在应力腐蚀。根据实验室测得的应力腐蚀开裂的最大速度推算,气瓶开裂穿透时间为 7 个月左右。

2) 在纯一氧化碳的介质中,40Mn2 钢不存在应力腐蚀现象。

3) 根据实验结果和现场分析研究,存在液相水是 40Mn2 钢在 CO、CO_2、H_2O 共存的介质中产生应力腐蚀的一个条件，亦是造成盛装一氧化碳钢瓶漏气、爆炸的直接原因。

因此，在我国，《气瓶安全监察规程》2000 年版第 9 条明确规定：煤气、一氧化碳气体一般应选用铝合金气瓶盛装。

三、常用瓶装压缩气体的特性

1. 永久气体

（1）氧气（O_2）。

1）性质。氧气是一种无色、无味、无毒的气体，液氧（低温液体）则是透明的淡蓝色液体。

纯氧本身不能燃烧，但能助燃，氧气的最大特点是具有强烈的助燃性能。氧的化学性质特别活泼，除惰性气体外，能与多种元素直接发生化学反应，生成氧化物。一些贵重金属在很高温度下也能氧化。剧烈的氧化反应称为燃烧。物质燃烧时释放出大量的热量，从而产生高温。所有在空气中可燃的物质，在氧气中都会燃烧得更加剧烈；即使在空气中不易燃烧的物质，在纯氧中也很容易燃烧。磷和镁在环境温度下就会与空气中的氧气发生化学反应而自燃。某些可燃物，如油和油脂，若在氧气中点燃，其燃烧激烈程度近似于猛烈的爆炸，因此氧气瓶沾有油脂时严禁充装。

氧与可燃气体（如乙炔、氢、甲烷等）以一定比例混合可形成爆炸混合物。当空气中氧浓度达到 25% 时，已能激起活泼的燃烧，达到 27% 时，火星将发展到活泼的火焰。经实验，一块棉布在含氧 21% 的空气中燃烧 84 s 可完毕，在含氧 28% 的空气中燃烧 43 s 可完毕，在含氧 84% 的空气中燃烧 13 s 可完毕。所以，在含氧率高的空气中危险性很大，在制氧车间或氧气在室内有集聚可能的车间，要控制空气中氧浓度不超过 23%，在制氧车间及制氧机周围严禁烟火。液氧操作人员衣服中渗入了氧气时，应在大气中吹除 15～20 min 才可恢复正常工作。

氧气还可以使某些气体的爆炸范围扩大,即爆炸下限降低,爆炸上限升高。例如甲烷,在空气中的爆炸范围为下限 5.0%(体积分数,下同),上限 15.0%;而在氧气中的爆炸范围则扩大为下限 5.4%,上限 59.2%。氢气在空气中的爆炸范围为下限 4.0%,上限 75%;而在氧气中的爆炸范围则扩大为下限 4.65%,上限 93.9%。

氧气的主要理化性质见表 2—6。

表 2—6　　　　　　氧气的主要理化性质

参　　数	数　　值
相对分子质量	32
熔点 (101.325 kPa)	-218.8℃
沸点 (101.325 kPa)	-183.0℃
液体密度 (90.18 k, 101.325 kPa)	1 141 kg/m³
气体密度 (0℃, 101.325 kPa)	1.428 9 kg/m³
相对密度 (气体, 25℃, 101.325 kPa, 空气=1)	1.105
比体积 (21.1℃, 101.325 kPa)	0.755 4 m³/kg
气液容积比 (15℃, 100 kPa)	854 L/L
临界温度	-118.6℃
临界压力	5 077 kPa

氧气在空气中的含量约为 21%(体积分数,质量分数则约为 23%)。氧气参与有机体内的各种代谢过程,是生命动力必不可缺的。但是,正常人体只需要一定浓度的氧,氧的浓度高或过低对人体都是有害的。氧的分压过低会导致缺氧症,氧的分压过高会引起氧中毒。常压下,氧的浓度超过 40% 时,就有发生氧中毒的可能性。成年人在安静状态下,每分钟约耗氧 250 mL,即每天需氧量约为 360 L,但体内储存的氧仅 1.5 L 左右,即使

储存的氧全部被利用,只够机体组织消耗 4~5 min。因此,机体必须不断地从外界吸入氧,才能维持正常的生命活动。如果氧的供给不足或由于体内氧的代谢过程发生障碍,无法获得足够的氧或正常利用氧,就会使机体产生一系列变化,甚至危及生命,这就是人们经常说的缺氧。

2) 危害与处理。氧气是强氧化性气体,因此,所有的可燃物,特别是油和油脂,都不得与高浓度的氧气接触。对所有可能的着火源,都必须安全地加以封闭,或者将它们从存放氧气或液氧处安全移开。液氧属于不燃液化气体,逸漏液氧遇可燃物时会引起燃烧和爆炸。灭火剂为雾状水和二氧化碳。当液氧装置的绝热层遭到破坏时,液氧装置会发生爆炸,此时消防人员应撤到安全距离以外。

液氧逸漏的处理方法是关闭火源,切断泄漏并通知消防队。液氧会很快蒸发。进入逸漏场地以前,由于该地区在长时间内处于富氧状态,因此应避免产生火花,以免发生危险。

液氧或未经绝热(或绝热失效)的氧气容器或管道,若与人体直接接触,会导致人体皮肤的严重冻伤,使细胞组织遭到严重破坏,应特别注意加以预防。

液氧当温度高于沸点时,如液氧装置的绝热层遭到破坏,液氧急剧蒸发,蒸气体积约为液体体积的 860 倍。如体积受限制,则压力急剧增加,液氧装置会发生爆炸,消防人员应撤到安全距离以外。

氧气虽是人类赖以生存的物质,但当人长时间在高浓度氧环境中吸入纯氧时,会引起氧中毒,得富氧病。

缺氧危险作业的安全及防护措施如下:①为了避免空气中氮、氩及窒息气体含量增多,在制氧车间中,氮、氩气集聚区,检修氮及氩设备、容器、管道时,需先用空气置换,缺氧危险场所在作业时必须关闭氮、氩及窒息气体的阀门或装盲板。缺氧危险场所严禁关门和盖盖子。要控制空气中氧浓度不低于18%，缺氧危险场所在测氧含量的同时，还要对有害气体（如硫化氢、二氧化碳、甲烷等）进行测定，合格后方可开始工作。②在密闭场所（船舱、储罐、冷藏库、粮仓、实验室、地下管道、仓库、矿井、地窖、垃圾站、化粪池或低凹处等）氩弧焊时要注意空气中的氧含量，工作时，应有专人看护。③液氮、液氩及窒息气体作业场所不可在低凹处，应保证通风，不易通风的场所应使用空气或氧气呼吸器，严禁使用过滤式面罩、口罩等，应配备抢救器具、隔离式呼吸保护器具。④安全带、梯子、绳索使用前应进行检查。⑤进入缺氧危险区前、后应清点人数，环境外应有人监护。⑥明确联系信号。⑦有缺氧危险时应立即停止工作。⑧有缺氧危险影响附近作业时应立即通报。⑨缺氧危险场所应配备灭火装置，缺氧作业场所应有醒目标志。⑩对患缺氧症的工作人员应立即给予救治和医疗处理。

（2）氮气（N_2）。

1）性质。氮气是一种无色、无味、无毒的气体，是空气的主要组成部分（体积分数为78.03%，质量分数为75.6%）。

氮气是不燃气体，在常温下的化学性质不活泼，但是可以与一些化学性质特别活泼的金属，例如锂（Li）、镁（Mg）等元素发生化学反应。在高温下，氮气还可以与氢气、氧气以及其他元素发生化学反应。氮的氧化物如 N_2O、NO、NO_2 及 N_2O_4 等也是助燃性气体，能促进某些物质的燃烧反应，除 N_2O（笑气）系强氧化剂外，其余均剧毒。

氮气在水和其他液体中只能轻微溶解。

深冷温度下的液氮是无色透明的，且易于流动和不带磁性。液氮显惰性，比水轻，但在高温下与氧化合。

$$N_2 + O_2 \rightarrow 2NO$$
$$N_2 + 3H_2 \rightarrow 2NH_3$$

氮气的主要理化性质见表2—7。

表2—7　　　　　　氮气理化性质

参　数	数　值
相对分子质量	28
熔点（三相点，12.53 kPa）	−210.0℃
沸点（101.325 kPa）	−195.8℃
气体密度（0℃，101.325 kPa）	1.25 kg/m³
相对密度（气体，25℃，101.325 kPa，空气=1）	0.9674
临界温度	−146.9℃
临界压力	3.4 MPa

2）危害与处理。氮气是一种能使人或动物窒息的气体，人长期处于氮含量高于82%的环境中，有发生缺氧窒息的危险。人处于氮含量高于94%的环境中，会因严重缺氧而在数分钟内窒息死亡。液氮接触皮肤能引起冷烧伤。

吸入高浓度氮气的患者应迅速转移至空气新鲜处，安置休息并保持温暖。如果已停止呼吸，应进行嘴对嘴的人工呼吸；如果呼吸困难，应及时输氧，并请医生处置。皮肤接触液氮时应立即用水冲洗，如果产生冻疮，须就医诊治。

（3）氢气（H_2）。

1）性质。氢气是一种无色、无味、无毒而易燃的气体。氢气的密度最小，在相同的条件下，其密度只是空气的7%；在高度较低的地球表面空气中也含有微量的氢气，其体积分数约为0.00005%。氢气具有强烈的燃烧性。氢气与空气或氧气的混合物中，在大气压下的引燃温度范围为566~578℃；氢气的点燃能量极小，仅为0.019 mJ，因而极易着火，甚至化纤摩擦产生的静电所产生的能量都要比氢气的点火能量大好几倍。

氢气具有很强的还原性,在化学工业中,氢气常被用做还原剂。

氢气在空气中燃烧时火焰呈淡蓝色,有时几乎看不见火焰。氢气与空气或氧气混合,在体积含量极宽的范围内都可能形成爆炸性气体。氢气与氧化亚氮、甲烷、光气等气体混合,也能形成爆炸性气体。氢气在适宜条件下,还可以直接与其他某些气体发生化学反应,并在形成化合物的过程中发生爆炸。例如,氢气可以在太阳光或强光源的照射下,与同体积的氯气结合,生成氯化氢,产生爆炸效应。

氢气还具有与其他永久气体不同的特性。大部分常用气体,如氧气、氮气等在常温下从高压向低压节流膨胀时都被冷却,而氢气则不是这样,在同样的条件下,氢气反而会被加热,导致温度稍有增加。

氢气在被冷却到它的沸点（-252.8℃）时,就会变成一种透明并且很轻的液体,其密度只是水的1/14。

氢气的主要理化性质见表2—8。

表2—8　　　　　氢气理化性质

参　数	数　值
相对分子质量	2
熔点（101.325 kPa）	-259.2℃
沸点（101.325 kPa）	-252.8℃
液体密度（-252.766℃,101.325 kPa）	70.973 kg/m^3
气体密度（0℃,101.325 kPa）	0.0899 kg/m^3
相对密度（气体,25℃,101.325 kPa,空气=1）	0.095
比体积（21.1℃,101.325 kPa）	11.9674 m^3/kg

续表

参　　数	数　　值
临界温度	-239.9℃
临界压力	1.297 MPa
在空气中可燃范围（20℃，101.325 kPa）	4.0%~74.5%
在氧气中可燃范围（20℃，101.325 kPa）	4.5%~94%
在空气中爆轰范围（20℃，101.325 kPa）	18.3%~59%
在氧气中爆轰范围（20℃，101.325 kPa）	15%~90%
在空气中最低燃点（101.325 kPa）	570℃
在空气中当量燃烧时火焰温度	1 430℃
在空气中当量燃烧时最大火焰速度	2.65 m/s
在氧气中最低自燃点（101.325 kPa）	560℃
在氧气中当量燃烧时火焰温度	2 830℃
在氧气中当量燃烧时最大火焰速度	14.36 m/s
在氧气中当量燃烧时燃烧热	12 761 J/m^3（高） 11 506 J/m^3（低）

氢除因缺氧而引起窒息外，还没有发现毒性。氢与空气、氧、卤素的亲和力强。氢气在空气和氧气中有很宽的可燃范围。氢气的燃点较高，但其点火能量很小，所以很容易着火，在微小的静电火花下也容易着火。这是一个具有特殊意义的性质。当它接触明火或遇热时就可燃烧，而且发出几乎看不见的火焰。氢气又是一种高能燃料，当与空气或其他氧化剂结合着火时，以放热或爆炸的方式释放出大量的能量，其反应的猛烈程度取决于燃烧的条件。氢与卤素气体的混合物在日光下也能发生爆炸。氢与一氧化二氮混合物的爆炸范围为5.2%~80%，与一氧化氮混合物的爆炸范围为13.5%~49%。氢气的这一易燃易爆性是极其危险可怕的特性。氢气又是很容易扩散和浸透的气体，它非常容易

泄漏，而且易停留在天花板等高处。

2）危害与处理。氢气是一种可燃性气体，且具有扩散速度快、点火能级低等特点，当与空气或纯氧混合后，在有火源条件下，极易发生燃烧或爆炸，且爆炸的威力十分巨大。从事氢气的生产、充装、运输、使用的管理与操作者，务必给予足够重视。

氢除因缺氧而引起窒息外，还没有发现毒性。当空气中氢气浓度达到 50% 时，就会有明显的症状，使人昏睡；浓度达到 75% 的时候，就能使人致死。

氢气一般充装在高压钢瓶或液化后装在低温容器中。所以除了高压氢气的泄漏起火或爆炸的危险之外，还有被液氢冷烧伤的危险。氢气是一种易燃气体，和强氧化剂产生剧烈反应，和氧接触易燃烧。当高于 -252.78℃ 时，液态氢会迅速汽化。若在气瓶中，则压力会迅速增加；若液氢逸漏，则应立即关闭一切火源，隔离逸漏区域，立即通知消防部门。灭火剂为二氧化碳、干粉和水。在灭火前，为了预防蒸气积聚，必须切断气源。若暴露于火灾的液舱隔离无效，则液舱会爆炸。此时必须撤离消防人员。若逸漏的液氢没有着火，则应使其迅速蒸发，不留残液。

低温氢气与常温氢气密度不同，当它从液态氢开始蒸发时比空气重，沉积在地面上，等升温后才开始扩散。冷氢气遇到潮湿空气时能形成浓雾，并由此可看出它扩散的迹象。但在可见到的浓雾外围仍能形成爆炸性混合物。如果氢气云在最初闪速蒸发时着火，就会产生火球。

氢的还原性很强，在高温与金属氧化物、金属氯化物反应游离出金属，所以它一般没有腐蚀性。在白金等催化剂的作用下与有机化合物作用能还原醛等不饱和烃。

$$C_2H_2 + H_2 \rightarrow C_2H_4$$
$$C_2H_4 + H_2 \rightarrow C_2H_6$$
$$CH_3CHO + H_2 \rightarrow CH_3CH_2OH$$

$$CH_3COOC_2H_5 + 2H_2 \rightarrow 2CH_3CH_2OH$$
$$CH_3COCH_3 + H_2 \rightarrow CH_3CH-CH_3$$

氢能浸入金属的晶格之间使晶格膨胀或变形，造成金属材料的脆化。钢材在高温下受氢的浸蚀产生如下脱碳反应。

$$Fe_2C + 2H_2 = CH_4 + 2Fe$$

（4）一氧化碳（CO）。

1）性质。一氧化碳在常温常压下为无色、无臭、无味、无刺激性的窒息性气体。在空气中可燃，燃烧时发出蓝色火焰。与空气混合形成爆炸性混合物。与酸、碱和水不起反应。在高温高压下，与铁、铬、镍等金属反应生成羰基金属，与氯结合形成光气，与羰基金属结合形成羰基金属化合物。一氧化碳具有还原作用，在室温下有锰及铜的氧化物混合存在时，一氧化碳可氧化成CO_2，有一种防毒面具就是利用这个原理制成的。

一氧化碳是有毒气体，它是在没有任何刺激的情况下进入人体慢慢引起中毒的。这时，人不仅感觉不到而且还有某种快感，所以它更是危险可怕的气体。

一氧化碳的主要理化性质见表2—9。

表2—9　　　　　　一氧化碳理化性质

参　数	数　值
相对分子质量	28
熔点（101.325 kPa）	-205.1℃
沸点（101.325 kPa）	-191.5℃
液体密度（-191.5℃，101.325 kPa）	789 kg/m³
气体密度（0℃，101.325 kPa）	1.2504 kg/m³
相对密度（气体，25℃，101.325 kPa，空气=1）	0.957
比体积（21.1℃，101.325 kPa）	0.8615 m³/kg
临界温度	-140.2℃

续表

参　数	数　值
空气中可燃范围（200℃，101.325 kPa）	12.5%~74%
空气中最低燃点（101.325 kPa）	630℃
最易引燃浓度	30%
产生最大爆炸压力的浓度	35.2%

2) 危害与处理。一氧化碳对人的毒性作用见表2—10。

表2—10　　　　　　一氧化碳对人的毒性

浓度 $\times 10^6$	作　用
100	可耐受2~3 h
400~500	在1 h内还表现不出明显作用
600~700	1 h后才显出作用
1 000~1 200	1 h后产生不快感但无危险
1 500~2 000	在1 h内构成危险
4 000	在1 h内致死

一氧化碳是与人们的日常生活密切相关的有毒气体。它对人体的毒害作用机理大致如下：一氧化碳对血红蛋白的亲和力比氧大240倍，而碳氧血红蛋白的离解速度是氧合血红蛋白离解速度的1/3 500。因此，一氧化碳被吸入人体内后，迅速与血红蛋白结合成碳氧血红蛋白，即一氧化碳置换了血液中的氧。另外，血液中碳氧血红蛋白的大量存在影响氧合血红蛋白的离解作用，造成组织缺氧，引起窒息，并导致一系列的中毒症状。

一氧化碳急性中毒，根据临床表现可分为轻度、中度和重度三级。

轻度中毒表现为头晕、眼花、剧烈头痛、耳鸣、颈部压迫感和搏动感，还有恶心、呕吐、心悸、四肢无力，但无昏迷。脱离中毒现场，吸入新鲜空气或进行适当治疗之后，症状可迅速消失。

中度中毒除上述症状外，还表现为初期多汗、烦躁、步态不稳、皮肤和黏膜苍白，并随着中毒加重而出现樱桃红色，以面颊、前胸及大腿内侧最为明显，意识不清甚至昏迷。如能及时抢救，可很快苏醒，一般无明显并发症和续发症。

重度中毒除具有一部分或全部中度中毒的症状外，患者可迅速进入不同程度的昏迷状态，时间可持续数小时至几昼夜，往往出现牙关紧闭、全身痉挛、大小便失禁和病理反射。常伴发中毒性脑病、心肌炎、吸入性肺炎、肺水肿及电解质紊乱等。另外，可出现大脑损伤的一系列体征，如体温升高、出汗、白细胞增多、血糖升高、糖尿、蛋白尿等，还可出现血中乳酸增高及乳酸脱氢酶活性增高等生化改变。脑电波异常，重症时表现为波幅变低。

有的重症患者在苏醒之后，经过一段清醒期又出现一系列神经系统严重受损的表现，称为急性一氧化碳中毒神经系统续发症，其程度与昏迷的深度有密切关系。

一氧化碳的慢性中毒比急性中毒更可怕。慢性中毒时即使是低浓度也会产生后遗症而造成不幸的后果。一氧化碳中毒最不幸的后遗症是丧失记忆力、痴呆症及麻痹性障碍。

吸入一氧化碳气体中毒的患者应及时转移至空气新鲜、通风良好之处休息并保持温暖舒适。如果患者处于昏迷状态，应立即送医院诊治。如果呼吸微弱或停止，要立即进行人工呼吸和输氧，呼吸恢复后，打开一个亚硝酸戊酯药管嗅闻 $15\sim30\ s$。每隔 $2\sim3\ min$ 嗅闻一次，用药量以不超过两个药管为限，然后就医进一步诊治。

对人事不省或呼吸停止者不能轻易地放弃抢救，在医生到来之前尽可能争取时间进行抢救。

(5) 氟（F_2）。

1) 性质。氟在常压下为具有刺激性霉味的淡黄色有毒气体。氟在非金属元素中是最活泼的，反应性极强，在自然界中没有单质状态的氟。它是助燃性气体。在室温下能与大多数可氧化物质或有机物强烈反应而燃烧。它和甲烷在一起时能发生爆炸，与硝酸反应生成具有爆炸性的气体硝酸氟。氟遇水反应产生氟化氢、氧化氟、臭氧、过氧化氢、氧等，容易引起燃烧。可与液态氧或氮混合。氟与一些物质混合接触时的危险性见表2—11。

表2—11　氟与一些物质混合接触时的危险性

混合接触物质名称	表现
铜 Cu	在常温下着火
铅 Pb	猛烈着火
氨 NH_3	起火、爆炸
一氧化氮 NO	立即反应而起火
氢 H_2	激烈爆炸
一氧化碳 CO	爆炸反应
乙炔 C_2H_2	激烈反应
溴化氢 HBr	低温下激烈反应
二氧化硫	一定条件下可能爆炸
硫化氢 H_2S	常温下起火爆炸

氟是剧毒性气体，能刺激眼、皮肤、呼吸道黏膜。由于它立即与水反应生成氟化氢，所以在大多数情况下显出与氟化氢同样的毒性。

氟的主要理化参数见表2—12。

表 2—12　　　　　氟的理化性质

参　　数	数　　值
分子量	39.996 8
熔点（101.325 kPa）	-219.62℃
沸点（101.325 kPa）	-188.1℃
气体密度（25℃，101.325 kPa）	1.554 kg/m³
相对密度（气体，25℃，101.325 kPa，空气=1）	0.957
比体积（21.1℃，101.325 kPa）	0.861 5 m³/kg
临界温度	-128.8℃
临界压力	5.215 MPa

2）危害与处理。氟的最高容许浓度为 0.1×10^{-6}（$0.2\ mg/m^3$）。

当氟浓度为 $(5\sim10) \times 10^{-6}$ 时，对眼、鼻、咽喉等黏膜开始有刺激作用，作用时间长时也可引起肺水肿。与皮肤接触可引起毛发的燃烧、接触部位凝固性坏死、上皮组织碳化等。慢性接触可引起骨硬化症和韧带钙化。吸入氟的患者应立即转移至无污染的安全地方安置休息，并保持温暖舒适。眼睛或皮肤受刺激时迅速用水冲洗之后就医诊治。

（6）甲烷（CH_4）。

1）性质。甲烷是一种无色、无味的可燃性气体，是最简单的有机化合物。甲烷可溶于酒精或乙醚，也可轻微溶于水。

甲烷的主要理化参数见表 2—13。

表 2—13　　　　　甲烷理化性质

参　　数	数　　值
分子量	16.042
熔点（101.325 kPa）	-182.5℃

续表

参　数	数　值
沸点（101.325 kPa）	-161.5℃
相对密度（-164℃，水=1）	0.42
气体密度（0℃，101.325 kPa）	0.717 kg/m³
相对密度（气体，25℃，101.325 kPa，空气=1）	0.554
比体积（21.1℃，101.325 kPa）	1.395 m³/kg
临界温度	-82.5℃
临界压力	4.6 MPa
空气中爆炸范围	5.3%～15.0%

甲烷和天然气被广泛用做燃料，也作为人们的生活用燃料。近年来我国开始用压缩天然气（CNG）取代汽油用于汽车发动机中。车用压缩天然气代替汽油，可以减轻汽车尾气对环境的污染，也有较高的经济效益。

液态天然气（LNG）作为车用燃料和人们生活用燃料，引起了人们的广泛关注。国内开始制造的低温绝热气瓶就可以提供这方面的应用。

作为化工原料，甲烷可以用于制造某些重要化工产品，包括乙炔、氨、乙醇和甲醇等。甲烷经氯化处理，可生产四氯化碳、二氯甲烷等。

2）危害与处理。甲烷是一种简单的窒息剂。人们一般认为甲烷是无毒的，当空气中甲烷的浓度高达9%时，人体也不会出现什么症状，但若浓度再高的话，人的头部和眼睛就会有不适的感觉。

甲烷的爆炸极限范围虽不太宽（5%～15%），但在气体的充装使用和储存中仍要注意防火。

（7）惰性气体。

1）性质。惰性气体系指氩（Ar）、氦（He）、氖（Ne）、氪（Kr）、氙（Xe）和氡（Rn）（注：氡不属于瓶装气体），因为它们的化学性质不活泼，很难与其他物质发生化学反应，故称为惰性气体。由于这六种气体在空气中的含量不足1%，故又称为稀有气体。已知的惰性气体氟化物、氧化物都具有很强的氧化性。

惰性气体都较难液化，但一经液化后，再稍加冷却，就将固化（常压下只要低于它们的沸点3~6℃，除氦以外均能凝固）。氦的沸点（-268.94℃）是已知物质中沸点最低的。

惰性气体的基本性质见表2—14。

表2—14　　　　　惰性气体的基本性质

名称	标准状态下的密度/(kg/m^3)	相对密度（空气为1）	临界温度/℃	临界压力/MPa	熔点/℃	沸点/℃
氩（Ar）	1.7836	1.3300	-122.4	4.86	-189.3	-185.9
氦（He）	0.8713	0.6740	-228.7	2.76	-248.6	-246.07
氖（Ne）	0.1785	0.1368	-267.9	0.23	-272.2	-268.94
氪（Kr）	3.7431	2.8180	-63.75	5.50	-157.2	-153.2
氙（Xe）	5.8900	4.5300	16.6	5.88	-112.0	-108.1
氡（Rn）	9.7300	7.5160	104	6.28	-71.0	-61.8

2）危害与处理。惰性气体同氮一样，可引起急速窒息，属于窒息气体。储存和使用时，要有足够的通风。一旦发现有窒息症状，最初的救护方法和氮的处理相同。

2. 液化气体

（1）液化石油气。

1）组成及性质。液化石油气（LPG）是以丙烷/丙烯和丁烷/丁烯为主要成分的混合物。液化石油气是开采和炼制石油过程中的副产品。《液化石油气》(GB 11174—1997) 中对液化石油气的技术要求为：蒸气压≤1 380 kPa (37.8℃)，C_5 及 C_5 以上组分含量（体积分数）≤3.0%，总硫含量≤343 mg/m³。这与美国对液化石油气（商业级丙丁烷混合液）的质量要求是完全一样的。

液化石油气易燃、无色、不腐蚀、无毒，在标准大气压力下大都容易液化。液化石油气以气液两相并存。液化石油气的各种不同组分都可不同程度地溶于酒精和乙醚中。丙烷和丙烯则轻度溶于水。

在未经干燥的液化石油气中，可能溶有微量的水，水的溶解度随温度（气相或液相）的升高而增大。液化石油气温度降低时，溶于液相中的水就会因溶解度下降而从中离析出来，积于储罐、液相管等设备内，并随着温度的下降而逐步结冰。另外，当液化石油气混合液通过减压阀膨胀时，气体中的水也会离析出来结冰，这就是常见的结冰现象。如果有充足的水量，生成的固态烃类水化物（白色结晶）还会不断积聚而将阀门、管道全部堵塞。

常压下，液化石油气的露点与其沸点很接近，压力提高，露点显著升高，加入空气则适得其反。由于丁烷沸点较高，因而比丙烷先冷凝，这样在加压输送丁烷或丙烷、丁烷混合气时，应对所用管道保温处伴热，以防止液体冷凝。

液化石油气的质量为空气质量的 1.5～2 倍，所以从气瓶中漏出的液化石油气不像天然气那样会向上升，而是沉积于地面，在经营与使用液化石油气时，必须对此给予足够的注意，并应采取有效的安全防护措施。因为液化石油气易燃性大，无论气温多么低，一遇火种就燃烧，容易引起火灾。液化石油气燃烧时必须有约 30 倍的空气，火焰呈浅蓝色，无烟。

液化石油气中的主要组分丙烷、丙烯、正丁烷、异丁烷、

1-丁烯、异丁烯、(顺)2-丁烯、(反)2-丁烯等的理化性质见表2—15。

表2—15　液化石油气主要组分的理化性质

组分名称	相对分子质量	沸点(标准状况)/℃	临界温度/℃	临界压力/MPa	临界密度/(kg/cm³)	爆炸极限
丙烷 C_3H_8	44.09	-42.1	96.8	4.25	226	2.4%~9.5%
丙烯 C_3H_6	42.08	-47.7	91.8	4.62	233	2.0%~11.1%
正丁烷 C_4H_{10}	58.12	-0.5	152.0	3.79	228	1.86%~8.41%
异丁烷 C_4H_{10}	58.12	-11.7	135.0	3.65	222	1.8%~8.44%
1-丁烯 C_4H_8	56.10	-6.47	146.4	3.92	234	1.6%~9.3%
异丁烯 C_4H_8	56.10	-6.9	144.7	4.00	234	1.75%~9.7%
(顺)2-丁烯 C_4H_8	56.10	3.7	162.4	4.21	236	1.75%~9.7%
(反)2-丁烯 C_4H_8	56.10	0.9	155.5	4.10	240	1.75%~9.7%

2）危害与处理。皮肤接触液化石油气会造成皮肤细胞组织冻伤，其冷蒸气也会导致皮肤冻伤。因此，对气瓶及其管道的泄漏处理，应备有个人防护用具。皮肤接触液体处所形成冻伤部位应避免揉搓，并及时进行治疗。

液化石油气虽然是无毒的，但人们如果较长时间地吸入高浓度的液化石油气，也会被麻醉。石油气也是一种简单的窒息剂，吸入气体会感到头疼、眩晕、神志不清和导致窒息。吸入气体的受害者应迅速脱离现场，移至空气新鲜处。若呼吸停止，则应进行人工呼吸，并请医生诊治。

液化石油气是易燃气体，在生产、运输和储存作业时，人们要时刻注意遵守相关规定，采取相应的防护措施。如果发生火灾，应首先切断气源，否则气体会聚集到爆炸浓度。灭火剂应采用二氧化碳、干粉、雾状水，其中干粉灭火剂效果最佳。

当发现有液化石油气渗漏时，应戴橡胶手套、面罩，穿防护服，配备通用防毒面具，关闭火源，并向消防部门报警。对渗漏出来的气体要采取强制通风，以保持气体浓度低于爆炸范围，然后采取妥善措施，消除渗漏。在进行堵漏处理中，应切实注意禁止火源，包括吸烟、用火、照明等电气火源；操作时也应注意，不得产生火花，以免引发火灾。

（2）液氨。

1）性质。液氨属于可燃、毒、碱性腐蚀、低压液化气体。由于氨气对火的敏感性较差，美国交通运输部将它划入非易燃物，在我国《瓶装压缩气体分类》（GB 16163—1996）中，作为特例，把氨气的燃烧性划为可燃，而非易燃。氨气与氯气接触能自燃，并形成性能不稳定、极易爆炸的氯化氢。氨气在高温下能分解出氢气和氮气。

在大气压力和常温下，氨气是一种无色具有刺激性气味的有毒气体，比空气轻。为便于运输和应用，人们常把它压缩并冷却成液体。液氨也是无色的。氨气极易溶于水，在0℃时，氨气可以溶解在相同质量的水中。温度越低，氨气在水中的溶解度越大。溶有氨气的水，通常称为氨水，呈弱碱性，具有强腐蚀性，无水氨对大多数普通金属不起作用，但是如果混有少量水分或湿气,则不管气态或液态都对铜、银、锡、锌及其合金发生腐蚀作用。又易与氧化银或汞反应生成爆炸性化合物,与钠、镁等金属反应。

$$2NH_3 + 2Na \rightarrow 2NH_2Na + H_2$$
$$2NH_3 + 3Mg \rightarrow Mg_3N_2 + 3H_2$$

氨最高容许浓度为 25×10^{-6}（$18mg/m^3$）。不同浓度氨对人体的作用见表2—16。

表2—16 氨对人体的作用

浓度 $\times 10^6$	作 用
20	任何人都感到臭味
>25	有毒范围
25	最高容许浓度
500~700	开始引起黏膜刺激,可耐6h
>1 000	几分钟内严重侵蚀眼鼻,小于0.5h不会造成永久性影响
>2 000	激烈咳嗽,支气管痉挛,肺水肿引起窒息
>5 000	吸入30 min就有危险,短时间内就可死亡

氨的主要理化性质见表2—17。

表2—17 氨的理化性质

参 数	数 值
分子量	17.034
熔点（101.325 kPa）	-77.7℃
沸点（101.325 kPa）	-33.4℃
气体密度（0℃,101.325 kPa）	0.770 8 kg/m³
相对密度（气体,25℃,101.325 kPa,空气=1）	0.957

续表

参　数	数　值
临界温度	-132.5℃
临界压力	11.3 MPa
空气中燃烧界限	15.7%~27.4%
氧气中燃烧界限	14%~79%
蒸气压力（60℃）	2.52 MPa

2）危害与处理。氨（无水）挥发性大，刺激性强烈。氨气对眼、鼻、喉、肺的黏膜具有强烈的刺激作用，接触会使人咳嗽、声音嘶哑。长期在较高浓度的氨气中停留作业，还会使人患肺气肿、肺炎。如大气中氨气的浓度更高，还会使人窒息、水肿，甚至导致人死亡。

氨对神经系统有刺激作用，并能破坏呼吸机能和血液循环。皮肤接触高浓度氨会吸收其组织水分、碱化脂肪，造成溶解性组织坏死。

氨气中毒的急救处理办法是，将受害者移到空气新鲜处。若呼吸停止，则应进行人工呼吸；若呼吸困难，则应输氧。可用大量的水清洗患处 15 min，但不能清洗冻伤处，要脱掉被污染的衣服和鞋袜，迅速给予治疗和护理。低速的雾状水可以有效地清除氨对大气的污染。

液氨若与人的皮肤直接接触，会引起皮肤的化学性灼伤，造成皮肤糜烂。液氨溅入眼内，会造成眼睛冻伤。若人接触氨水或其蒸气，也会造成不同程度的皮肤损伤。

皮肤接触氨时，立刻用水冲洗后再用肥皂水洗净，然后敷上用 5% 的醋酸、柠檬酸、酒石酸或盐酸浸湿的敷料，也可以用 2% 以上的硼酸水湿敷。被液氨冻伤时，首先要适当解冻后脱下冻结的衣服。脱衣时要注意不要扯破皮肤，特别要注意清洗腋窝及会阴等潮湿部位。

眼睛受伤时，先用水清洗，或用 0.5% ～ 1% 明矾溶液洗涤，然后滴入凡士林油或橄榄油。剧烈疼痛时，可滴入 1 ～ 2 滴奴佛卡因或滴入 1 滴 0.5% 的地卡因肾上腺素（1:1000）溶液。

对于氨气的防护，首先是要保证设备、管道及管件的密闭不漏。发生氨气或液氨泄漏或气瓶破裂事故时，周围的人员应迅速撤离氨气的污染区域，如相关人员必须进入危险地区进行抢救或氨气止漏工作，则必须佩戴有效的防护用具，包括呼吸器、防护服和靴子等。雾状水对吸收氨气相当有效，但仅限于泄漏气体时使用，绝对不能将水洒到液氨上。

氨具有较高的体膨胀系数，满量充装液氨的气瓶，在 0 ～ 60℃，液氨温度每升高 1℃，其压力升高 1.32 ～ 1.80 MPa，因而液氨气瓶超装极易发生爆炸。1998 年 7 月 21 日，江西省某棉纺厂新建的冰室，一只无缝液氨钢瓶在静置状态下发生爆炸，造成 2 死 2 伤的恶性事故，经济损失达 30 余万元。事故后查明，该厂向氨厂的钢瓶检验站租赁了 7 只氨瓶，瓶检站违章采用所谓减量法（严格禁止的错误充装方法）从 200 kg 大容积氨瓶向 40 L 的中容积气瓶分装，致使爆炸的这只 40 L 的钢瓶满液，事故当天气温达 36℃，因温度升高，满液氨瓶放置于不通风、气温较高的机房内而发生爆炸。

(3) 液氯。

1) 性质。氯是具有强氧化性、剧毒、酸性腐蚀的低压液化气体。

氯在常温、常压下为具有强烈刺激性气味的黄绿色有毒气体。易液化呈深黄色。氯是极强的氧化剂。氯在空气中不燃烧，是助燃性气体。一般的可燃物大都能在氯气中燃烧。干燥的氯在低温下不甚活泼,但遇水时先生成次氯酸和盐酸,次氯酸可再分解为盐酸和初生态氧,这是氯作为氧化剂的基本反应。可燃性气体或蒸气都能与氯气形成爆炸性混合物。氯也能与许多化学物品,如乙炔、松节油、乙醚、氨气、燃料、润滑剂、烃类、大多数塑料、某些金属粉末等进行猛烈反应,发生爆炸或生成爆炸性产物。

完全干燥的氯气在常温与铁不作用,但是,含水分的氯气与铁作用生成盐酸和次氯酸盐,增强其腐蚀性。能腐蚀以铁为首的大部分金属。把浸了氨水的布接触氯气时产生氯化铵白烟,此现象可用于气体的检漏。氯气溶于水、碱溶液、二硫化碳、四氯化碳和乙醇等有机溶剂。氯非常容易溶解于盐酸而形成三氯化氢。

氯与人体内的水分作用形成盐酸和初生态氧,并有可能形成臭氧,因而它具有强烈的刺激性。吸入后能损伤呼吸道及支气管黏膜,引起黏膜的烧灼、肿胀和充血。作用于肺泡导致肺水肿,还会损伤中枢神经系统引起各种症状。

不同浓度的氯气对人体的作用见表2—18。

表2—18　　　　　氯对人体的作用

浓度 $\times 10^6$	作用
0.1~0.2	可忍耐6 h而无显著症状
0.35	可长期停留,但能引起中毒
3.5	可忍耐0.5~1 h
4~21	0.5~1 h内有生命危险
35~50	0.5~1 h内死亡或一定时间内死亡
90	可致人立即死亡

氯的主要理化性质见表2—19。

表 2—19　　　　　　　　氯的理化性质

参　数	数　值
分子量	70.906
熔点（101.325 kPa）	-100.98℃
沸点（101.325 kPa）	-34.05℃
液体密度（-34.1℃，101.325 kPa）	1 562.5 kg/m³
气体密度（20℃，101.325 kPa）	2.980 kg/m³
相对密度（气体，25℃，101.325 kPa，空气=1）	2.5
临界温度	-144℃
临界压力	7.71 MPa
空气中燃烧界限	15%~27%
氧气中燃烧界限	14%~79%
蒸气压力（60℃）	1.68 MPa

2）危害与处理。氯气主要对呼吸系统的黏膜有刺激作用，吸入后，咳嗽、气喘、窒息、眼睛和咽喉有灼伤感，严重的可致命。液氯或高浓度的氯气与皮肤或眼睛接触，可造成局部刺激，引起水泡或冻伤。

急性吸入氯气的中毒症状有感觉胸部发紧、呛咳、流泪、头痛、恶心、呕吐、胸骨后疼痛、声音嘶哑、引起鼻咽喉气管支气管发炎、肺水肿、昏迷、休克等。

长期接触低浓度氯气慢性中毒的症状有眼黏膜刺激、流泪、结膜充血、咳嗽、咽烧灼感、慢性支气管炎、肺气肿、肺硬化、神经衰弱、牙齿发黄无光泽、齿龈炎、口腔炎、食欲不振、慢性肠胃炎、皮肤烧灼感、发痒、痤疮样皮疹等。

氯中毒的急救处理方法是使受害者吸入酒精和乙醚的混合蒸气，并立即离开事故现场，移到通风良好、空气新鲜处。若呼吸停止，则应进行人工呼吸或输氧。

如眼睛受害,用水轻轻冲洗至少 15 min;如果液氯溅到皮肤上,就应脱掉被污染的衣服,用水轻轻浸泡患处 15 min,迅速进行诊治。

进行液氯或氯气逸漏处理时,应注意戴好橡胶手套、自供式呼吸器,穿好防护衣服,撤走下风向处未配戴呼吸器的人员,尽可能在上风位置进行操作。

液氯应储存于阴凉通风的仓库中,库温不亦超过 30℃。应与易燃气体、金属粉末、氨分开储运。

(4) 液态二氧化碳。

1) 性质。二氧化碳属于不燃、无毒、无腐蚀的高压液化气体。

二氧化碳俗称碳酸气,是一种无色、无味、无毒但有轻度的刺激性和辛辣味的气体,比空气重,相对空气密度为 1.529,能溶于水、烃类及大多数有机溶剂中。二氧化碳气体不会燃烧,不助燃,也无腐蚀性,二氧化碳稍微呈惰性,对许多金属几乎无影响,但有水分时生成碳酸而腐蚀普通钢。常温下二氧化碳的化学性质稳定,不会分解,也不与其他元素发生化学反应,但在高温下却很容易分解成一氧化碳和氧气,因而具有氧化性。二氧化碳具有一切酸性氧化物的化学性质,并能与碱性氧化物或碱产生化学反应。

二氧化碳可以在温度为 -56.6℃、压力为 0.416 MPa(表压)的条件下以固体、液体和气体三相共存,该点称为三相点。低于三相点的温度和压力时,二氧化碳可以是固体,即干冰(压力较高),也可以为气体(压力较低时)。固体二氧化碳在温度为 -78.3℃ 和标准大气压下可直接转化为气体而不经过液相,这就是升华。压力越低,则升华的温度也越低。在温度和压力都高于三相点,但温度低于 31.1℃ 时,装在密闭容器内的二氧化碳则呈气、液两相共存的形式。若温度高于 31.1℃,则完全是气态。

二氧化碳的主要理化性质见表2—20。

表2—20　　　　　二氧化碳的主要理化性质

参　　数	数　　值
分子量	44.011
熔点（517.97 kPa）	-56.6℃
升华点（101.325 kPa）	-78.5℃
液体密度（0℃，3485 kPa）	929.5 kg/m³
气体密度（0℃，101.325 kPa）	1.977 kg/m³
相对密度（25℃，101.325 kPa，空气=1）	1.529
临界温度	-31.0℃
临界压力	7.387 MPa

2）危害与处理。空气中二氧化碳的最高容许浓度为 $5\,000 \times 10^{-6}$（$9\,000\ mg/m^3$）。

二氧化碳比空气重，常聚集在低凹处。因为它是一种无色无臭的气体，所以不太容易被人察觉。当二氧化碳浓度超过一定限量时，往往会不知不觉地使人、畜及其他动物中毒，甚至窒息致死。其中毒原理是高浓度二氧化碳本身具有刺激和麻醉作用，而且会使肌体发生缺氧窒息。

当空气中大约有0.03%（约300×10^{-6}）的二氧化碳时将促使呼吸急促。长时间吸入高浓度的二氧化碳，将引起代谢障碍，特别是因中枢神经的沉滞而逐渐陷入沉睡。当空气中的二氧化碳浓度超过3%时会出现呼吸困难、眩晕、呕吐等症状；浓度超过10%时，可引起视力障碍、痉挛、呼吸加快、血压升高、意识丧失等；浓度超过25%时，会出现中枢神经的抑制、昏睡、痉挛以及窒息死亡。

二氧化碳中毒的急救处理方法是尽快将中毒人员撤离二氧化

碳污染环境，采用人工呼吸法救治。必要时，可用高压氧治疗。

如果皮肤接触固体或液体二氧化碳会引起冻伤，所以应该避免与液体二氧化碳接触，预防皮肤冻伤事故发生。

液体二氧化碳气瓶超装或环境温度升高后，其体积急剧膨胀，有造成气瓶爆炸的危险。液体二氧化碳的体膨胀系数较大，在 $-5 \sim 35℃$，满量充装的二氧化碳气瓶，温度每升高1℃，瓶内气体压力相应升高 3.14~8.34 MPa。因此，超装很容易造成气瓶爆炸。

3. 溶解气体

溶解气体就是在加压下溶解于瓶内溶剂的气体。我国有关规范和标准中列出的溶解气体只有一种，就是乙炔（C_2H_2）。

《气瓶充装规则》ISO 11622—2005 中列出的溶解气体，除了乙炔外，还有氨溶液（$NH_3 \cdot H_2O$）。

乙炔的临界温度较高，达 36.18℃，临界压力为 6.19 MPa，如果液化，应为高压液化气体。在压力较低的情况下，乙炔的热力学性质比较稳定。但乙炔压缩压力不可太高，压力稍高的乙炔性质极不稳定，在不同的温度和压力下很容易发生分解或聚合反应，反应是放热反应，结果使气体温度升高、压力增大。而且乙炔的点火能量随着压力升高而降低，如压力为 2.5 MPa 时，乙炔的最小点火能量仅为 0.2 mJ，如压力为 0.5 MPa 时，乙炔的最小点火能量为 17 mJ。乙炔不能经过加压液化装入气瓶中，这样处理易发生爆炸。

因此，为了保证乙炔在充装、储运和使用过程中的安全，就得采用加压溶解的方法，把乙炔溶解于溶剂中，并使其均匀分散在瓶内充填的多孔物质内。常用于瓶装乙炔的溶剂是丙酮。

（1）乙炔性质。

常温、常压下（20℃，101.325 kPa）纯乙炔是无色、无臭的可燃气体。纯乙炔有香味，不纯时有类似大蒜的臭味。乙炔能溶于许多液态溶剂中,其溶解度的大小因温度、压力和溶剂种类的不同而不同。

乙炔本身无毒,是一种窒息性气体。

乙炔气体化学性质非常活泼,具有氧化、分解、聚合等反应能力。乙炔与空气或氧气混合,爆炸范围极宽,当空气中体积范围为 2.3%~100% 时,仅需 0.02 mJ 的能量即可点燃。特别容易被氧化剂氧化。乙炔与氢接触生成乙烯和乙烷。乙炔在催化剂作用下,可与氢生成乙烯,当氢过量时,可进一步生成乙烷。乙炔与氯能进行加成反应生成二氯乙烯及四氯乙烷,乙炔与氯发生反应猛烈,甚至发生爆炸。因此严禁乙炔与氯接触,禁止用四氯化碳扑灭乙炔产生的火灾。

乙炔在丙酮中的溶解度随着乙炔压力的升高而加大。如 20℃,乙炔压力在 0.1 MPa 时在丙酮中的溶解度为 0.027 kg/kg,在 0.5 MPa 时在丙酮中的溶解度为 0.14 kg/kg,在 1.5 MPa 时在丙酮中的溶解度为 0.55 kg/kg,所以要在一定的压力下使乙炔溶解到丙酮中,但压力不可太高。15℃时,限定压力为 1.5 MPa;40℃时,限定压力为 2.5 MPa。

乙炔的主要理化性质见表 2—21。

表 2—21　　　　　　　乙炔的主要理化性质

参　数	数　值
相对分子质量	26
熔点 (517.97 kPa)	-85℃
沸点 (101.325 kPa)	-82.4℃
液体密度 (-80℃, 101.325 kPa)	613 kg/m^3
气体密度 (20℃, 101.325 kPa)	1.17 kg/m^3
相对密度 (25℃, 101.325 kPa, 空气=1)	0.9

续表

参　数	数　值
临界温度	35.18℃
临界压力	6.19 MPa
空气中的燃烧界限	2.3%～100%
氧气中的燃烧界限	2.3%～100%

（2）危害与处理。

纯乙炔气体是一种窒息性的气体。当空气中乙炔浓度达20%以上时，使人感到头晕和呼吸困难；当空气中乙炔浓度为30%时，人开始出现意识模糊；当吸入含35%乙炔的空气5 min后，人会立即昏迷，乙炔浓度达40%以上时，人会产生虚脱。此外乙炔还有阻碍氧化的作用，使脑缺氧，引起昏迷麻醉。

另外乙炔中含有较多杂质时（如硫化氢、磷化氢等），中毒症状加快。

预防乙炔中毒的措施是注意通风换气。在乙炔操作现场从安全上考虑，一般乙炔浓度应低于其爆炸下限的1/3，空气中乙炔的浓度应控制在2.5%的1/3以下，即0.8%以下，这既是防爆安全指标，也可作为卫生指标。进入高密闭空间时，要戴防毒面具，不可穿带钉的鞋和穿化纤衣服。紧急处置的方法是：发现中毒人员，立即将其转移到空气新鲜场所，根据症状进行人工呼吸，尽快请医生治疗。

乙炔有高压液化气体的特性，所以充装时要计量，不可满液；因为超压有危险，还要计量压力。

乙炔气体的化学性质非常活泼，与空气或氧气混合后爆炸范围极宽，点燃能量低。生产、使用、储存乙炔气体要注意防火。

第三节　气瓶的分类及结构

气瓶作为一种盛装、运输压缩气体的移动式压力容器，在工业生产过程中被广泛使用。所谓气瓶在《气瓶术语》（GB/T 13005—1991）中的定义为：公称容积不大于 1 000 L，用于盛装压缩气体的可重复充装而无绝热装置的移动式压力容器。随着气瓶技术的不断发展，出现了如缠绕气瓶、焊接绝热气瓶、大容量长管气瓶（长管拖车气瓶）等新型气瓶产品。目前无论是在容积、充装还是结构上，气瓶都已经全面突破原有概念，广义的气瓶可以定义为包括不同压力、容积、结构、材料，用以储存永久气体、液化气体和溶解气体的一次性或可重复充装的移动式压力容器。

一、气瓶的分类

由于气瓶具有结构形式多样，盛装介质复杂等特点，根据不同分类角度，气瓶具有多种分类方式。例如，按充装介质的性质分类，气瓶可分为永久气体气瓶、液化气体气瓶、溶解乙炔气瓶；按制造方法分类，气瓶可分为冲拔拉伸气瓶、管子收口气瓶、冲压拉伸气瓶、焊接气瓶和绕丝气瓶等；按瓶体材质分类，可分为钢质气瓶、铝合金气瓶、复合材料气瓶及其他材料气瓶；按充装介质的用途分类，可分为民用、工业用、医用、潜水、吸附、机动车用气瓶等；按气瓶充装次数分类，又可分为可重复充装气瓶和非重复充装气瓶等；按气瓶形状上分类，有瓶状气瓶、桶状气瓶、球形气瓶和串球形气瓶等。这里详细介绍气瓶按公称压力和公称容积分类、按临界温度分类、按结构分类三种分类方式。

1. 按公称压力和公称容积分类

公称是指机器性能、图样尺寸等的规格或标准，是一种量级标准叫法，一般都取整数，被用在各种计量单位上。因在设计中已考虑到其使用性,一般都为使用量。

(1) 按公称压力分类。

《气瓶术语》(GB/T 13005—1991) 中规定,对于盛装永久气体的气瓶,公称工作压力是指在基准温度时(一般为20℃)所盛装气体的限定充装压力;对于盛装液化气体的气瓶,是指温度为60℃时,瓶内气体压力的上限值。

按公称压力分类,气瓶分为高压气瓶和低压气瓶两类。依据《气瓶术语》的规定,公称工作压力大于等于8 MPa(表压)的气瓶为高压气瓶;公称工作压力小于8 MPa(表压)的气瓶为低压气瓶。

根据的《气瓶安全监察规程》(2000年版)中的规定,常用气体气瓶的公称工作压力见表2—22。

表2—22　常用气体气瓶的公称工作压力

气体类别		公称工作压力/MPa	常用气体
永久气体 $T_C < -10℃$		30	空气、氧、氢、氮、氩、氦、氖、氪、甲烷、煤气、天然气、氟等
		20	
		15	空气、氧、氢、氮、氩、氦、氖、甲烷、煤气、三氟化硼、四氟甲烷(R-14)、一氧化碳、一氧化氮、氘(重氢)、氙等
		20	二氧化碳、一氧化二氮(氧化亚氮)、乙烷、乙烯、硅烷、磷烷、乙硼烷等
		15	
液化气体 $T_C \geq -10℃$	高压液化气体 $-10℃ \leq T_C \leq 70℃$	12.5	氙、一氧化二氮(氧化亚氮)、六氟化硫、氯化氢、乙烷、乙烯、三氟氯甲烷(R-13)、三氟甲烷(R-23)、六氟乙烷(R-116)、1,1-二氟乙烯(偏二氟乙烯)(R-1132a)、氟乙烯(R-1141)、三氟溴甲烷(R-13B1)等

续表

气体类别		公称工作压力/MPa	常用气体
液化气体 $T_C \geq -10℃$	高压液化气体 $-10℃ \leq T_C \leq 70℃$	8	六氟化硫、三氟氯甲烷（R-13）、1,1-二氟乙烯（偏二氟乙烯）（R-1132a）、六氟乙烷（R-116）、氟乙烯（R-1141）、三氟溴甲烷（R-13B1）等
	低压液化气体 $T_C > 70℃$	5	溴化氢、硫化氢、碳酰二氯（光气）、硫酰氟等
		3	氨、二氟氯甲烷（R-22）、1,1,1-三氟乙烷（R-143a）等
		2	氯、二氧化硫、环丙烷、六氟丙烯、二氟二氯甲烷（R-12）、1,1-二氟乙烷（R-152a）、氯甲烷、二甲醚、二氧化氮、三氟氯乙烯（R-1113）、溴甲烷、氟化氢、五氟氯乙烷（R-115）等
		1	正丁烷、异丁烷、异丁烯、1-丁烯、1,3-丁二烯、一氟二氯甲烷（R-21）、四氟二氯乙烷（R-114）、二氟氯乙烷（R-142b）、二氟溴氯甲烷（R-12B1）、氯乙烷、氯乙烯、溴乙烯、甲胺、二甲胺、三甲胺、乙胺、乙烯基甲醚、环氧乙烷、八氟环丁烷（R-C318）、（顺）2-丁烯、（反）2-丁烯、三氯化硼（氯化硼）、甲硫醇（硫氢甲烷）、三氟氯乙烷（R-133a）等

注：T_C——临界温度，℃。

（2）按公称容积分类。

气瓶的公称容积是指气瓶规程和标准规定的气瓶容积的分级

系列，公称容积和公称工作压力一样是一个名义值，而不是准确的实际值。从安全考虑，要求气瓶的实际容积必须大于公称容积，允许差值为5%。比如公称容积为40 L的无缝气瓶，其实际容积应在40~42 L。

根据《气瓶安全监察规程》第10条，气瓶的公称容积系列应在相应的标准中规定。对于公称容积在0.4~3 000 L的气瓶，一般情况下，12 L（含12 L）以下为小容积，12 L以上至100 L（含100 L）为中容积，100 L以上为大容积。

各种钢瓶的类别及其公称容积系列见表2—23。

表2—23　各种钢瓶的类别及其公称容积系列

容积类别	容积(V)的范围/L	气瓶结构类型	充装气体	容积系列级别
小容积气瓶	$V \leq 12$	无缝气瓶	永久气体或高压液化气体	0.4、0.7、1.0、1.4、2.0、2.5、3.2、4.0、5.0、6.3、7.0、8.0、9.0、10.0、12.0
		焊接气瓶	低压液化气体或溶解乙炔	10.0
中容积气瓶	$12 < V \leq 100$	无缝气瓶	永久气体或高压液化气体	20.0、25.0、32.0、36.0、38.0、40.0、45.0、50.0、63.0、70.0、80.0
		焊接气瓶	低压液化气体或溶解乙炔	16、25、40、50、60、80、100
大容积气瓶	$V > 100$	焊接气瓶	低压液化气体或溶解乙炔	150、200、400、600、800、1 000

2. 按临界温度分类

临界温度是介质气、液相状态界限消失,汽化潜热为零的温度。介质温度超过临界温度时仅靠压缩无法使其液化。依据瓶内介质临界温度 t_C 的不同,气瓶可分为三类。

(1) 永久气体气瓶。

盛装永久气体的气瓶为永久气体气瓶。此类气瓶的使用温度在 $-40 \sim 60 ℃$。因永久气体在环境温度下始终呈气态,以较高压力将其压缩才能在气瓶较小容积中储存较多质量,故此类气瓶必须有较高的许用压力。

(2) 高压液化气体气瓶。

充装高压液化气体的气瓶为高压液化气体气瓶。高压液化气体在环境温度下可能呈气液两相状态,也可能完全呈气态,因而也要求以较高压力充装。

(3) 低压液化气体气瓶。

盛装低压液化气体的气瓶为低压液化气体气瓶。在环境温度下,低压液化气体始终处于气液两相共存状态,其气态的压力是相应温度下该气体的饱和蒸气压。按最高工作温度为 60 ℃ 考虑,所有低压液化气体的饱和蒸气压均在 5 MPa 以下,所以这类气体可用低压气瓶充装。

此三类气瓶标准公称工作压力系列同表 2—21。

3. 按结构分类

按结构分类,气瓶可分为无缝气瓶、焊接气瓶、缠绕气瓶和焊接绝热气瓶等。在常温下充装工业气体的气瓶绝大部分属于无缝气瓶和焊接气瓶。按结构分类如图 2—7 所示。

(1) 无缝气瓶。

无缝气瓶是指瓶体无接缝的气瓶。用于盛装永久气体或高压液化气体,是可重复充装的移动式气瓶。氧、氮、氩等永久气体或二氧化碳、乙烷、氧化亚氮等高压液化气体均使用无缝气瓶进行充装。

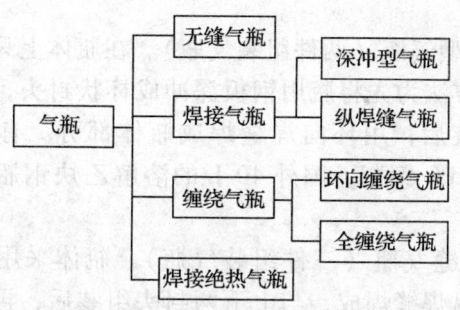

图2—7 气瓶结构分类图

因无缝气瓶是非焊接结构，其在选用材料上比较灵活，不用考虑金属材料的可焊性，故可选择强度较高的材料制造。而且无缝气瓶相对壁厚较大，在加工难度上也比焊接气瓶小，所以无缝气瓶通常都用做高压气瓶。无缝气瓶的制造周期较短，适宜于大批量生产。但无缝气瓶的生产需要大型的冲拔和收口设备，制造工艺技术也较为复杂，产品质量控制要求也较为严格。

无缝气瓶的制造方法主要有以下三种：

1）冲拔拉伸法。国际上称为埃尔哈特法（E式），是将棒状钢坯加热冲孔制成短粗杯形，再经加热后冲拔拉伸和收口而成气瓶，是我国无缝气瓶的主要形式。

2）无缝钢管收口法。国际上称为曼内斯曼法（M式），是将无缝钢管两端进行封闭加工的方法。

3）冲压拉伸法。国际上称为卡宾古法（C式），是将钢板冲成长杯形，之后在开口端进行封闭加工。此法材料利用率低，工序复杂，在我国少用，只有国外生产大气瓶时采用。

（2）焊接气瓶。

焊接气瓶系指瓶体有焊缝的气瓶。用于盛装低压液化气体，如氨、氯、氟氯烷、LPG等低压液化气体和溶解乙炔等。其形状多种多样，同无缝气瓶相比，多数为矮粗形状。其结构种类分为以下两种：

1）深冲型气瓶（两件组装气瓶）。在瓶体上只有一道环向焊缝，制造方法为先将瓶用钢板深冲成杯状封头，然后上、下两件封头组装后，用环向焊缝焊成瓶体部分。有代表性的是YSP-12型LPG钢瓶，国外40 L的溶解乙炔钢瓶也有这种结构。

2）纵焊缝气瓶（三件组装气瓶）。瓶体采用瓶用钢板卷制，然后用纵焊缝焊成，与上下两封头组装后，再用环向焊缝相接。如YSP-118型LPG钢瓶、液氯、液氨、溶解乙炔气瓶等。

焊接气瓶充分利用许多常用气体稍微加压即能液化的物理性能，增大介质的密度，以较低的承压强度、较小的容积来盛装较多的（液化）介质，用它来储运低压液化气体具有较高的经济效益。

(3) 缠绕气瓶。

缠绕气瓶以金属或非金属制成的圆筒形密闭容器作为内胆，在其外面用浸渍有树脂的连续纤维多层缠绕而成的复合材料层构成。按增强纤维的缠绕方式分，缠绕气瓶可分为环向缠绕和全缠绕两种形式。缠绕气瓶与其他金属气瓶相比，具有如下特点：

1）气瓶整体重量轻，重容比小。与金属气瓶相比，缠绕气瓶的最大优点就是重容比（气瓶毛重与气瓶单位容积所装气体重量之比）小得多。其原因一是因为缠绕气瓶的主要材料是高强度连续纤维，这些材料具有极高的强度、密度比，特别是碳纤维。二是缠绕气瓶可以通过其特有的自紧处理工艺，提高气瓶的承压强度。表2—24给出了用不同结构材料制成的车用压缩天然气（CNG）气瓶在相同规格情况下成品重量的比较。从表2—24中可以看出，缠绕气瓶的重量要比同样的钢质无缝气瓶重量小很多，铝胆碳纤维全缠绕气瓶的重量仅为钢瓶的1/4。

表 2—24　　　　车用 CNG 气瓶重量与造价

结构材料与结构形式	相对重量	相对造价
钢制无缝气瓶	1	1
钢胆玻纤环向缠绕气瓶	0.65	2
铝胆玻纤环向缠绕气瓶	0.55	2.4
铝胆玻纤全缠绕气瓶	0.45	2.25
铝胆碳纤维全缠绕气瓶	0.24	2.5

2）缺口敏感性低，气瓶安全性能好。无论是钢质无缝气瓶还是焊接气瓶，如果存在制造裂纹、焊接缺陷或其他原因造成的瓶体裂纹，都有可能因为缺陷的传递、扩展而导致气瓶的爆破失效。缠绕气瓶则可以避免由于缺口敏感性所造成的破坏，因为是连续纤维缠绕结构，复合层中的纤维断裂或其他裂纹缺陷一般不易扩展到其他各层。

3）抗冲击和抗振性能高，气瓶不会因受跌落冲击或碰撞而发生爆破。也是因为缠绕气瓶复合层的裂纹缺陷不易扩展，故能避免像金属瓶那样因冲击碰撞而发生的碎裂。

4）复合层的导热性较差，可以降低瓶内气体的温升压力。对于一些有隔热要求的气瓶来说，瓶体导热率低有利于防止因环境温度升高而导致的瓶内气体温度上升，压力增大。

5）气瓶抗腐蚀性能强。金属气瓶常因湿度大、与腐蚀性液体或气体接触等恶劣的使用环境，而致使瓶壁遭受腐蚀，严重时也会造成气瓶的破坏。而缠绕气瓶壳体材料的树脂一般都具有较好的抗腐蚀性能，故能有效避免腐蚀现象的发生。

但缠绕气瓶最大的弱点是造价太高，从表 2—24 也可以看出，缠绕气瓶的造价要比钢质气瓶高一倍以上，所以只有那些对气瓶重量有特别要求才能推广使用。我国近年来已开始缠绕气瓶的试制和生产。目前，铝合金内胆碳纤维全缠绕气瓶主要用于消防呼吸器、医药卫生、煤矿安全救护等行业中，也有少量用于航天工程领域之中。钢内胆或铝合金内胆玻璃纤维环向缠绕气瓶也已开始在车用压缩天然气（CNG）气瓶中推广使用。

（4）焊接绝热气瓶。

焊接绝热气瓶俗称杜瓦瓶、低温瓶，也称低温绝热气瓶，焊接绝热气瓶被广泛应用于机械、造船、医疗、化工、电子、生物、食品、材料、能源和科研等各领域中。主要用于储存、运输和使用低温液化永久气体，如可盛装工业液氧，用于金属切割、焊接和加热等；可盛装液氮，用于纯氮保护或食品、医药生物和超导体等 -196℃液氮冷载体；可盛装液氩，用于氩弧焊和其他氩气保护场合；可盛装医用液氧，作为集中供气设备。可以用于盛装和储存临界温度较低的常用液化气体，如液体二氧化碳（LCO_2）、液体氧化亚氮（LN_2O）等。较大容积的卧式焊接绝热气瓶还可用来盛装液化天然气，作为车用燃料或城市居民小区的生活用燃料。

焊接绝热气瓶的最大特点是自身较轻、装载率高，用做气体的储存运输有较大的经济效益。以氧的包装为例，用型号为DPL—195MP 的焊接绝热气瓶充装液氧，最大充液量为 191 kg，空瓶重量为 127 kg，每千克介质所需的瓶重约为 0.665 kg。用钢质无缝气瓶充装高压氧气，其重容比（每立方米标准状态下的气体所占的空瓶重量）为 5~7 kg/m³，对于氧气，则每千克介质所需的瓶重为 3.5~5 kg。焊接绝热气瓶的装载率要比常用的钢质无缝气瓶高出几十倍。

焊接绝热气瓶的工作压力低，安全性能较好。焊接绝热气瓶盛装的液化永久气体的工作压力为 1.4~2.02 MPa，远比常用的钢质无缝气瓶低，因而比较安全。也因为工作压力较低，对壳体的承压强度要求不高，可用较薄的钢板制造，壳体易于加工成型和组装焊接。

气瓶使用方便，特别是用气量很大时，不用经常更换气瓶。一个公称容积为 195 L 的中压焊接绝热气瓶所装的氧气量约相当于 22 个公称容积为 40 L、压力为 15 MPa 的钢质无缝气瓶的充装量。

焊接绝热气瓶的缺点：一是造价高，因为是深冷运作，气瓶主体的制造必须选用低温钢——奥氏体不锈钢。不锈钢板的价格要比焊接气瓶用钢板高 5~7 倍，因而产品成本过高，售价昂贵；二是焊接绝热气瓶由于受内置汽化器传热面积等的限制，气流量不是很大，往往不能满足大流量连续供气作业的要求。在这种情况下，就得在瓶外增设外置式汽化器，这给用户带来了诸多不便。

二、气瓶结构

1. 瓶体结构

（1）无缝气瓶。

虽然制造工艺使得无缝气瓶能够是没有焊缝的整体结构，但从几何形状上来看，无缝气瓶的结构与其他气瓶一样，也可分成圆筒体与两端的封头三个部分。其结构形式如图 2—8 所示。

我国生产的无缝气瓶中，以凹形底气瓶最为普遍（见图 2—8a）；凸形带底座气瓶，如图 2—8b 所示，是管制气瓶，在役气瓶中为数不多（包括 20 世纪 60 年代、70 年代进口气瓶）；凸形底气瓶如图 2—8c 所示，大多是呼吸或其他特殊用的小容积气瓶；端部形状为双口的，如图 2—8e 所示，是大型船舶、特种设备用瓶，流通使用中不常见。

无缝气瓶的底部形状有凸形底、凹形底和 H 形底三种，具体结构如图 2—9 所示。冲拔拉伸法加工出的气瓶的底部外表呈凹形或 H 形，两者都可独立站稳，瓶上部都要热装颈圈，圈外有螺纹，用于连接瓶帽，瓶口有内螺纹，用于连接瓶阀。无缝钢管收口法加工的气瓶的底部外表面多呈凸形，也有的再将凸底制成凹形底，呈凸形底时还需热套底座以便独立稳定放置。

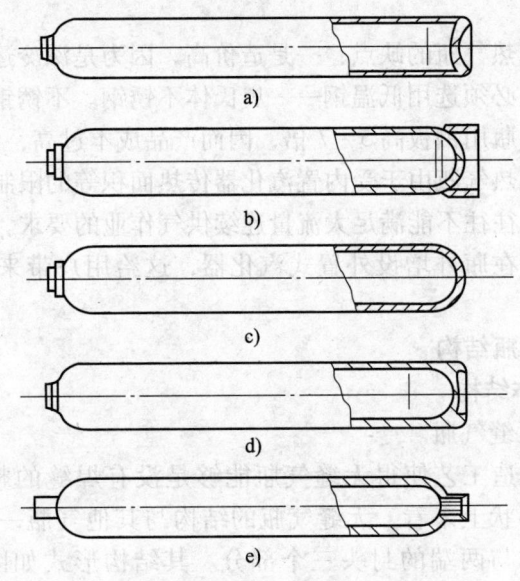

图 2—8　无缝气瓶主要结构形式
a) 凹形底　b) 带底座凸形底　c) 凸形底　d) H 形底　e) 双口形

图 2—10 所示是凹形底和带底座凸形底无缝气瓶的典型结构。气瓶瓶体是承受内压的主体，它包括以下部分：顶部的瓶口，这是瓶内介质的进出口处。瓶口部位的瓶体缩颈部分称为瓶颈，通常有内螺纹用以连接瓶阀。容积大于 12 L 的钢瓶的瓶颈外面还套有颈圈，颈圈可以用钢板压制，也可以用铸钢制成，颈圈用热碾的方法固定连接在瓶颈外侧口，它的用途是装接瓶帽。气瓶筒体与瓶颈之间的上封头部分是瓶肩。瓶底是指气瓶瓶体封闭端的非筒体承压部分。瓶底与筒体连接的过渡部分称为瓶根。

气瓶底座套装在凸形底气瓶的外面,其形状有圆筒状和四角状两种,底座的固定方法一般是加热套合。底座的用途是使凸形底气瓶能稳定站立。

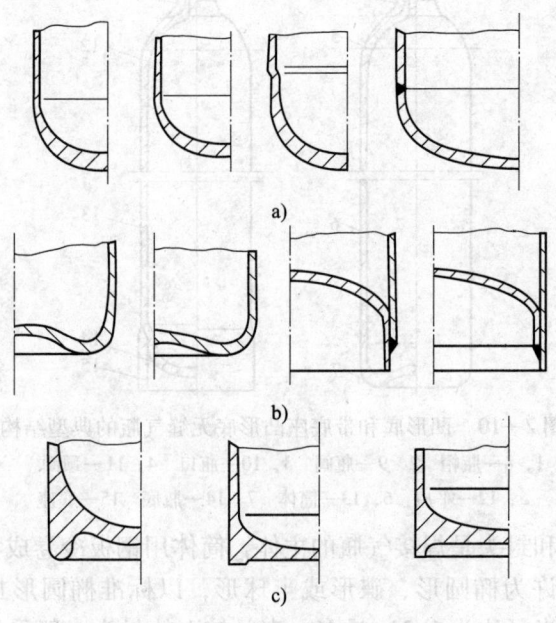

图2—9 无缝气瓶典型结构
a)凸形底结构图 b)凹形底结构图 c)H形底结构图

(2)焊接气瓶。

焊接气瓶结构形式分为以充装液氯为代表的焊接气瓶、液化石油气钢瓶、溶解乙炔气瓶三种类型。

1)以充装液氯为代表的焊接气瓶。这类气瓶最多的是用做充装液氯,也用于充装液氨、二氟氯甲烷、二氟二氯甲烷等液化气体。其结构是三件组装成型,如图2—11所示,由一节圆筒壳体和两端封头(全部采用全焊透)以对接形式焊接而成。

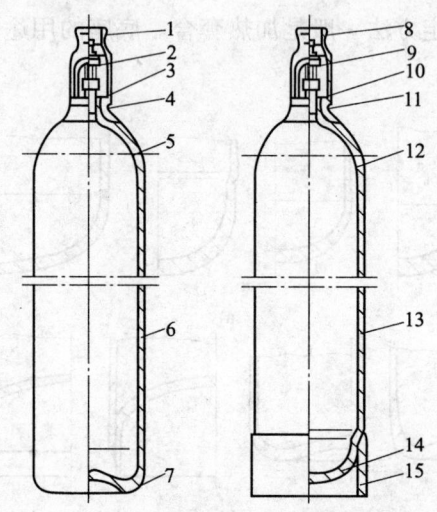

图2—10 凹形底和带底座凸形底无缝气瓶的典型结构

1,8—瓶帽 2,9—瓶阀 3,10—瓶口 4,11—颈圈
5,12—平肩 6,13—筒体 7,14—瓶底 15—底座

筒体和封头是焊接气瓶的主体,筒体用钢板冷卷成型,封头的形状允许为椭圆形、碟形或半球形,以标准椭圆形封头(封头高度与半径比为1/2)最多,直径较大的封头一般采用热压成型。封头上焊有阀座,其材质为碳钢。颈圈为可锻铸铁,热装在阀座上,外径有螺纹,可安装瓶帽。导管为 $\phi 16\ mm \times 4$ 钢管,用焊接方法与瓶阀相连,插入气瓶内腔,用以排放气体和液体介质。衬圈材料为碳钢,垫在单面焊的环焊缝背面。

为了保护瓶阀、易熔合金塞和满足直立的需要,钢瓶有大小两个护罩,均用钢板卷制焊成,口部卷边,以增加其强度和刚度。大护罩应留缺口,以避免直立时存水腐蚀瓶体。大小护罩均有吊孔。易熔合金塞的个数以泄放面积需要确定,塞座由碳钢制成,焊在上下两个封头上,塞孔内车有锥螺纹以装配易熔合金塞。

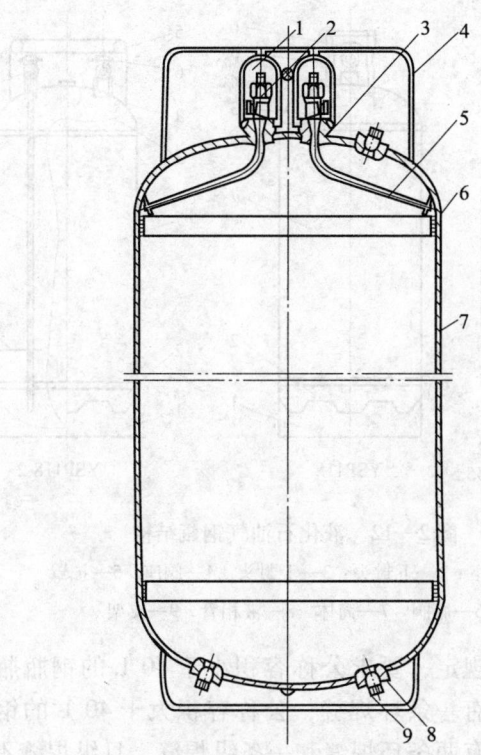

图 2—11 焊接气瓶结构
1—瓶帽 2—瓶阀 3—阀座 4—护罩 5—导管
6—衬圈 7—筒体 8—易熔塞座 9—易熔合金塞

2）液化石油气钢瓶。液化石油气钢瓶在国外规格较多，从最小的一次性 500 g 小瓶，到可以重复充装的 50 kg 大瓶，具有各种不同的容积。气瓶不仅在规格上大小不同，而且在结构上也有区别。供应家庭使用、野营和其他个人使用的液化石油气钢瓶如图 2—12 所示。

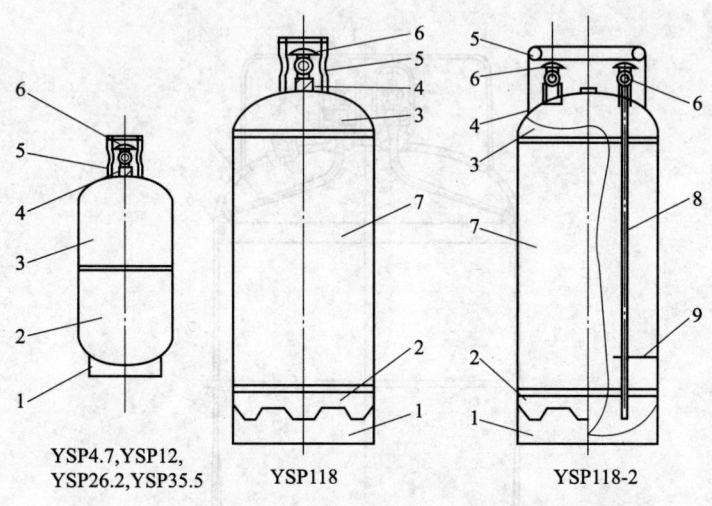

图2—12 液化石油气钢瓶结构
1—底座 2—下封头 3—上封头 4—阀座 5—护罩
6—瓶阀 7—筒体 8—液相管 9—支架

在我国一般规定，要求公称容积小于40 L的钢瓶瓶体应由两部分组成，只有一条环焊缝；公称容积大于40 L的钢瓶瓶体由三部分组成，有两条环焊缝和一条纵焊缝，且纵焊缝不得有永久衬板。上下封头或封头与筒体间都采用缩口插入式装配。瓶体封头形状应为椭圆形。钢瓶瓶体上焊接有用以保护瓶阀的护罩和保持钢瓶稳定的瓶座；瓶座上有通风孔和排液孔；除小容积（公称容积≤12 L）钢瓶外，护罩都为卷边圆弧形。带有液相管的钢瓶，液相管由支架固定。

液化石油气钢瓶的型号以YSP118-Ⅱ为例，YSP代表液化石油气瓶，118是特征参数，表示该气瓶公称容积为118 L，罗马数字Ⅱ代表改型序号。常用的钢质气瓶型号和参数见表2—25。

表 2—25　　　　　常用钢瓶型号和参数

型号	参数			备注
	钢瓶内直径/mm	最大充装量/kg	封头形状系数 K	
YSP4.7	200	1.9	1.0	
YSP12	244	5.0	1.0	
YSP26.2	294	11.0	1.0	
YSP35.5	314	14.9	0.8	
YSP118	400	49.5	1.0	
YSP118-Ⅱ	400	49.5	1.0	用于气化装置的液化石油气存储设备

3）溶解乙炔气瓶。公称容积在 10~60 L 的溶解乙炔气瓶大都为焊接气瓶，以 40 L 较为常见，其结构与一般焊接气瓶基本相同。区别是溶解乙炔气瓶内部还有容积与充装填料、溶剂。我国无缝结构瓶体的溶解乙炔气瓶一般为小容积（公称容积小于 10 L），如图 2—13 所示。

我国溶解乙炔气瓶多是钢质焊接结构。其颈圈是用低碳圆钢车制而成的，焊接在上封头上，连接瓶帽、瓶阀与上封头。易熔合金塞座也是用低碳圆钢车制而成的，焊接在上封头上，用以将易熔合金塞与上封头相连。筒体的纵向焊缝为双面埋弧焊，筒体与上、下封头间的

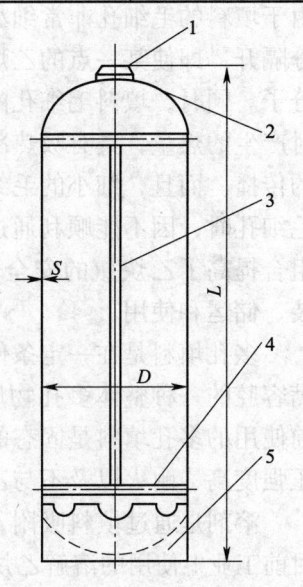

图 2—13　溶解乙炔气瓶结构
1—颈圈　2—易熔合金塞
3—纵焊缝　4—环焊缝　5—底座

坏焊缝有的是双面对接埋弧焊，也有的是单面焊接双面成型的氩气保护焊。上、下封头和筒体是溶解乙炔钢瓶的主要受压元件。底座是非受压元件，与下封头相接的焊缝不属于主体焊缝。瓶阀、易熔合金塞与瓶体结合处使用不与乙炔、填料发生化学反应的密封材料，溶解乙炔气瓶需佩戴固定式专用瓶帽。

  溶解乙炔气瓶区别于其他气瓶的结构是除瓶体结构外，其内部需要充装填料与溶剂。由于乙炔很不稳定，极易发生聚合和分解反应，如果像永久气体和液化气体那样直接充入气瓶中，只要轻微振动就会引起爆炸。但当乙炔溶解于丙酮等溶剂并被填料吸收后，可以在一定条件下阻止乙炔分解，其原理是当乙炔溶解在溶剂中时，乙炔分子被溶剂分子所隔离，降低乙炔的爆炸性能。由于填料的毛细孔非常细小，从而把乙炔气体及丙酮液体很好地分隔开，即使某一点的乙炔分子分解，也不致传播至邻近的乙炔分子。同时，填料毛细孔的固体表面及孔壁，对乙炔聚合、分解时产生的热量，具有吸热冷却作用，有效地阻止了乙炔分解爆炸的传播。而且，细小的毛细孔还具有阻火作用。当燃烧火焰进入毛细孔时，因不能顺利通过而熄灭，从而达到灭火目的。这样的组合提高了乙炔瓶的安全性能，使得乙炔气体能够被安全地充装、储运和使用。

  多孔填料是在一定条件下，原材料在钢瓶内反应、成型，充满容腔的一种整体多孔物质，其结构能吸附溶剂/乙炔溶液。目前使用的多孔填料是固态的硅酸钙。它具有孔隙率大、质轻、抗压强度高、耐火以及不与乙炔、溶剂发生化学反应等优点。

  溶剂是通过填料吸附，用以溶解和释放乙炔气的一种液体。目前工业上使用的溶解乙炔溶剂有丙酮和二甲基替酰胺两种，其中丙酮使用较多。丙酮对乙炔有较大的溶解度（在 20℃、0.1 MPa 时，一个体积的丙酮能溶解 20 个体积的乙炔），毒性较小，在工业上易于制取，来源丰富，价廉。

(3) 缠绕气瓶。

1) 环向缠绕气瓶。环向缠绕气瓶的结构形式如图2—14所示,是内胆由低合金钢或铝合金制成的,两端为半球形封头的圆筒形密闭容器。瓶口开设在一端封头的正中央,如图2—14a所示。也有两端都开设有瓶口的,如图2—14b所示。

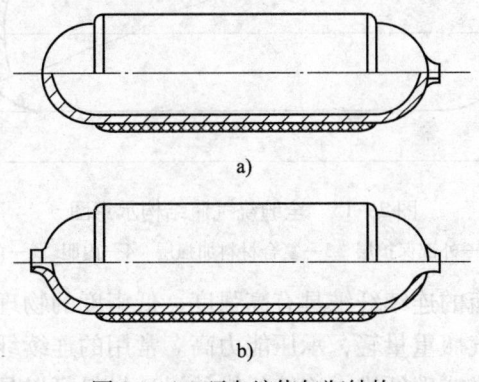

图2—14 环向缠绕气瓶结构
a) 一端开设瓶口　b) 两端开设瓶口

复合材料层仅在内胆的圆筒体部分作环向缠绕。纤维在纵方向不承载压力载荷。两端封头没有缠绕层,是单层的金属构件。由理论分析可知,球形壳体承内压的强度是相同直径、相同壁厚圆筒的两倍,因而不需要增设复合加强层。环向缠绕气瓶的内胆承受一半以上的瓶内气体压力载荷,因此,需用具有较高强度的金属制成,一般用铝合金或低合金钢。

2) 全缠绕气瓶。全缠绕气瓶又称整体缠绕气瓶,也是由内胆和复合材料层构成的。但它的内胆一般不承载压力载荷,主要作用是保证气瓶的气密性。由于不需要承压能力,内胆通常用薄的铝合金或塑料制成,以减轻气瓶的整体重量。全缠绕气瓶的复合层承受气瓶的全部压力载荷。连续纤维与气瓶中轴线成一定角度(称缠绕角),按螺旋式层层缠绕。缠绕角的设定是用于保证气瓶的复合层在轴向（纵向）和环向（周向）的承载基本均衡。全缠绕气瓶的结构示意图如图2—15所示。

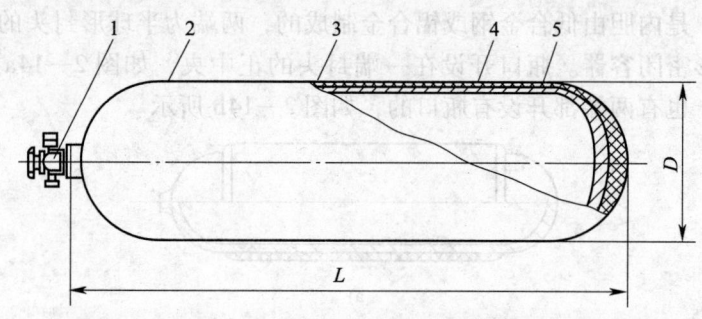

图2—15 全缠绕气瓶结构示意图
1—瓶阀 2—外部保护层 3—复合材料加强层 4—内胆 5—内部保护层

缠绕气瓶的连续纤维具有高强度、低密度的物理性能，以保证其制成的气瓶重量轻，承压能力高。常用的连续纤维有玻璃纤维、芳纶纤维或碳纤维。连续纤维的浸渍材料可以是热固性或热塑性树脂。缠绕气瓶的制造工艺比较复杂，纤维缠绕操作都是由计算机或机械自动控制的。用碳纤维作结构增强材料的气瓶，气瓶内胆在缠绕连续纤维前还要施加保护层，以防止金属部件产生电化学腐蚀。缠绕时还应对连续纤维施加适宜的控制张力，以保证各纤维层保持一致的紧密程度（在理论上还可以使内胆产生压应力，但实用上不予考虑）。缠绕结束后，如果是使用热固型树脂浸渍的纤维，还要经过加热固化的过程。在水压试验前，气瓶成品还需进行自紧处理。所谓自紧，是缠绕气瓶特有的一项工艺措施。它通过对气瓶内腔施加较高的自紧压力（自紧压力一般稍高于气瓶的水压试验压力）使内胆达到屈服点，产生塑性流动。然后将内压卸放，但内胆已不能恢复原状，产生较大的剩余变形。在复合层回复的挤压下，内胆留存较大的剩余压缩应力，而复合层则产生剩余拉伸应力，结果使整个壳体在承受内压

第二章 气瓶基础知识

（工作压力）时，内外层产生的应力较为均衡，有利于提高缠绕气瓶的承压强度。

（4）焊接绝热气瓶。

焊接绝热气瓶在构造上与常用的焊接气瓶有很大的不同，虽然它也属于圆筒形的移动式压力容器，也是焊接结构，但它是一个两层中空的密闭式容器。它所盛装的低温液化永久气体在 0.101 3 MPa 压力下的温度低到 $-196℃$，所以必须与常温的使用环境隔热，才能维持瓶内介质的液体状态。

根据使用上的需要，焊接绝热气瓶的工作压力可以分为中压和高压两大类（焊接绝热气瓶的中、高压界限与压力容器或其他气瓶不同），中压为 1.4 MPa（表压，下同），高压为 2.02 MPa。

焊接绝热气瓶的外形结构有立式和卧式两种。目前国内使用的大多数是立式焊接绝热气瓶，主要用于储运液氧、液氮和液氢等。少量的容积较大的卧式焊接绝热气瓶主要用于充装液化天然气（LNG），包括车用、工业用或民用液化天然气。

焊接绝热气瓶主要由内胆、外壳、真空绝热夹层、支撑系统、内置式汽化器、阀门管路、保护圈和底圈等部分组成。图 2—16 所示是美国 DOT—4 L 型深冷气瓶。

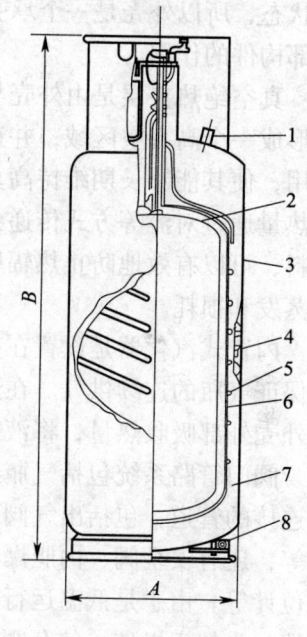

图 2—16　美国 DOT—4 L 型深冷气瓶

1—真空泄放装置　2—内胆
3—外壳　4—绝热层
5—排放管　6—铜辐射保护
7—塑料减振器　8—防振装置

内胆是焊接绝热气瓶的最主要部件,是一个由圆筒体与两端封头焊接制成的密闭容器,直接盛装低温介质,承受极低的温度和介质的饱和蒸气压力。在正常情况下,内胆下部是液态介质,上部是饱和蒸气。内胆用耐低温的奥氏体不锈钢焊制而成。

外壳是焊接绝热气瓶的保护层,也是一个圆筒形密闭容器,它套装在内胆的外面,与内胆构成一个密闭的夹层空间。焊接绝热气瓶的外壳由不锈钢或碳钢焊接制成。由于它内部的夹层是真空状态,所以外壳是一个承受外压的圆筒形容器。外壳还有保护内部构件的作用。

真空绝热夹层是由外壳与内胆构成的夹层空间,经抽真空处理形成一个高真空区域,并通过设置在夹层内的吸附材料的吸附作用,使其能够长期维持高真空状态,以阻止在运行过程中瓶外的热量通过对流等方式传递到内胆。真空夹层内设置有多层绝热材料,可以有效地防止热辐射和热传递,避免内胆的液态介质不断蒸发和损耗。

内置式汽化器是设置在夹层空间内的多圈蛇形盘管,其用途是保证气瓶的连续供气。在连续用气的情况下,汽化器不断地通过外壳外部吸收热量,将液态介质汽化。

阀门管路系统包括气瓶运行时用于操作的各个阀门以及与它们连接的管道,包括出气阀、进出液阀、增压阀、放空阀、调节阀等,还有安全阀、内胆爆破片、真空夹层爆破片以及压力表和液位计等。由于是低温运行,这些管件基本上都是用不锈钢材料制造。为便于操作,整套阀门管路都设置在气瓶的顶部。

支撑系统的作用是使气瓶的内部构件保持位置固定,不因振动或冲击而造成损坏。保护圈除了有效地保护阀门管路系统之外,还可以供搬运、吊装气瓶时使用。气瓶底部的不锈钢圈能起到有效的防振作用。

焊接气瓶的命名以型号 DPL450 - 175 - 1.4Ⅱ为例,表示公称容积为 175 L、工作压力为 1.4 MPa、内胆公称直径为 450 mm、第二次改型的立式焊接绝热气瓶。为了方便，又常把型号简化为只有 DPL、公称容积和中压（或高压）三个单元组成。如 DPL450-175-1.4 简化为 DPL-175MP 等。焊接绝热气瓶的性能参数见表 2—26。

表 2—26　　　焊接绝热气瓶性能参数

型式		DPL-175MP	DPL-195MP	DPL-175HP	DPL-195HP
规格（外径×高）/（mm×mm）		508×1 480	508×1 640	508×1 490	508×1 660
空瓶重量（kg）		117	127	-131	-144
容积/L 公称/有效		175/165	195/185	175/165	195/185
压力/MPa	工作压力/常用压力	1.38/0.27~1.1	1.38/0.27~1.1	2.02/0.55~2.2	2.02/0.55~2.2
	阀设定/出厂设定	1.58/0.86~0.96	1.58/0.86~0.96	2.41/2.07~2.17	2.41/2.07~2.17
气体容量/m^3（在阀的设定压力下）	氧气	120	154	114	127
	氮气	97	108	91	102
	氩气	117	130	111	124
	二氧化碳	—	—	89	99
	氧化亚氮	—	—	84	94
最大装液量/kg（在阀的设定压力下）	氧气	172	191	163	182
	氮气	121	135	114	127
	氩气	209	233	198	221
	二氧化碳	—	—	176	195
	氧化亚氮	—	—	186	185

续表

型式	DPL-175MP	DPL-195MP	DPL-175HP	DPL-195HP
气流量/（m³/h）	9.2	9.2	9.2（二氧化碳、氧化亚氮介质为3）	9.2（二氧化碳、氧化亚氮介质为3）
蒸发率（每天）	液氮≤2.1%	液氮≤2.0%	液氮≤2.1%	液氮≤2.0%

(5) 长管气瓶。

每只气瓶端部都要设置安全泄放装置。安全泄放装置出口装设排空管引至高处，其作用是当气瓶处于着火状态或其他压力急剧升高的危险状况时，气瓶内压力超过爆破片的设计爆破压力时，爆破片爆破泄放瓶内气体，保证瓶体的完好，从而使长管牵引拖挂车安全运行。

国内外常用长管拖车气瓶的设计压力一般为 15~30 MPa，容积为 300~2 600 L，长度为 5~12 m。单台长管牵引拖挂车或集装管束的运输能力可达到 4 500 m³ 的氢气或 6 800 m³ 的压缩天然气。长管牵引拖挂车与集装管束的不同之处是长管牵引拖挂车是将气瓶固定在骨架式的半挂车上，只能在公路上运输；而集装管束是将气瓶固定在 ISO 标准集装箱框架内，可以与不同的运输方式结合，实现高压压缩气体的公路、铁路或水路联合运输。

我国自20世纪90年代中期开始从美国和韩国等进口长管牵引拖挂车，但气瓶型号相对单一，主要用来运输压缩天然气。近几年，我国已能够制造拖车气瓶，并组装长管牵引拖挂车。

美国等的长管牵引拖挂车法规标准体系已建立完备。我国开始长管牵引拖挂车的应用、研究和制造时间短，法规标准体系正在建立健全，如《大直径长管气瓶用无缝钢管》国家强制性标准已通过终审。

长管牵引拖挂车按其结构形式的不同分为框架式长管牵引拖

挂车和捆绑式长管牵引拖挂车两种，其中框架式长管牵引拖挂车（见图2—17）在国内数量最多，应用最广泛，且绝大部分用于压缩天然气的运输；而捆绑式长管牵引拖挂车在国内刚刚起步，只在世界上几大气体公司的中国公司使用，均用于运输氢气、氦气等。捆绑式长管牵引拖挂车直接将气瓶固定在半挂车底盘上，减小了框架重量，与框架式长管拖车相比，可以装配更多的气瓶，因此，同样整备重量的长管牵引拖挂车，捆绑式比框架式的运输量更大，运输效率更高，运输成本更低。鉴于捆绑式长管牵引拖挂车的诸多优点，以及国家对车辆管理越来越规范，预计捆绑式长管牵引拖挂车会越来越受到用户的青睐。

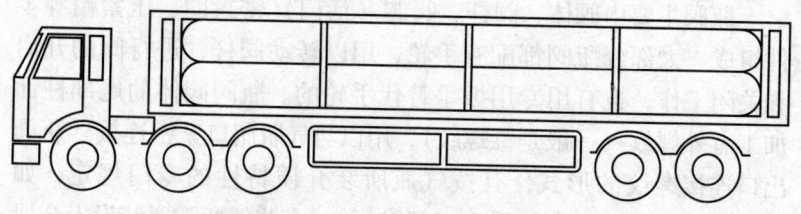

图2—17　框架式长管牵引拖挂车

集装管束批量生产前，应当按照中国船级社（或用户认可的船级社）集装箱检验规范的要求进行定型试验，取得其颁发的可移动罐柜证书。特别是用于国际联运的集装管束，还应进行撞击试验。

长管牵引拖挂车、集装管束在设计、制造时，除应满足国家有关压力容器的法规标准外，还应分别满足国家有关道路车辆、集装箱的规定，同时还应满足国家或国际关于危险货物运输的规定。

以捆绑式长管牵引拖挂车为例，长管牵引拖挂车总体结构分为行走机构、大容积钢质无缝钢瓶及其连接装置三部分。行走机构需满足装载总重量及轴荷等要求，且需根据装载气瓶的特殊结构进行改装。捆绑车外形尺寸、总重量及轴荷等符合《道路车辆外廓尺寸、轴荷及质量限值》(GB 1589—2004) 的要求。

气瓶两端外螺纹与安装法兰连接,安装法兰用螺栓固定在两端的前后支撑板上;瓶口内螺纹上装配螺塞,在螺塞上连接管件,前端设有爆破片装置,后端操作仓设有充卸气管路、快装接头、排污装置(需要时)、安全附件等。

(6) 瓶阀的基本结构。

瓶阀是装设在气瓶瓶口上用以控制气体进入或放出的组合装置。瓶阀是气瓶的主要部件,气瓶瓶体只有装接有瓶阀才能构成一个完整的密闭容器,才具有盛装气体的功能。

瓶阀主要由阀体、阀杆、阀芯(活门)密封圈、压紧帽等零件组成。大部分瓶阀都配有手轮,用以转动阀杆,进行阀的开启和关闭工作,也有用专用扳手替代手轮的。瓶阀阀体的尾部柱面加工有外螺纹(一般是锥螺纹),用以与气瓶瓶口紧密连接。瓶阀出口连接螺纹的形式,有按气瓶所装介质特性的专门规定,如《气瓶专用螺纹》(GB 8335—1998) 等。有些气瓶需要装设安全泄压装置,如爆破片、易熔合金塞等,一般也都设置在瓶阀上。

制造瓶阀阀体、阀杆、密封件等部件的材料,须根据所装介质的特性来选定。主要的要求是:氧气和强氧化性气体的瓶阀,密封材料必须选用无油脂的阻燃材料;阀件材料应不与瓶内盛装的介质发生化学反应,且不影响所盛装气体的品质;阀内使用的非金属密封材料必须与瓶内介质相适应。例如氧气阀瓶,必须选用铜合金制造。因为铜的阀件不会在瓶阀开启和关闭时因相互摩擦产生静电火花或机械火花,从而保证氧气瓶的安全使用。再如盛装液氨、光气等气瓶的瓶阀则禁止使用铜质材料,因为这些气体与金属铜产生化学反应,导致阀件损坏。另外,乙炔与铜反应生成乙炔铜这种爆炸性化合物,而且铜又能促使乙炔发生分解爆炸,所以乙炔瓶阀材料应选用碳钢或低碳合金钢。如选用铜合金,其含铜量必须小于70%。

瓶阀的侧面上有一个用来充装或释放气体的带有外螺纹或内螺纹的出气口。为了防止在充装和使用中发生意外事故,许多国家都规定了不同气体瓶阀的出口连接形式及其尺寸。其主要形式是双台阶的球面与斜面密封或双台阶的锥面O形圈密封。我国目前生产的瓶阀总共有20多种,但在出气口连接形式及其尺寸上至今没有统一的标准,致使有些同一性质的气体瓶阀,出气口形式却有多种。因此急需对瓶阀的出气口形式和尺寸制定一个统一的标准。

出气口的形式和尺寸,不但决定气瓶的安全使用,而且也决定着气体充装和使用效率。目前,我国只对液化石油气、氧气、乙炔气瓶的出气口尺寸作了简单要求,在出气口形式方面,现在实行的是盛装助燃和不可燃气体瓶阀的出气口螺纹为右旋,盛装可燃气体瓶阀的出气口螺纹为左旋。然而,我国相当数量的气体充装单位,在向空瓶内充气时,根本不用螺纹连接,而是采用卡具连接,故左、右旋的规定实际上已失去意义。为了防止因气体混装而发生气瓶爆炸事故,必须在充气卡具上采取措施,以消除气体错装、错用的危险隐患。

按照瓶阀自身结构,瓶阀分为销片式、套筒式、钩轴式、针形式、隔膜式和珠压式等种类。下面对其结构进行介绍。

1)销片式瓶阀(又称活瓣式瓶阀)。销片式瓶阀结构如图2—18所示。其公称工作压力有15 MPa、20 MPa、30 MPa,耐压性压力为公称工作压力的1.6倍,耐温性一般地区为 $-20\sim60℃$,寒冷地区为 $-50\sim60℃$,超压泄放装置工作压力为1.2~1.5倍公称工作压力。活门与阀座之间额定开启高度大于1.5 mm,公称通径 D_g 为4 mm。

在销片式瓶阀的阀杆和活门上,分别开有一道沟槽,并在活门上钻一个小孔。在充气和放气时,使活门上下承受相等的压力,以减轻活门螺纹的负荷,并使阀杆上的凸缘部分与压紧螺母上的密封紧密贴合。

2) 套筒式瓶阀。套筒式瓶阀结构如图 2—19 所示。这种瓶阀与销片式瓶阀基本相同,仅阀杆与活门的连接方法不同。两种瓶阀的用途一样,均用在 40 L 的氧、氮、空气钢瓶上作为关闭装置,性能参数也同销片式瓶阀一致。

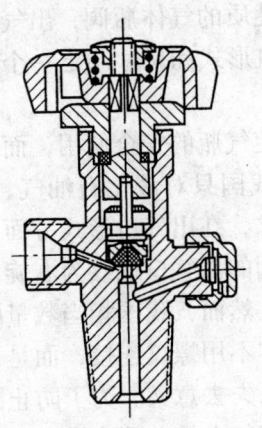 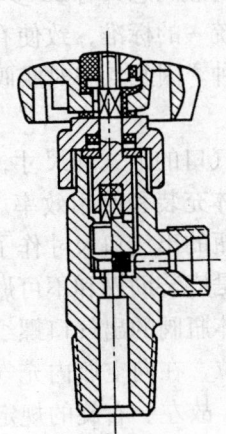

图 2—18 销片式瓶阀示意图　　图 2—19 套筒式瓶阀示意图

欲向气瓶中充装或放出气体时,将上述瓶阀的手轮向逆时针方向转动,此时阀杆随着手轮旋转,并通过套筒带动活门旋转上升,从而使孔道与出气口相通,气体便可以流出气瓶。如果停止充装或使用气体,应向顺时针方向转动手轮,使活门的密封垫压在阀座上,截断气体孔道。

3) 钩轴式瓶阀。钩轴式瓶阀如图 2—20 所示。这种瓶阀的阀杆与活门之间不需要其他阀件来连接,而是直接用自身的凹槽和凸头钩在一起,其密封是靠在活门上的橡胶圈。这种瓶阀主要用于氩气和惰性气体钢瓶。

钩轴式瓶阀还有一个别类,称为轴联式。这种瓶阀结构的特点是将阀杆的螺纹移至活门,从而取消了橡皮密封圈。

钩轴式瓶阀的开关与前两种瓶阀一样,只是活门体上没有螺纹,活门的升降是靠阀杆拉起和压下。由于活门垂直升降,避免了活门与阀座的摩擦,从而延长了活门的使用寿命。这是该瓶阀的特点。

4) 针形式瓶阀。针形式瓶阀如图 2—21 所示。此类瓶阀没有活门,而是采用钢或不锈钢作阀杆,利用阀杆针形头部进行金属密封,气密性较好。由于这种瓶阀结构简单,所以传动灵活,平衡性能可靠,适用于多种气瓶。

阀杆转动时需用专用扳手带动阀杆进行关闭和开启,从关闭状态到全开位置,位移不少于 1.5 个螺距。

我国出口的气瓶,应外商的技术要求,基本上均安装这种瓶阀。如果气瓶配用固定式瓶帽,使用这种瓶阀就特别合适。

溶解乙炔瓶阀属于针形式瓶阀的一种,无手轮,用扳手带动不锈钢阀杆进行开启和关闭。结构如图 2—22 所示,适用于 10 ~ 60 L 溶解乙炔气瓶。此阀公称工作压力为 3 MPa,耐压性压力为 6 MPa,在公称工作压力下,在 -40 ~ 60℃ 的温度范围内,不泄漏。

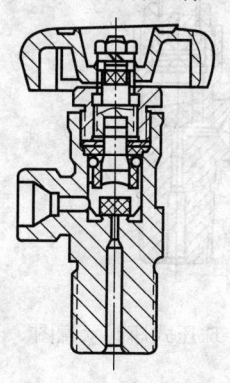 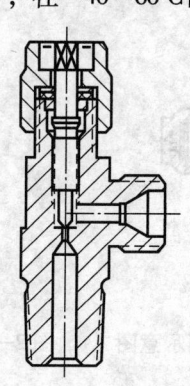 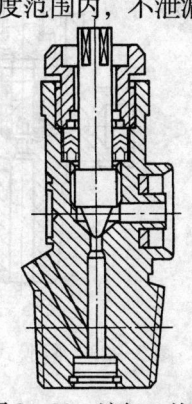

图 2—20　钩轴式瓶阀示意图　　图 2—21　针形式瓶阀示意图　　图 2—22　溶解乙炔瓶阀示意图

5）隔膜式瓶阀。隔膜式瓶阀如图2—23所示。这种瓶阀通常用于六氟化硫（SF_6）气体和其他稀有气体钢瓶，作为充放气体的启闭装置。由于瓶阀采用隔膜式结构，开启更加平稳，气密性很好。当手轮沿逆时针方向带动阀杆转动使阀杆向上移动时，由于弹簧的作用，将活门顶开，使管路畅通；当手轮沿顺时针方向带动阀杆转动使阀杆向下移动时，阀杆的下端凸头把数层0.1~0.15 mm厚的磷青铜膜片压紧，使活门克服弹簧力的作用而将阀座关闭，切断了整个气路。在公称工作压力下，耐温性为-30~70℃。

6）珠压式瓶阀。珠压式瓶阀如图2—24所示。这种瓶阀的构造特点是在阀杆和锡青铜膜片之间增加了一个钢珠和一个弧形钢片。由于钢片不受旋转升降的阀杆的摩擦，使开关灵活而延长其使用寿命。瓶阀的公称工作压力为22.5 MPa，通径为3 mm，活门与阀座之间额定开启高度为0.75~1.5 mm。

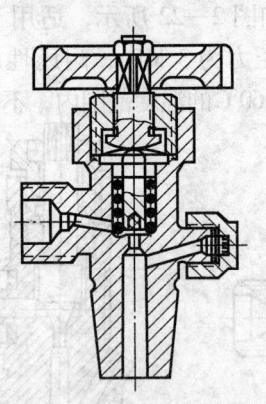 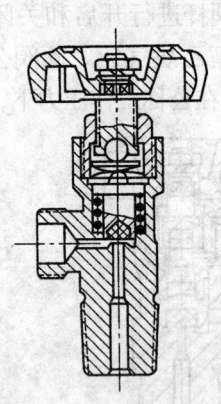

图2—23 隔膜式瓶阀示意图　　图2—24 珠压式瓶阀示意图

珠压式瓶阀适合在40 L的氧、氮、空气钢瓶上作为启闭装置。用于飞机上的5 L气瓶上的珠压式瓶阀，在其尾部还装有一根金属导管，以防止飞机在空中俯冲和翻滚时，瓶内的水或杂物随气流出，堵塞管道，从而发生事故。

2. 安全装置

气瓶的安全装置是气瓶安全使用的保障装置，是气瓶的重要组成部分，包括安全泄压装置、瓶帽、防振圈等。

（1）气瓶安全泄压装置。

气瓶的安全泄压装置的主要作用是在气瓶因意外超压时能够自动泄压，以防止其在遇到周围发生火灾等时，因瓶体受热、瓶内介质升温膨胀而造成爆炸。但泄压装置不能防止因混合气体爆炸或燃烧反应等压力骤升速度高的超压爆炸及因瓶内满液造成的超压爆炸，仅在遇到火灾时才能发挥作用。

气瓶是否应该加装泄压装置现在仍存在很大争议，反对的观点认为，气瓶上的安全泄压装置的主要功能是在气瓶周围着火的情况下，防止瓶内介质因温度升高而导致气瓶超压爆炸。由于气瓶上的安全泄压装置不可能像固定式压力容器那样装接排气管，将装置动作时所泄放出的气体引放至安全地带，气瓶上的泄压装置一旦动作，就只能是就地泄放。而气瓶内所装的介质很多都是助燃（如氧气、空气等）、易燃（如氢气、烃类等）或有毒（如氯气、氨气等）的。在火灾现场，如安全泄压装置动作、喷气，将会进一步使灾情扩大，影响灭火工作的顺利进行。相反，若气瓶上不装设安全泄压装置，在遇到周围着火时，它还需要经过较长一段时间才能使瓶内压力升高到气瓶爆炸，这就可以为灭火工作提供较为充裕的时间和便利的工作条件。气瓶上的安全泄压装置常常在正常的工作环境下发生误动作，包括易熔塞泄漏或脱落、爆破片提前破裂等。其结果是污染环境，甚至引起中毒、火灾或气瓶飞出伤人等重大恶性事故。因此，认为气瓶上的安全泄压装置是利少弊多，主张除盛装惰性气体的气瓶外，其他的气瓶不应装设安全泄压装置。

支持的观点认为,气瓶上的安全泄压装置在火灾情况下过早地排气泄压(因为装置的动作压力比气瓶的爆炸压力小得多),的确给灭火工作带来了一定的困难,但这些都是可以采取一定措施予以防范的,更不可能使灭火工作无法进行。而如果气瓶不装设安全泄压装置,则气瓶在火灾过程中随时都有发生爆炸的危险。这不但会给消防人员增加心理压力和工作障碍,影响灭火工作的效果,而且一旦气瓶在火灾现场发生爆炸,其后果更是难以设想。澳大利亚、日本、美国等都认为若乙炔瓶处于有爆炸的危险状态,宜安装易熔塞。当温度达到100℃以上时,易熔塞熔化,钢瓶内乙炔气泄出,不易发生瓶体爆炸从而减少灾害。我国发生的几次溶解乙炔事故中,虽然出现了乙炔瓶着火,但未发生钢瓶爆炸事故,说明乙炔瓶装设易熔塞泄压装置是必要的。

尽管安全泄压装置发生误动作会带来一些不良后果,而且有些情况还相当严重,但这些情况也是可以避免的。随着易熔塞装置国家标准的颁布和贯彻实施以及气瓶使用操作人员安全知识的普及,近年来,我国气瓶安全泄压装置误动作事件已逐年减少。因此,不应以易熔塞等安全泄压装置质量不良或维护不当可能引起误动作为原因,而全盘否定气瓶安全泄压装置的有效作用,将其废弃不用。

但是,是否加装泄压装置,选择何种泄压装置能够使其确实有效地防止气瓶因超压而发生爆炸,并保证其在正常使用条件下不会发生误动作、渗漏等现象,必须根据气瓶的性质和工况条件决定。

1) 泄压装置的类型。气瓶的安全泄压装置可以独立装设,即直接装接在气瓶封头上,也可以装接在气瓶所用的瓶阀上。目前国外常用的气瓶安全泄压装置有易熔塞、爆破片、安全泄压阀及爆破片—易熔塞复合装置四种。各类安全泄压装置各具特点,有其最适宜的使用场合。

①易熔塞装置。易熔塞装置是气瓶上应用得较早的一种泄压装置。易熔塞装置由钢制塞体及其中心孔中浇铸而成的易熔合金塞构成。当气瓶受到外界热源的影响，使瓶内气体压力骤然升高时，易熔合金熔化，瓶内气体即可从熔化后的中心孔排出。其原理是通过控制温度来控制瓶内的温升压力，所以只宜用于气瓶，而不适用于固定式容器。为了防止易熔合金塞因受压力而脱落，常将塞体内孔形式做成锥孔形（锥体大端承受压力）、阶梯形或螺纹形，如图2—25所示。

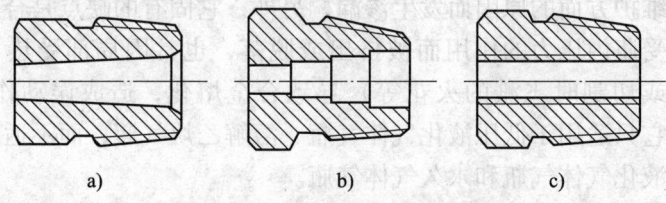

图2—25　易熔塞装置基本形式
a）锥孔形　b）阶梯形　c）螺纹形

易熔合金由熔点很低的金属组成。组成的金属必须与瓶内介质相适应（不发生化学反应），而且熔化后具有良好的流动性。易熔合金中各金属的组分根据所要求的熔化温度进行适当调节。作为安全泄压装置构件的易熔合金，最好选用共晶合金，因为共晶合金的流动开始点和流动终止点温度一致。这样，当气体泄放时，合金全部熔化、吹出，不会在孔内残留有熔点较高的金属，以致减小气体流通面积，阻碍气体顺利泄放。

必须注意，易熔合金塞的动作温度不是易熔合金流动温度，而是以气瓶水压试验压力为基准（取0.8倍水压试验压力作为泄放压力，对应于泄放压力的介质温度便是易熔合金塞动作温度），或以充装系数为基准（以法定充装系数充装于气瓶内，随温度上升瓶内液体膨胀，气相空间变小，当液体充满整个气瓶，气相空间为零时的温度），然后以我国气温为基础，同时考虑液化气体和溶解气体的不同，对不同气体相差不大的易熔合金塞动作温度，统一规定两挡——100℃和70℃。其中用于熔解乙炔气瓶的易熔塞装置，动作温度为（100±5)℃；用于其他气瓶的动作温度为70℃。

易熔塞装置结构简单，制造方便，对温度的反应比较敏感，而且密封性能好。从理论上讲，它是几种安全泄压装置中密封性能最好的一种，但国内前些年制造的易熔塞装置常因制造质量或使用维护方面的原因而发生渗漏，另外，它固有的缺点是合金塞容易受瓶内压力的作用而被挤出或脱落，也常因局部受热（如焊接或切割时飞溅的火花等）导致合金熔化，造成误动作等，所以它只适用于低压液化气体气瓶、溶解乙炔气瓶，而不适用于高压液化气体气瓶和永久气体气瓶。

②爆破片装置。爆破片装置是由爆破片（压力敏感元件）和夹持器或支撑圈等组装而成的安全泄压装置。其主要功能部件——爆破片是一片能耐受瓶内气体侵蚀的金属膜片，其内侧与瓶内气体相接触，外侧与大气相通。当瓶内介质的压力因环境温度升高等原因而增大到规定的压力限定值（一般定为气瓶的水压试验压力）时，爆破片立即动作（破裂），形成通道，使气瓶排气泄压，从而防止气瓶的超压爆炸。爆破片装置的结构形式较多，有碎裂型、失稳型、剪断型和破裂型等几种。

目前气瓶上用得最为普遍的是破裂型爆破片。膜片用不锈钢、镍、铜、铝等塑性较好的材料制造。平板状薄膜片一般先经液压预拱成穹形，膜片在较高压力下受拉伸而破裂。而碎裂型和失稳型爆破片因其各自的特点在气瓶上很少被使用。剪断型爆破片在其他压力容器中用得较多，在气瓶上用得不多。但我国近期从国外进口的长管拖车气瓶上也有用剪断型爆破片装置的，效果还算不错。

气瓶爆破片装置的泄压口径较小，按压力要求的适用膜片厚度也很薄，特别是低压焊接钢瓶用的爆破片。很薄的膜片加工、安装都较困难，膜片厚度的不均匀对泄压装置动作压力的影响也较大。所以一般都选用较薄的板材，通过机械加工并在上面刻以沟槽，如拱形膜片刻环形沟槽，其结构如图2—26所示。

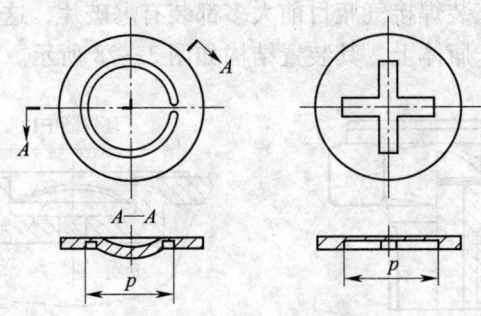

图2—26 带沟槽的膜片

与易熔塞装置比起来，爆破片装置的密封性能更好，在落上火花时也不易发生误动作。这是因为爆破片的动作压力不会受外界条件的干扰，而且它与气瓶实际工作压力之间又有较大的裕度。但因其动作压力不易控制，在火灾场合下，不能防止气瓶的爆炸与飞出，从事故实例的分析情况看，带有爆破片式泄放装置的气瓶，事故比例也较大。爆破片的动作压力与其直径、厚度、材质碾制工艺等因素有关。同时，使用一段时间后，因爆破片金属的疲劳，爆破片动作压力有改变，难以按设计的爆破压力起爆（动作）。因此，带爆破片式泄放装置的瓶阀，应随机抽样3～5只进行爆破实验，实验合格后方可使用。

组装在瓶阀上的爆破片装置用于无毒性的永久气体气瓶。单独组装成套的爆破片则适用于盛装不燃、无毒介质的低压液化气体气瓶。爆破片可以装配在瓶阀上，这种结构多用于无毒性的永久气体气瓶和高压液化气体气瓶,因为高压无缝气瓶容积较小,安全泄放量也小,不需要太大的泄放面积,而且在无缝钢瓶上也不宜另外开孔安装爆破片装置。盛装不燃、无毒介质的低压液化气体气瓶由于容积较大,常用的是由爆破片、夹持环、阀体和压盖组成的单独组装成套的爆破片装置,如图2—27所示。这类气瓶需要较大的泄放面积,而且焊接气瓶又不限制另行开孔。另外,非重复充装焊接气瓶目前大多都装有爆破片,这种爆破片一般直接焊接于瓶体上,其装置结构如图2—28所示。

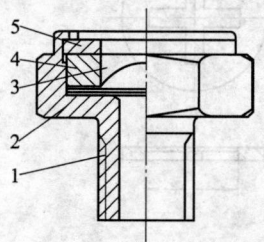

图2—27 焊接气瓶常用的爆破片装置
1—阀体 2—垫片 3—爆破片
4—压环 5—弹簧垫片

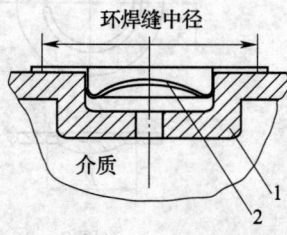

图2—28 非重复充装气瓶的爆破片
1—气瓶本体 2—爆破片

③安全阀装置。安全阀泄放装置的结构如图2—29所示。这种泄放装置中有一根弹簧,弹簧顶着网状托环,将密封垫压在泄放装置的小孔上。当瓶内压力升高至水压实验压力的0.8倍时,就将密封垫向外推出,并通过网状托环压缩弹簧,气体便从泄压孔中排出;当压力降至弹簧的动

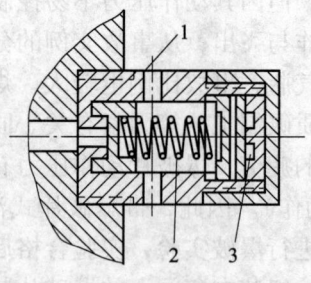

图2—29 安全阀泄放装置的结构
1—活塞 2—弹簧 3—防爆室

作压力时,弹簧又通过网状托环将密封垫推回原位,堵住排气孔,从而停止排气。

与前两种泄压装置相比,该装置具有减压自行关闭并保持密封状态的优点,使得气瓶卸压后,瓶内气体不会被排尽。其缺点是结构较为复杂,按标准要求控制弹簧质量较难,同时弹簧易锈蚀,网状托环和密封垫磨损较快,从而导致整个装置失效。而且泄压反应慢(因阀的开启具有滞后性)、密封性能差(是各类泄压装置中最差的一种)。

安全阀泄压装置被广泛用于固定式压力容器。在国外,用于气瓶中。结构紧凑、密封性能符合要求的安全泄压阀可以加装在介质无毒性的永久气体气瓶上。国内目前在用的气瓶除极个别的外,一般气瓶都没有装设这种泄压装置。

④复合式装置。爆破片—易熔塞复合式装置由爆破片与易熔塞串联组装而成。易熔塞装设在爆破片排放的一侧。该复合装置兼有爆破片与易熔塞的优点,弥补了其不足。尤其是密封性能更好,因为它具有双重密封结构。在正常情况下,易熔塞不承受瓶内介质的压力(被爆破片隔离),所以不易被挤压脱落。复合式装置只有在环境温度和瓶内压力都分别达到了规定值的条件下才发生动作、泄压排气,一般不会发生误动作。

由于复合式装置结构较为复杂,所以制造成本较高,一般适用于对密封性能要求特别严格的气瓶,如盛装三氟化硼、氯化氢、硅烷、氟乙烯、溴化氢等气体的气瓶。至于盛装其他气体的气瓶,如果在经济上或安全上有特殊密封要求,也可装设这种复合式装置。

对于其他有特殊要求的气瓶,还会使用并用式泄压装置,这种装置为同时配备弹簧式和易熔塞式两种泄压装置,各自动作,互不影响。

2)气瓶装设安全泄压装置的原则。根据我国的实际情况,国内使用的气瓶装设的气瓶安全泄压装置可按照下列原则确定：

①盛装剧毒介质的气瓶，禁止装设安全泄压装置，以防止一旦安全泄压装置误动作，气体泄漏后造成环境严重污染、人员中毒和伤亡事故。此类介质如永久气体中的氟、一氧化氮和一氧化碳；高压液化气体中的磷烷（磷化氢）和乙硼烷、五氟化磷、三氟化磷、四氟化硅、四氟肼等；低压液化气体中的氯、碳酰二氯、四氧化二氮、硫化氢、五氟化氯、三氟化氯、氰、氯化氰、氯硅烷、三甲基硅烷、三甲基胺、六氟化钨、乙烯基溴（R1140B1）、乙烯基氯（R1140）、乙烯基甲基醚等。另外，还有一些气体应由设计部门确定是否安装安全泄压装置，如低压液化气体中的氟化氢、乙胺、一甲胺、二甲胺、三甲胺、甲硫醇、溴甲烷等。

②除气瓶制造单位外，任何气瓶用户装设任何类型的安全泄压装置都只能装在瓶阀上，不得在瓶体上另行开孔装设。

③民用液化石油气气瓶的用户多数在狭小的厨房内使用，一旦安全泄压装置误动作泄漏后遇明火，容易引起火灾或爆炸，所以民用液化石油气瓶以不装设安全泄压装置为宜。

3）除上述气瓶外，包括介质为助燃、易燃或不燃，具有一般毒性的永久气体气瓶、液化气体气瓶和溶解气体气瓶都应根据特性选装相应的安全泄压装置。对安全泄压装置的基本要求如下：

①安全泄压装置的结构与设置部位应与气瓶的使用条件相适应。装置的设置不应妨碍气瓶的正常使用和搬运，还应考虑装置动作时由于排气反作用力所产生的影响。

②在安全泄压装置中，凡与瓶内介质有可能接触的部件或零件，其材料对所装介质应具有良好的相容性和耐腐蚀性能。

③安全泄压装置在正常的使用条件下应具有良好的密封性能。

④盛装易燃气体的气瓶，每个泄压装置的结构都应使所排出

的气体直接排向大气空间,而不会受到阻挡或冲击排放到其他设备上。

⑤气瓶安全泄压装置的额定排量不得小于气瓶的安全泄放量。规定在两端封头上都应装设安全泄压装置的气瓶,其额定排量只按一端装置的排量计算。各种类型的安全泄压装置,其额定排量可由理论公式计算,或由实验确定。

由于我国还未对泄压装置的装设做出系统的规定,这里以日本的相关规定加以介绍,见表2—27。

表2—27　　　　泄压装置的应用

气体类别	气体名称	爆破片	易熔塞	复合式	安全阀	并用式
永久气体	H_2、CH_4、CO、水煤气			△		
	O_2、N_2、Ar、He、空气	△	△	△		
高压液化气体	CO_2、N_2O、C_2H_4	△	医	医		
	Xe、SF_6、C_2H_6、油气	△		△		
	$CClF_3$、N_2O+CO_2	△				
	HCl			△		
	HBr、HF			△		
低压液化气体	NH_3、H_2S、Cl_2、SO_2、CH_3Cl、C_2H_3Cl			△		
	C_3H_8、C_3H_6、C_4H_{10}			△	△	△
	Cl_2F_2、$CHClF_2$			△	△	△
溶解气体	C_2H_2	△	△			

注:医是指只限于医用场合,△记号表示适用的安全装置。

(2)瓶帽。

气瓶在运输和装卸的过程中均必须装设瓶帽或防护罩,瓶帽是气瓶保护帽的简称,是装接在气瓶顶部瓶阀外面的帽罩式安全附件。其作用是防止气瓶在搬运使用过程中，瓶阀受到碰撞或冲击而受损断裂。因为瓶阀一般强度较低，是气瓶的薄弱环节，一旦遭到碰撞，轻则变形而不能开关自如，重则阀体断裂，瓶内气体喷出，甚至造成气瓶飞出，瓶体爆破事故。

气瓶瓶帽的结构形式有拆卸式和固定式两种，如图2—30所示。

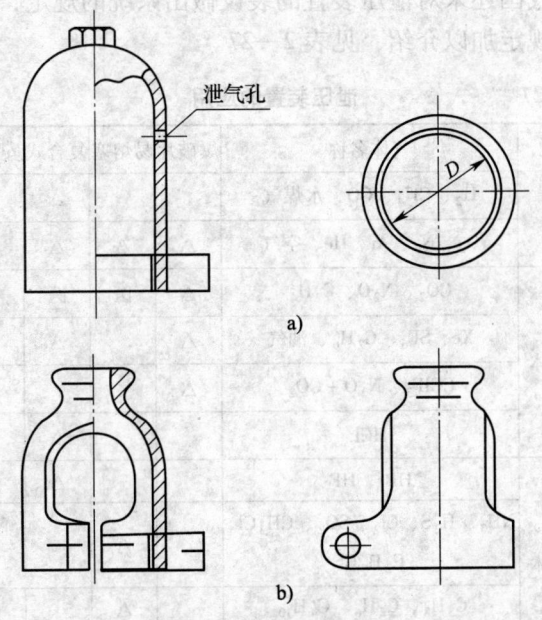

图2—30 瓶帽结构示意图
a）拆卸式 b）固定式

拆卸式瓶帽在帽口处加工有内螺纹，用以与气瓶颈圈连接。瓶帽上还开有位置对称的泄气孔，以防瓶阀因密封不严而使泄漏出的气体积存在瓶帽内，造成瓶帽爆破。泄气孔的对应开设是为了避免气体由一侧排出而产生的反作用力，使气瓶倾倒或旋转。

这种瓶帽在使用或充装时,都需要将瓶帽拆卸下来,使用或充装完毕后,再将其安装上。然而由于其螺纹规格不一,加工精度较差,加之螺纹在使用中造成的损伤和锈蚀,以及颈圈外螺纹的撞击变形等,往往造成瓶帽装不上去,即使勉强装上去了,在运输与使用中又经常脱落下来,既不方便,又容易发生事故。

固定式瓶帽的使用示意图如图 2—31 所示。固定式瓶帽帽口也车有螺纹,但不起紧固作用,其连接主要靠瓶帽帽口侧向凸缘螺孔上安装的紧固螺栓。瓶帽上开有较大的侧孔,用以方便地与充装卡具或减压器相连接。瓶帽上顶部也开孔,可以用专用扳手直接开启或关闭瓶阀。有一种专用于乙炔气瓶的瓶阀保护帽,也属于固定式瓶帽,结构稍复杂些。与可卸式瓶帽相比,固定式瓶帽不用经常拆卸和装接,也不易丢失或被忽略或忘记而没有戴上,但使用操作不太方便。

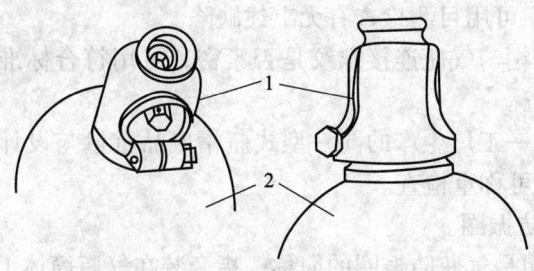

图 2—31　固定式瓶帽的使用示意图
1—固定式瓶帽　2—气瓶

瓶帽螺纹应符合《气瓶专用螺纹》(GB 8335—1998)的要求。其尺寸见表 2—28。

瓶帽可浇铸成型,也可冲压成型。制造瓶帽的材料应有良好的抗撞击性能,以防被撞击碎断开裂,起不到保护瓶阀的作用。一般用可锻铸铁或球墨铸铁制造,但不能用灰口铸铁制造。

表 2—28　　　　　　瓶帽与颈圈螺纹尺寸

螺纹代号	每英寸螺纹牙数	螺距	牙型高度	圆弧半径	瓶帽螺纹			颈圈螺纹			牙型角
					大径	中径	小径	大径	中径	小径	
					mm						
PG80	11	2.309	1.479	0.317	80.000	78.521	77.044	80.000	78.521	77.012	55°

对于瓶帽的整体与外观质量有下列要求：

1）瓶帽应进行消除应力处理。

2）瓶帽表面不得有裂纹、夹渣、气孔以及影响使用性能和强度的缺陷。可用目测检查有无上述缺陷。

3）浇铸成型的瓶帽的外部必须无型砂存在。浇口必须磨平，氧化物必须处理干净。可用目测检查有无上述缺陷。

4）固定式瓶帽和可卸式瓶帽在加工后，如粘有油脂，须经脱脂处理。可用目测检查有无上述缺陷。

5）瓶帽与气瓶连接螺纹是否紧密，可用符合标准的螺纹塞规进行检查。

6）同一工厂生产的同一型式瓶帽成品重量与设计重量允差为±5%，可称重检查。

（3）防振圈。

防振圈是气瓶防振圈的简称，指套装在气瓶筒体上的橡胶圈（也有用其他弹性物质制作的），其主要功能是防止气瓶在充装、运输、储存和使用时相互撞击或与其他物件撞击，而使气瓶壁产生磨损伤痕或变形，甚至造成气瓶物理性爆炸事故。而且，气瓶配带两个防振圈后能够在运输环节上有效减少抛、滑、滚、碰等野蛮的装卸方法；套装在气瓶外面的防振圈也有利于保护气瓶外表漆色、标字和色环等识别标记。

1）气瓶防振圈的断面形状如图 2—32 所示，对其材料的基本要求如下：

①材料应具有一定的抗拉强度，使其制成的防振圈在装配时不致轻易被拉断。

②材料应具有一定的弹性和塑性，使其制成的防振圈能紧套在气瓶上而且不会自动脱落。

③材料应具有一定的硬度，使防振圈能经受撞击。

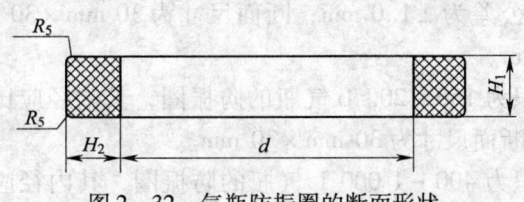

图2—32　气瓶防振圈的断面形状

经过多年的实践摸索，制造防振圈的材料以天然橡胶或合成橡胶最为适宜。为保证防振圈的弹性，防振圈的厚度一般不应小于25 mm，其套装位置也必须符合要求，即与气瓶上下端部距离各为200~250 mm。按照目前的行业标准，胶料半成品的力学性能应符合表2—29的规定。

表2—29　胶料半成品的力学性能

项目	指标
拉断强度/MPa	≥6
扯裂伸长率	≥300%
扯断永久变形	≤25%
硬度（邵尔A型）	60±5
磨损体积/（cm³/1.61 km）	≤1.0

2）用于无缝气瓶的防振圈，其规格尺寸及公差范围如下：

①小容积无缝气瓶，防振圈内径应比气瓶外径小6~8 mm，公差为±0.5 mm，断面尺寸为25 mm×20 mm。

②中容积无缝气瓶,防振圈内径应比气瓶外径小 10 mm,公差为 ±0.5 mm,断面尺寸为 30 mm×30 mm。

3) 用于焊接气瓶的防振圈,其规格尺寸及公差应符合下列规定:

①容积为 10~100 L 气瓶的防振圈,其内径应比气瓶外径小 6 mm,公差为 ±1.0 mm;断面尺寸为 30 mm×30 mm,公差为 ±0.5 mm。

②容积为 150~200 L 气瓶的防振圈,其内径应比气瓶外径小 8 mm,断面尺寸为 30 mm×30 mm。

③容积为 400~1 000 L 气瓶的防振圈,其内径应比气瓶外径小 10 mm,断面尺寸为 50 mm×50 mm。

4) 气瓶防振圈的外观质量应符合下列要求:

①表面不得有明显的杂质和污点。

②表面不得有裂纹和深度不超过 1 mm 的凸凹缺陷 5 处。

③表面不允许有欠硫及喷霜现象。

④表面上的名义重量值和制造厂名称或代号的标记应清晰。

3. 气瓶的钢印标志

气瓶的钢印标志是识别气体的依据,对识别气瓶并准确充装、安全使用、定期检验等起着重要作用。气瓶的钢印标志包括制造钢印标志和检验钢印标志,钢印标记按规定应刻印在气瓶肩部或护罩上,其位置如图 2—33 所示。

(1) 制造钢印标志。

制造钢印标志是气瓶的原始标志,是由制造厂加印的有关设

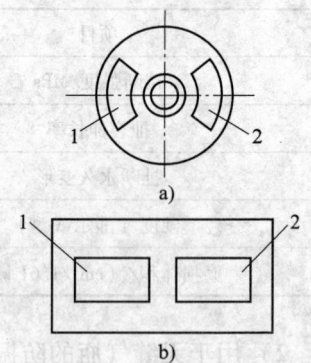

图 2—33 气瓶的钢印标志
1—制造钢印标记　2—检验钢印标记

计、制造、充装、使用、检验等技术参数的印章。钢印标志的项目和排列如图2—34所示。

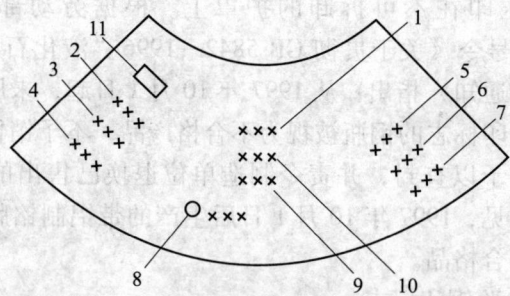

图2—34 气瓶制造钢印标志的项目和排列
1—充装气体名称或化学分子式 2—气瓶编号 3—水压试验压力/MPa
4—公称工作压力/MPa 5—实际质量/kg 6—实际容积/L 7—瓶体设计壁厚/mm
8—单位代码（与在发证机构备案的一致）和制造年月 9—监督检验标记
10—气瓶制造单位许可证编号 11—产品标准号

溶解乙炔气瓶的制造钢印标志如图2—35所示。

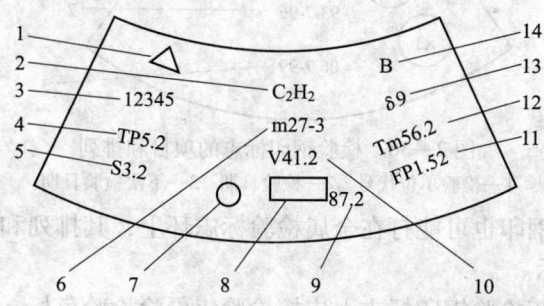

图2—35 溶解乙炔气瓶的制造钢印标志
1—监督检验标记 2—气体化学分子式 3—乙炔瓶编号 4—钢瓶水压试验压力/MPa
5—筒体设计壁厚/mm 6—钢瓶质量/kg 7—制造厂检验标记 8—制造厂代号
9—制造年、月 10—钢瓶实际容积/L 11—在基准温度15℃时的限定压力/MPa
12—乙炔瓶皮重/kg 13—钢瓶内填料的孔隙率/% 14—非丙酮溶剂的标记

液化石油气瓶的制造钢印标志按《气瓶安全监察规程》附录1规定的内容项目压印,除气瓶编号可印在瓶阀座上外,其余九个钢印压印在不可拆卸的护罩上。根据劳动部劳安锅局(1997)29号令《关于贯彻GB 5842—1996"液化石油气钢瓶"若干意见的通知》指出:从1997年10月1日起,未压印国家标准规定的钢印标志的钢瓶被视为不合格产品,不予销售,当地工商行政部门予以查封,并责令制造单位退换已售出的不合格钢瓶。由此可见,1997年10月1日后生产的带铝制铭牌液化石油气钢瓶为不合格品。

(2) 检验钢印标志。

检验钢印标志是气瓶在检验合格后,由气瓶检验单位加印的。打成扇面形时,钢印标志的项目和排列如图2—36所示(溶解乙炔气瓶除外)。

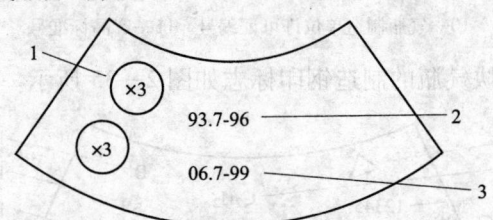

图2—36 检验钢印标志的项目和排列
1—检验单位代号 2—检验日期 3—下次检验日期

检验钢印也可能打在金属检验标志环上,其排列和内容如图2—37所示。

在气瓶检验钢印标志上应按检验年份涂检验色标。检验色标的式样见表2—30,10年一循环。

小容积气瓶和检验标志环的检验钢印标志上可以不涂检验色标。公称容积40 L气瓶的检验色标,矩形约为80 mm×40 mm;椭圆形的长、短轴分别约为80 mm和40 mm。其他规格的气瓶,检验色标的大小宜适当调整。

第二章 气瓶基础知识

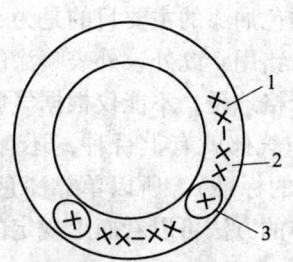

图 2—37 检验钢印
1—下次检验日期 2—检验日期
3—检验单位代号

表 2—30　　气瓶检验色标的涂膜颜色和形状

检验年份	颜色	形状
2002	铁黄	
2003	淡紫	椭圆形
2004	深绿	
2005	粉红	
2006	铁红	
2007	铁黄	矩形
2008	淡紫	
2009	深绿	
2010	粉红	
2011	铁红	椭圆形
2012	铁黄	

4．颜色标记

气瓶的颜色标记包括气瓶的漆膜颜色、字样、字色和色环等，气瓶的字样、色环彼此间应避免叠置，不占防振圈的位置。
（1）漆膜颜色。

气瓶喷涂不同颜色油漆的主要目的是为了方便辨别气瓶内介质，从而避免错装、错用。此外，外表喷涂的油漆还能够防止气瓶外表面被锈蚀。严格地说，不能仅根据气瓶的漆色来判别气体的种类，因为工业纯气体就有上百种，还有为数不少的混合气（混合气还没有漆色的标准），所以单靠漆色来识别瓶内气体是不可能的。判别气体的方法可以看瓶上规定的字样、字色和色环等。

（2）字样、字色。

字样是指气瓶充装介质的名称的文字标志，也可含气瓶所属单位名称和其他内容。气体名称一般用汉字表示，液化气体气瓶须在介质名称前冠以"液"或"液化"的字样，根据专业用途加冠"医用""呼吸用"字样，对于小容积的气瓶可用化学式表示。汉字字样采用仿宋体。公称容积 40 L 的气瓶，字体高度为 80～100 mm；对于其他规格的气瓶，字体大小应按照该比例进行适当调整。

字样的排列，对于立式气瓶，充装气体名称应按瓶的环向横列于瓶高 3/4 处；单位名称应按瓶的轴向竖列于气体名称居中的下方或转向 180°的瓶面。卧式气瓶的充装气体名称和单位名称应以瓶的轴向从瓶阀端向右（瓶阀在视者左方）分行横列于瓶中部；单位名称应位于气体名称之下，行间距为筒体周长的 1/4 或 1/2。

字色在《气瓶颜色标志》（GB 7144—1999）中也有详细要求。

（3）色环。

色环是识别充装同一介质不同公称工作压力时的气瓶标记，充装同一介质的气瓶，公称工作压力比规定起始级高一级就增加一道色环，高两级则加两道。各种规格的气瓶色环宽度按照当公称容积为 40 L 时，单环宽度 40 mm，双环的各环宽度 30 mm 的

第二章 气瓶基础知识

比例进行适当调整。双环的环间距等于环宽度。

色环的排列应于气瓶环向涂成连续一圈、边缘整齐且等宽的色带，不应呈现螺旋状、锯齿状或波状，双环应平行。对于立式气瓶，色环应位于瓶高约 2/3 处，且介于气体名称和单位名称之间。卧式气瓶的色环应位于距瓶阀端约筒体长度的 1/4 处，如图 2—38 所示。

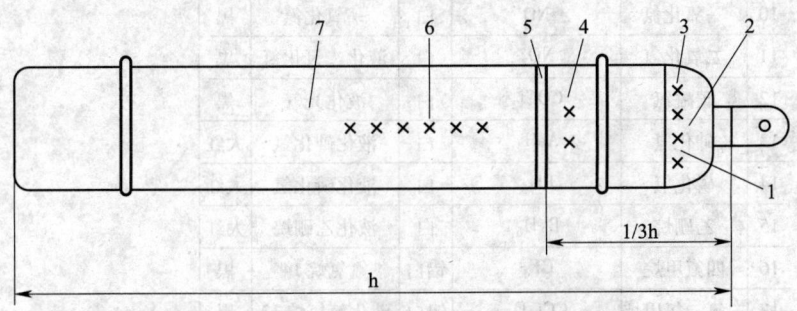

图 2—38 气瓶颜色标记喷涂位置
1—检验标志 2—涂清漆 3—原始标志 4—气体名称 5—色环
6—所属单位名称 7—筒体漆色（包括瓶帽）

根据《气瓶颜色标志》（GB 7144—1999）的规定，气瓶颜色标表见表 2—31。

表 2—31　　　　气瓶颜色标志一览表

序号	充装气体名称	化学式	瓶色	字样	字色	色环
1	乙炔	$CH\equiv CH$	白	乙炔不可近火	大红	
2	氢	H_2	淡绿	氢	大红	$P=20$，淡黄色单环 $P=30$，淡黄色双环
3	氧	O_2	淡(酞)兰	氧	淡黄	$P=20$，白色单环 $P=30$，白色双环
4	氮	N_2	黑	氮	白	
5	空气		黑	空气	白	

续表

序号	充装气体名称	化学式	瓶色	字样	字色	色环
6	二氧化碳	CO_2	铝白	液化二氧化碳	黑	$P=20$，黑色单环
7	氨	NH_3	淡黄	液氨	黑	
8	氯	Cl_2	深绿	液氯	白	
9	氟	F_2	白	氟	黑	
10	一氧化氮	NO	白	一氧化氮	黑	
11	二氧化氮	NO_2	白	液化二氧化氮	黑	
12	碳酰氯	$COCl_2$	白	液化光气	黑	
13	砷化氢	AsH_3	白	液化砷化氢	大红	
14	磷化氢	PH_3	白	液化磷化氢	大红	
15	乙硼烷	B_2H_6	白	液化乙硼烷	大红	
16	四氟甲烷	CF_4	铝白	氟氯烷 14	黑	
17	二氟二氯甲烷	CCl_2F_2	铝白	液化氟氯烷 12	黑	
18	二氟溴氯甲烷	$CBrClF_2$	铝白	液化氟氯烷 12B1	黑	
19	三氟氯甲烷	$CClF_3$	铝白	液化氟氯烷 13	黑	$P=12.5$ 深绿色单环
20	三氟溴甲烷	$CBrF_3$	铝白	液化氟氯烷 13B1	黑	
21	六氟乙烷	CF_3CF_3	铝白	液化氟氯烷 116	黑	
22	一氟二氯甲烷	$CHCl_2F$	铝白	液化氟氯烷 21	黑	
23	二氟氯甲烷	$CHClF_2$	铝白	液化氟氯烷 22	黑	
24	氟甲烷	CHF_3	铝白	液化氟氯烷 23	黑	
25	四氟二氯乙烷	$CClF_2-CClF_2$	铝白	液化氟氯烷 114	黑	
26	五氟氯乙烷	CF_3-CClF_2	铝白	液化氟氯烷 115	黑	
27	三氟乙烷	CH_2Cl-CF_3	铝白	液化氟氯烷 133a	黑	
28	八氟环丁烷	$CF_2CF_2CF_2CF_2$	铝白	液化氟氯烷 C318	黑	
29	二氟氯乙烷	CH_3CClF_2	铝白	液化氟氯烷 142b	大红	

续表

序号	充装气体名称	化学式	瓶色	字样	字色	色环
30	1,1,1-三氟乙烷	CH_3CF_3	铝白	液化氟氯烷143a	大红	
31	1,1-二氟乙烷	CH_3CHF_2	铝白	液化氟氯烷152a	大红	
32	甲烷	CH_4	棕	甲烷	白	$P=20$,淡黄色单环 $P=30$,淡黄色双环
33	天然气		棕	天然气	白	
34	乙烷	CH_3CH_3	棕	液化乙烷	白	$P=15$,淡黄色单环 $P=20$,淡黄色双环
35	丙烷	$CH_3CH_2CH_3$	棕	液化丙烷	白	
36	环丙烷	$CH_2CH_2CH_2$	棕	液化环丙烷	白	
37	丁烷	$CH_3CH_2CH_2CH_3$	棕	液化丁烷	白	
38	异丁烷	$(CH_3)_3CH$	棕	液化异丁烷	白	
39	液化石油气 工业用		棕	液化石油气	白	
	液化石油气 民用		银灰	液化石油气	大红	
40	乙烯	$CH_2{=}CH_2$	棕	液化乙烯	淡黄	$P=15$,白色单环 $P=20$,白色双环
41	丙烯	$CH_3CH{=}CH_2$	棕	液化丙烯	淡黄	
42	1-丁烯	$CH_3CH_2CH{=}CH_2$	棕	液化丁烯	淡黄	
43	顺2-丁烯	$\begin{array}{c}H_3C{-}CH\\\|\\H_3C{-}CH\end{array}$	棕	液化顺丁烯	淡黄	
44	反2-丁烯	$\begin{array}{c}H_3C{-}CH\\\|\\HC{-}CH_3\end{array}$	棕	液化反丁烯	淡黄	

续表

序号	充装气体名称	化学式	瓶色	字样	字色	色环
45	异丁烯	$(CH_3)_2C=CH_2$	棕	液化异丁烯	淡黄	
46	1,3-丁二烯	$CH_2=(CH)_2=CH_2$	棕	液化丁二烯	淡黄	
47	氩	Ar	银灰	氩	深绿	
48	氦	He	银灰	氦	深绿	$P=20$,白色单环
49	氖	Ne	银灰	氖	深绿	$P=30$,白色双环
50	氪	Kr	银灰	氪	深绿	
51	氙	Xe	银灰	液氙	深绿	
52	三氟化硼	BF_3	银灰	氟化硼	黑	
53	一氧化二氮	N_2O	银灰	液化笑气	黑	$P=15$,深绿色单环
54	六氟化硫	SF_6	银灰	液化六氟化硫	黑	$P=12.5$,深绿色单环
55	二氧化硫	SO_2	银灰	液化二氧化硫	黑	
56	三氯化硼	BCl_3	银灰	液化氯化硼	黑	
57	氟化氢	HF	银灰	液化氟化氢	黑	
58	氯化氢	HCl	银灰	液化氯化氢	黑	
59	溴化氢	HBr	银灰	液化溴化氢	黑	
60	六氟丙烯	$CF_3CF=CF_2$	银灰	液化全氟丙烯	黑	
61	硫酰氟	SO_2F_2	银灰	液化硫酰氟	黑	
62	氘	D_2	银灰	氘	大红	
63	一氧化碳	CO	银灰	一氧化碳	大红	
64	氟乙烯	$CH_2=CHF$	银灰	液化氟乙烯	大红	
65	1,1-二氟乙烯	$CH_2=CF_2$	银灰	液化偏二氟乙烯	大红	$P=12.5$,淡黄色单环

续表

序号	充装气体名称	化学式	瓶色	字样	字色	色环
66	甲硅烷	SiH_4	银灰	液化甲硅烷	大红	
67	氯甲烷	CH_3Cl	银灰	液化氯甲烷	大红	
68	溴甲烷	CH_3Br	银灰	液化溴甲烷	大红	
69	氯乙烷	C_2H_5Cl	银灰	液化氯乙烷	大红	
70	氯乙烯	$CH_2=CHCl$	银灰	液化氯乙烯	大红	
71	三氟氯乙烯	$CF_2=CClF$	银灰	液化三氟氯乙烯	大红	
72	溴乙烯	$CH_2=CHBr$	银灰	液化溴乙烯	大红	
73	甲胺	CH_3NH_2	银灰	液化甲胺	大红	
74	二甲胺	$(CH_3)_2NH$	银灰	液化二甲胺	大红	
75	三甲胺	$(CH_3)_3N$	银灰	液化三甲胺	大红	
76	乙胺	$C_2H_5NH_2$	银灰	液化乙胺	大红	
77	二甲醚	CH_3OCH_3	银灰	液化甲醚	大红	
78	甲基乙烯基醚	$CH_2=CHOCH_3$	银灰	液化乙烯基甲醚	大红	
79	环氧乙烷	CH_2OCH_2	银灰	液化环氧乙烷	大红	
80	甲硫醇	CH_3SH	银灰	液化甲硫醇	大红	
81	硫化氢	H_2S	银灰	液化硫化氢	大红	

注：①色环栏内的 P 是气瓶的公称工作压力，MPa。

②序号39，民用液化石油气瓶上的字样应排成两行，"家用燃料"居中的下方为"（LPG）"。

乙炔瓶除外表面为白色，瓶在"制造钢印标记"一侧的瓶体上环向横写"乙炔"外，需轴向竖写"不可近火"，字色为大红。

气瓶上还有警示标签，其内容如下：

1）对单一气体，应有气体名称或化学分子式。

2）对混合气体，应有导致危险性的主要成分的化学名称或化学分子式,如果主要成分的化学名称或分子式已被标志在气瓶的其他地方,也可在底签上印上通用术语或商品名称。

3)气瓶及瓶内充装的气体在运输、储存及使用上应遵守的其他说明及警示。

4)气瓶充装单位的名称、地址、邮政编码、电话号码。

第三章 气瓶的设计与制造安全

第一节 气瓶主体材料的选择

一、对气瓶主体材料的基本要求

合理地选用气瓶的制造材料是保证气瓶安全运行及使用的先决条件。

1. 力学性能和化学性能

(1) 具有足够的强度。

制造气瓶部件的材料应具有较高的强度,以保证其有足够的承压能力。尤其是高压气瓶应有较高的强度及合适的屈强比,以降低气瓶瓶重,提高运输效率。但是高强度钢的塑性、韧性等性能一般比较差,制造焊接气瓶也比较容易产生裂纹等缺陷。而且,强度较高的合金钢,对一些具有应力腐蚀倾向性的气体(如湿硫化氢含量较高的压缩天然气)比较敏感。因而盛装这些气体的合金钢无缝气瓶,还必须对它在调质处理后的强度加以适当限制。

(2) 一定的塑性。

具有良好的塑性,才能保证气瓶易于加工成型,具有较高的产品质量。塑性还是保证气瓶安全运行的需要。因为有些气瓶必须有较大的塑性储备,使它能承受较大的塑性变形而不致破裂爆炸。如果气瓶材料具有较好的塑性,使壳体产生较大的塑性变形,气瓶容积随之增大,这样就会使瓶内压力升高的趋势得以缓解,避免气瓶发生爆炸。而发生过明显塑性变形的气瓶,则可以因形状变异而在日常的检查或定期检验中被发现而淘汰。此外,材料的良好塑性,还可以使构件在局部高应力的部位(如气瓶开孔接管处)通过微量的塑性变形,产生新的应力分布状态,缓解构件由于应力集中而造成断裂的后果。

(3) 较好的韧性。

冲击韧性是材料抵抗冲击载荷的能力。气瓶在使用过程中,瓶体常会受到冲击,例如气瓶运输时的激烈振动,瓶体相互撞击,气瓶装卸时的坠落、碰撞,气瓶使用时突然跌倒等,都会使瓶体材料受到直接或间接的冲击。在一定条件下,材料的强度和韧性常常是相互矛盾的。强度较高的材料通常韧性较差。强度高而塑性、韧性较差的材料常会在冲击载荷下突然发生破坏。尤其重要的是,韧性差的材料,一般对缺口脆性比较敏感,特别是裂纹等缺陷,气瓶材料在制造过程中(如焊接、调质处理)都可能存在或产生这样的缺陷。气瓶受到冲击载荷而不发生脆性断裂的条件是钢材应具有良好的冲击韧性。

(4) 有较好的耐腐蚀性能。

气瓶的腐蚀包括气瓶内部介质的腐蚀问题和气瓶外部环境的腐蚀问题。同一类气体气瓶所充装的介质的杂质成分不尽相同,对气瓶的腐蚀情况也不同。气瓶的使用、储存的环境是不断发生变化的,环境对气瓶的外部腐蚀情况比较复杂。

(5) 合理的低温性能。

当温度低于某一临界值时,钢材的冲击韧性显著降低,这个冲击韧性急剧降低的温度范围,就是钢材的冷脆转变温度。钢材的冷脆转变温度越低,表明钢材抗冷脆能力越强。

不同成分的钢材在低温时的冲击韧性相差很大,普通低碳钢的低温冲击韧性优于碳钢。

在碳钢中影响钢材低温性能的最重要因素是钢中的含碳量。

含碳量增加将大大降低冲击韧性值,影响冷脆转变温度。能提高钢材的冲击韧性及降低冷脆转变温度的元素有铝、钒、锰、镍等。硅、钼有相反的效果。

《气瓶安全技术监察规程》对气瓶主体材料的力学性能要求见表3—1。

表3—1　　　气瓶主体材料力学性能要求

结构型式	材料	力学性能	
		伸长率 δ_5	冲击韧性 α_k/ [J/cm^2 ($kg \cdot m/cm^2$)]
无缝	合金钢	≥10%	≥59 (6)
	碳素钢	≥14%	≥39 (4)
焊接	合金钢或碳素钢	≥19%	≥59 (6)

2. 加工工艺性能

材料的加工工艺性能对保证气瓶的制造质量来说十分重要。加工工艺性能差的材料不但难以加工制造,而且还容易在制造加工过程中产生各种缺陷。

(1) 良好的压延加工性能。

无缝气瓶一般是用钢坯冲孔、拉拔后再加工收口制成的。焊接气瓶的筒体、封头等,也大都是用钢板滚卷或冲压加工成型的,所以要求材料具有良好的压延加工性能。压延加工性能是材料冷塑性变形的能力。加工性能好的材料在压延加工时容易变形和形状固定,而且不会因产生较大的塑性变形而在构件上产生裂纹等缺陷。压延加工性能与材料的延塑性有关。一般来说,如材料的力学性能在塑性方面符合要求,则它的压延加工性能也都可以满足冲压工艺性能的要求。对于需要热加工成型的气瓶或其部件,则要求材料具有较宽的热加工温度范围和较好的高温塑性。

(2) 较好的可焊性。

焊接气瓶的焊接质量，在很大程度上与材料的焊接性能有关。可焊性差的材料，不但会由于焊接加热而降低焊接热影响区材料的韧性和塑性，还会在焊缝或热影响区产生各种缺陷，包括裂纹或未焊透等严重缺陷。焊接性能好的材料，在焊接时不需要采用其他的附加工艺措施，即可获得没有焊接缺陷并有良好力学性能的焊接接头。在钢材所含的化学元素中，对焊接性能影响最大的是碳元素。所以常把钢中含碳量多少作为判别钢材焊接性能的主要标志。钢中含碳量越高，焊接性能越差。此外，钢中其他元素，如锰、钼、铬、镍、硅等的含量对它的焊接性能也都有影响，但影响的作用程度不同，一般可以将这些元素对钢材焊接性能影响的大小，折合成相当的碳元素含量（碳当量），并按焊接碳当量的划分，评定钢材的焊接性能。焊接碳当量的折算方法，各国的标准和规范的规定不甚相同，我国利用式（3—1）计算焊接碳当量。

$$C_{eq} = C + \frac{Si}{24} + \frac{Mn}{6} + \frac{Ni}{40} + \frac{Cr}{5} + \frac{Mo}{4} + \frac{V}{14} \qquad (3—1)$$

式中，元素符号均表示该元素的质量分数。

国家质量监督检验检疫总局（以下简称国家质检总局）颁布的《锅炉压力容器制造许可条件》中规定，用于焊接结构压力容器主要受压元件的碳钢和低合金钢，钢材的含碳量不应大于 0.25%，且按式（3—1）计算的 C_{eq} 应小于等于 0.45%。

（3）适宜的热处理性能。

对于钢质焊接气瓶材料的热处理性能，主要是要求消除气瓶焊接及加工过程中产生的剩余内应力，而且要求热处理时不会产生裂纹。对一些具有焊后热处理裂纹敏感的材料，不能用以制造气瓶瓶体及其主要部件。对无缝气瓶选用的调质钢，应有良好的淬透性和回火性，并且可以按照气瓶设计要求的力学性能，通过调质处理后得到最合适的强度、塑性和韧性的良好配合。

二、无缝气瓶对钢材的要求

无缝气瓶瓶体的主要制造材料是碳锰钢、铬钼钢和铝合金。

1. 钢质无缝气瓶

《钢质无缝气瓶》(GB 5099—1994) 对气瓶主体材料的选用有如下限定：

（1）瓶体材料必须采用碱性平炉、电炉或吹氧碱性转炉的无时效性镇静钢，不允许使用沸腾钢。

（2）对于容积大的气瓶，制造钢瓶的钢种应选用优质锰钢、铬钼钢或其他合金钢。对于小容积钢瓶，若选用正火处理方法，可选用碳钢材料；若选用调质处理，可选用合金钢材料。

（3）钢瓶的瓶体材料，应具有良好的冲击性能。

（4）钢瓶瓶体材料的化学成分见表3—2。

表3—2　　　　　钢瓶瓶体材料的化学成分

成分/%　钢种	碳锰钢		铬钼钢或其他合金钢	
	正火或正火后回火 Mn	淬火后回火 MnH	CrMo	
C	max 0.40	max 0.40	0.26~0.34	0.32~0.40
Mn	1.40~1.75	max 1.70	0.40~0.70	0.40~0.70
Si	max 0.37	max 0.37	0.17~0.37	0.17~0.37
S	max 0.030	max 0.035	max	max
P	max 0.035	max 0.035	max	max
S+P	max 0.06	max 0.06	max	max
V	max 0.12			
Cr			0.80~1.10	0.80~1.10
Mo			0.15~0.25	0.15~0.25
采用热处理方式	正火或正火后回火		淬火后回火	

《钢质无缝气瓶》（GB 5099—1994）对气瓶主体材料力学性能的要求见表 3—3。

表 3—3　　　　钢质气瓶主体材料力学性能的要求

钢种	热处理状态	伸长率 δ_5	冲击韧性 α_k/ [J/cm² (kg·m/cm²)]	
			U 形（-20℃）	V 形（-50℃）
碳钢	正火	18%		
锰钢	正火 正火+回火	16%	49（5）	
铬钼钢	淬火+回火	14%		三个式样平均值 49（5.0）
其他合金钢	淬火+回火	14%		单个式样最小值 39（4.0）

2. 铝合金气瓶

《铝合金无缝气瓶》（GB/T 11640—2001）规定材料代号为 6061 与 6351，铝合金的化学成分见表 3—4。标准要求应优先采用 6061。标准也允许瓶体采用其他具有良好的工艺性能和较高抗蚀能力的铝合金材料，但应通过腐蚀试验。

表 3—4　　　　　　铝合金的化学成分

材料代号 元素	6061	6351
Si	0.40~0.80	0.70~1.30
Fe	≤0.70	≤0.05
Cu	0.15~0.40	≤0.10
Mn	≤0.15	0.40~0.80
Mg	0.80~1.20	0.40~0.80

续表

元素	材料代号	6061	6351
Cr		0.04~0.35	
Zn		≤0.25	≤0.20
Ti		≤0.15	≤0.20
其他	单个	≤0.05	≤0.05
	总和	≤0.15	≤0.15
Al		余量	余量

三、焊接气瓶对材料的要求

焊接气瓶主要用于盛装低压液化气体，对材料的强度要求不太高，但要求具有良好的可焊性。

在碳素结构钢中，我国规定有专供焊接气瓶用的钢板。焊接气瓶用钢板的牌号用"焊瓶"两字汉语拼音第一个字母"HP"与一个表示材料屈服强度的三位数组成。如牌号 HP295，表示屈服强度为 295 MPa 的焊接气瓶用钢板。

焊接气瓶用钢由氧气转炉、平炉及电炉冶炼。为保证钢的非时效性，采用铝脱氧或铝补充脱氧。各牌号中又常加入适量的稀土元素，以改善钢的内在质量。

《焊接气瓶用钢板和钢带》（GB 6653—2008）和《钢质焊接气瓶》（GB 5100—1994）对钢板的化学成分、力学性能和工艺性能作了具体规定。

《液化石油气钢瓶》（GB 5842—2006）对瓶体化学成分规定的范围是：C≤0.18%，Si≤0.10%，Mn=0.70%~1.50%，S≤0.020%，P≤0.025%，S+P≤0.040%。规定主体材料的屈强比不得大于 0.80。

工业用非重复充装钢瓶由冷轧薄钢带经深冲拉伸成直边高度很高的筒体与封头对接焊接而成。为了适应深冲工艺的需要，保证壳体的成形质量，要求材料有非常好的延性和韧性。目前国内适宜制造非重复充装焊接气瓶的薄钢带牌号是 SCl（08Al，GB/T 5213—2001）和 DC04（stl4、stl5，企标）等。这些材料的含碳量都很低，$C \leqslant 0.12\%$，冷轧后退火状态下规定非比例延伸强度 $R_{P0.2} \leqslant 210$ MPa，抗拉强度 $R_m = 270 \sim 350$ MPa，断后伸长率 $A \geqslant 38\%$。拉伸成形后的气瓶产品，$R_p \geqslant 390$ MPa，$R_m \geqslant 430$ MPa。

四、复合材料气瓶用材料

缠绕气瓶由内胆和纤维缠绕层组成。内胆有钢、铝合金和塑料三种，纤维有碳纤维、玻璃纤维和芳纶纤维三种。

我国近年来已研发试制成功缠绕气瓶，所用材料大多参照国外的一些标准的要求。

1. 缠绕气瓶钢胆材料

缠绕气瓶的钢胆一般选用优质铬钼无缝钢经收口制成。钢材应是电炉或氧气转炉冶炼的无时效性镇静钢。钢材的化学成分见表 3—5。

表 3—5　　　　缠绕气瓶钢胆材料的化学成分

元素	C	Si	Mn	Cr	Mo	S	P	S+P
成分	≤0.4%	0.17%~0.37%	0.40%~0.70%	0.80%~1.10%	0.15%~0.25%	≤0.020%	≤0.020%	≤0.030%

2. 缠绕气瓶铝合金内胆材料

缠绕气瓶内胆材料一般选用 6061 铝合金，其化学成分见表 3—6。

表 3—6　　　　　铝合金内胆材料化学成分

元素含量	Si	Fe	Cu	Mn	Mg	Cr	Zn	Ti	Pb	Bi	其他 单项	其他 总体	Al
最小	0.04%	—	0.15%	—	0.80%	0.04%	—	—	—	—	—	—	余量
最大	0.80%	0.70%	0.40%	0.15%	1.20%	0.35%	0.25%	0.15%	0.003%	0.003%	0.05%	0.15%	

3. 缠绕纤维材料

（1）聚丙烯腈（PAN）碳纤维。

材料抗拉强度不宜超过 5 171 MPa，弹性模量不超过 290 GPa，伸长率不小于 1%。

（2）玻璃纤维。

S 型玻璃纤维抗拉强度不小于 2 750 MPa，E 型玻璃纤维抗拉强度不小于 1 350 MPa。

五、焊接绝热气瓶材料

焊接绝热气瓶由内胆和外壳两部分组焊制成。由于内胆接触的介质温度极低（-196℃），因此，制作内胆的材料应采用低温钢。

低温钢的碳含量很低，因为碳强烈地影响钢的低温韧性，而镍则具有改善钢的低温韧性的功能。铬镍系的奥氏体不锈钢是理想的深冷用钢材料。

我国目前制造焊接绝热气瓶内胆材料的化学成分见表 3—7。其力学性能符合表 3—8 的规定。

表 3—7　　　焊接绝热气瓶内胆材料的化学成分

成分	C	Si	Mn	Ni	Cr	P	S
含量	≤0.07%	≤1.00%	≤2.00%	8.0~11.0%	17.0%~19.0%	≤0.035%	≤0.03%
允许偏差	±0.01	±0.05	±0.04	±0.10	±0.05	+0.005	±0.005

表 3—8　焊接绝热气瓶内胆材料的力学性能

抗拉强度 σ_b	规定非比例延伸强度 $\sigma_{0.2}$	断后伸长率 A
≥520 MPa	≥205 MPa	≥40%

焊接绝热气瓶的外壳温度并不是很低，材料可以用不锈钢，也可以用可焊性好的碳素结构钢。前者较为美观，抗锈蚀，但成本较高。后者价格低廉，但不抗锈蚀。

第二节　强　度　设　计

气瓶是一种承受内压的压力容器，一般由筒体、封头、封底组成。

从受力情况看，气瓶可以分为三部分：头部及其影响区、筒体、底部及其影响区。强度设计的任务是要正确确定每一部分的结构形状及其尺寸，保证在整个寿命周期内安全运行。对已经使用的气瓶。可利用应力分析及强度校验来评价气瓶的安全性能和估算气瓶的剩余寿命。图 3—1 给出凹形底气瓶结构及应力分布图。

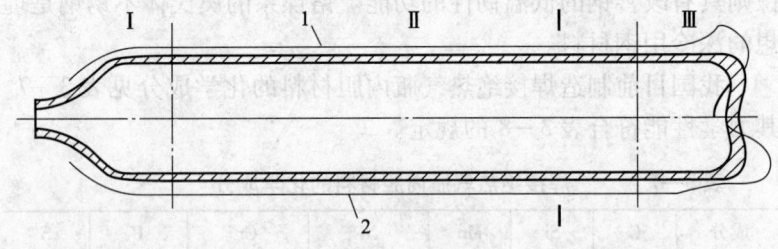

图 3—1　凹形底气瓶结构及应力分布图
1—内壁径向应力　2—外壁环向应力　Ⅰ—头部及其应力影响区
Ⅱ—筒体　Ⅲ—底部及其应力影响区

强度设计的基本原则是安全可靠、经济合理。

一、气瓶应力分析

气瓶的公称工作压力可达 30 MPa，属于高压容器。制造气瓶的材料一般选用强度较高的优质结构钢，所以其壁厚 δ 相对于半径 R_i 来说仍是很小的，一般 $\dfrac{R_i}{\delta} < \dfrac{1}{10}$，气瓶筒体部分是薄壁圆筒体，承压后的变形与气球充气时的情况相似，应力为张力，沿壳体厚度均匀分布，壳壁中没有弯矩和弯曲应力，应力状态简化为平面应力状态。相应的应力称为薄膜应力。筒体上轴向应力和环向应力分别为式（3—2）和式（3—3）。

$$\sigma_\phi = \frac{pD}{4\delta} \qquad (3—2)$$

$$\sigma_\theta = \frac{pD}{2\delta} \qquad (3—3)$$

式中　σ_ϕ——气瓶筒体环向应力，MPa；
　　　σ_θ——气瓶筒体轴向应力，MPa；
　　　p——气瓶内承受的压力，MPa；
　　　D——气瓶筒体直径，mm；
　　　δ——气瓶筒体壁厚，mm。

若令筒体外径与内径之比 $k = D_o/D_i$，则 $D = \dfrac{D_o + D_i}{2} = \dfrac{D_i(k+1)}{2}$，代入式（3—2）、式（3—3）整理后得：

$$\sigma_\phi = \frac{p(k+1)}{8(k-1)} \qquad (3—4)$$

$$\sigma_\theta = \frac{p(k+1)}{4(k-1)} \qquad (3—5)$$

[**例3—1**]　有一个气瓶，外径为219 mm，壁厚为7.0 mm，试计算压力为 15 MPa 时的应力。

解 气瓶环向应力：

$$\sigma_\theta = \frac{pD}{2\delta} = \frac{15 \times (219 - 2 \times 7)}{2 \times 7.0} = 219.6 \text{ MPa}$$

气瓶轴向应力：

$$\sigma_\phi = \frac{pD}{4\delta} = \frac{15 \times (219 - 2 \times 7)}{4 \times 7.0} = 109.8 \text{ MPa}$$

由于壁薄，忽略壳壁中弯矩和弯曲应力是近似计算，实际上只要存在壁厚，就存在弯矩和弯曲应力。圆筒应力的精确计算，可以应用通常所谓的厚壁圆筒公式计算，即式（3—6）、式（3—7）。

应力最大处在内壁：

$$\sigma_{ri} = -p$$

$$\sigma_{\theta i} = \frac{k^2 + 1}{k^2 - 1} p \quad (3—6)$$

$$\sigma_{\phi i} = \frac{1}{k^2 - 1} p$$

应力最小的点在外壁：

$$\sigma_{ro} = 0$$

$$\sigma_{\theta o} = \frac{2}{k^2 - 1} p \quad (3—7)$$

$$\sigma_{\phi o} = \frac{1}{k^2 - 1} p$$

二、气瓶筒体的壁厚计算

1. 按国内标准计算最小壁厚公式

我国气瓶国家标准采用中径薄膜公式计算最小壁厚。

（1）钢质无缝气瓶筒体设计最小壁厚。

《钢质无缝气瓶》（GB 5099—1994）规定筒体设计最小壁厚同时应满足式（3—8）、式（3—9）的要求，且不得小于1.5 mm。

$$\delta = \frac{p_h D_o}{2F\sigma_s + p_h} \tag{3—8}$$

$$\delta = \frac{D_o}{250} + 1 \tag{3—9}$$

式中 δ——钢瓶筒体设计壁厚,mm;
　　p_h——水压试验压力,MPa;
　　D_o——钢瓶筒体外径,mm;
　　σ_s——瓶体材料热处理后的屈服应力保证值,N/mm²;
　　F——设计应力系数。

设计应力系数 F 的取用规定为:对正火或正火后回火热处理的钢瓶设计,F 值取 0.82;对淬火后回火热处理的钢瓶设计,F 值取 0.77。

(2) 钢质焊接气瓶筒体设计最小壁厚计算。

《钢质焊接气瓶》(GB 5100—1994)规定筒体设计壁厚计算公式为:

$$\delta = \frac{p_h D_i}{\dfrac{2\sigma_s \phi}{1.3} + p_h} \tag{3—10}$$

式中 δ——瓶体设计壁厚,mm;
　　p_h——水压试验压力,MPa;
　　D_i——钢瓶内直径,mm;
　　σ_s——屈服应力或常温下材料屈服强度,MPa;
　　ϕ——焊缝系数,每条对接焊缝均进行100%射线透照检测,取 $\phi=1$;对于只有一条环焊缝的按生产顺序每50只抽取一只(不足50只时,也应抽取一只)进行焊缝全长的射线透照检测;对于有一条纵焊缝、两条环焊缝的钢瓶,每只钢瓶的纵、环焊缝均必须进行不少于该焊缝长度20%的射线透照检测,取 $\phi=0.9$。

瓶体设计壁厚 δ 应符合下列规定：

1) 当钢瓶内直径 $D_i < 250$ mm 时，不小于 2 mm。
2) 当钢瓶内直径 $D_i \geqslant 250$ mm 时，不小于按式（3—10）计算的厚度。

$$\delta = \frac{D_o}{250} + 1 \qquad (3—11)$$

《钢质无缝钢瓶》（GB 5099—1994）和《钢质焊接气瓶》（GB 5100—1994）所采用的壁厚计算公式共同之处都是采用中径薄膜公式，内压力都是采用气瓶的水压试验压力 p_h，标准也都规定水压试验压力为公称工作压力的 1.5 倍。不同之处是两公式在形式上不同：无缝钢瓶以气瓶外径 D_o 为计算基准，而焊接钢瓶则以气瓶内径 D_i 为基准进行计算。这是因为两种气瓶制造工艺不同，规格参数取用习惯各异。另外两公式中的许用应力的表达方式也不相同，无缝钢瓶的许用应力为设计应力系数与材料屈服强度的乘积，即 $[\sigma] = F\sigma_s$。焊接钢瓶的许用应力则为材料屈服强度的 1/1.3，即 $[\sigma] = \sigma_s/1.3$，对于调质处理的钢瓶（淬火＋回火），许用应力是相同的，但正火处理的无缝钢瓶，许用应力则要比焊接钢瓶稍大一些。

2. 按国际标准计算最小壁厚公式

国际标准计算最小壁厚公式采用第四强度理论推导出来的公式。

《可重复充装无缝钢瓶设计、结构和试验》（ISO 9809—2000）、《容积 150 ~ 3 000 L 可重复充装无缝钢瓶设计、结构和试验》（ISO 11120—1999）规定气瓶的制造壁厚不小于由式（3—12）计算所得的值。

$$\delta = \frac{D_o}{2}\left[1 - \sqrt{\frac{F\sigma_S - \sqrt{3}p_h}{F\sigma_S}}\right] \qquad (3—12)$$

式中　F——设计应力系数。

壁厚计算所依据的内压力也是气瓶的水压试验压力 p_h，且取水压试验压力为工作压力的 1.5 倍。公式中的许用应力等于设计应力系数与材料屈服强度的乘积，即 $[\sigma] = F\sigma_s$。但设计应力系数 F 按不同的热处理方式选取不同的数值：

（1）ISO 9809—1（第一部分，抗拉强度低于 1 100 MPa 的淬火加回火钢瓶）规定设计应力系数 $F \leqslant \dfrac{0.65}{\sigma_s/\sigma_g}$ 或 $F \leqslant 0.85$。与 ISO 11120—1999 规定的设计应力 F 相同。

（2）ISO 9809—2（第二部分，抗拉强度大于等于 1 100 MPa 的淬火加回火钢瓶）规定设计应力系数 $F \leqslant \dfrac{0.65}{\sigma_s/\sigma_g}$ 或 $F \leqslant 0.77$。

（3）ISO 9809—3（第三部分，正火处理的钢瓶）规定的设计应力系数 $F \leqslant 0.85$。

3. 按美国联邦规范计算最小壁厚公式

美国联邦规范计算最小壁厚公式采用第二强度理论推导出来的公式。

美国联邦规范《3AA 和 3AAX 无缝钢瓶规范》49CFR §178.37 中规定按其选用的公式计算出气瓶在实验压力下器壁所产生的应力不超过其限定值 [对工作压力 $\geqslant$ 9 000 psi（约 62 MPa）的钢瓶，不超过材料抗拉强度的 67%，且不大于 70 000 psi（约 482 MPa）]。规范采用的应力计算公式为：

$$\sigma = \dfrac{p_h(1.3 D_o^2 + 0.4 D_i^2)}{D_o^2 - D_i^2} \qquad (3\text{—}13)$$

式中　p_h——水压试验压力，MPa；

　　　D_o、D_i——气瓶外径、内径，mm；

　　　σ——器壁计算应力。

可以将式（3—13）改写成气瓶壁厚计算公式（3—14）。

$$\delta = \frac{D_o}{2}\left[1 - \sqrt{\frac{[\sigma] - 1.3p_h}{[\sigma] + 0.4p_h}}\right] \quad (3\text{—}14)$$

式中 $[\sigma] \leqslant 67\%\sigma_b$，且 $[\sigma] \leqslant 70\,000$ psi（约 482 MPa）。

壁厚计算所依据的内压力仍然是水压实验压力，但规范中规定水压实验压力为气瓶工作压力的 5/3 倍。

我国《汽车用压缩天然气钢瓶》（GB 17258—1998）采用公式（3—14）计算气瓶壁厚，式中的水压试验压力 p_h 规定为公称工作压力的 5/3 倍，$[\sigma] = \sigma_s/1.33$，σ_s 为材料的屈服极限。

[例 3—2] 工作压力 p 为 20 MPa 的钢质无缝气瓶，用外径 D_o 为 245 mm 的铬钼钢钢管制造，材料经调质处理（淬火加回火）后的最小抗拉强度保证值 σ_{bw} 为 800 MPa，最小屈服强度 σ_s 为 680 MPa，试计算其承压所需壁厚。

解

（1）按《钢质无缝气瓶》（GB 5099—1994）计算

由式（3—8）可得承压所需最小壁厚：

$$\delta = \frac{p_h D_o}{2F\sigma_s + p_h} = \frac{1.5 \times 20 \times 245}{2 \times 0.77 \times 680 + 1.5 \times 20} = 7.0 \text{ mm}$$

（2）按国际标准 ISO 9809—1 计算

由式（3—12）可得承压所需最小壁厚：

$$\delta = \frac{D_o}{2}\left[1 - \sqrt{\frac{F\sigma_s - \sqrt{3}p_h}{F\sigma_s}}\right]$$

$$= \frac{245}{2} \times \left[1 - \sqrt{\frac{0.76 \times 680 - \sqrt{3} \times 20 \times 1.5}{0.76 \times 680}}\right] = 6.3 \text{ mm}$$

（3）按美国规范 49CFR 计算

由式（3—14）可得承压所需最小壁厚：

$$\delta = \frac{D_o}{2}\left(1 - \sqrt{\frac{[\sigma] - 1.3p_h}{[\sigma] + 0.4p_h}}\right)$$

$$= \frac{245}{2} \times \left(1 - \sqrt{\frac{800 \times 0.67 - 1.3 \times 20 \times \frac{5}{3}}{800 \times 0.67 + 0.4 \times 20 \times \frac{5}{3}}}\right) = 6.5 \text{ mm}$$

由此可见，三个标准/规范计算的气瓶最小壁厚基本相同，由 ISO 9809 标准中计算公式计算得到的壁厚较小，由我国标准出推出的公式计算得到的壁厚较厚些。

三、封头壁厚计算

1. 钢质无缝气瓶封头设计最小壁厚

《钢质无缝气瓶》（GB 5099—1994）规定封头设计最小壁厚公式为：

$$\delta = \frac{p_h D_o}{2F\sigma_s + p_h} \qquad (3—15)$$

式中 δ——钢瓶筒体设计壁厚，mm；

p_h——水压实验压力，MPa；

D_o——钢瓶筒体外径，mm；

σ_s——瓶体材料热处理后的屈服应力保证值，N/mm^2；

F——设计应力系数。

设计应力系数 F 的取用规定为：对正火或正火后回火热处理的钢瓶设计，F 值取 0.82；对淬火后回火热处理的钢瓶设计，F 值取 0.77。

2. 钢质焊接气瓶封头设计最小壁厚

《钢质焊接气瓶》（GB 5100—1994）规定封头设计壁厚计算公式为：

$$\delta = \frac{p_h D_i K}{\dfrac{2\sigma_s}{1.3} + p_h} \qquad (3—16)$$

式中 K——封头形状系数，对标准椭圆封头（$H_i = 0.25D_i$），$K=1$，其他封头由图 3—2 查出封头形状系数。

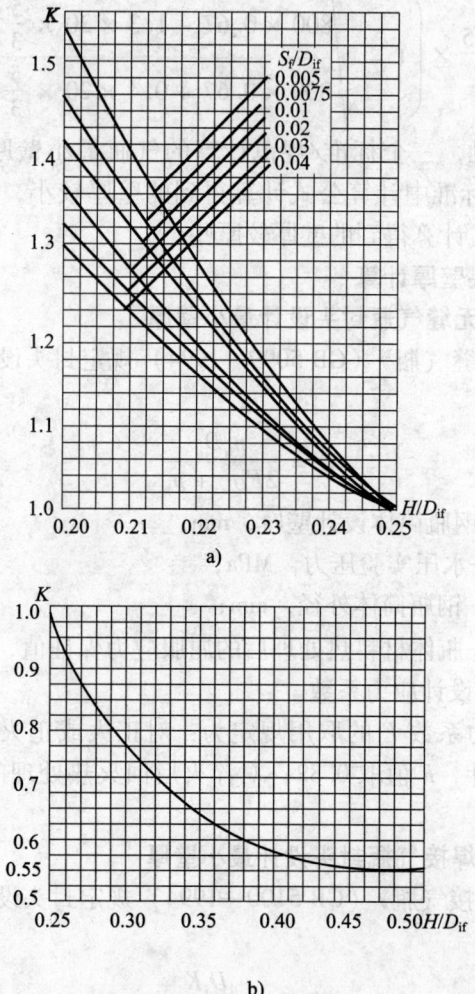

图 3—2 封头形状系数
a）适用于比值 H/D_{if} 为 0.20~0.25
b）适用于比值 H/D_{if} 为 0.25~0.50

第三节 气瓶制造及质量控制

一、钢质无缝气瓶制造及质量控制
1. 钢质无缝气瓶制造工艺

钢质无缝气瓶制造工艺主要有钢管成型法和钢锭成型法。钢管成型法的生产工艺流程框图如图3—3所示,钢锭成型法的生产工艺流程框图如图3—4所示。

2. 制造中常见的缺陷

(1) 底部漏。

冲拔拉伸气瓶出现底部漏的原因是由于钢坯中缩孔残余未切尽,在反挤压中未能熔合。管制气瓶出现底部漏的原因是由于钢管收底时,温度不够,或氧化皮夹在里面造成未熔合。

(2) 裂纹。

1) 外壁纵向裂纹。产生的原因为钢坯表面有深度不同的纵向裂纹,冲压后形成瓶体外壁裂纹。

2) 内壁纵向裂纹。产生的原因为钢坯内应力较大及夹杂物较多,引起钢坯切割面垂直于气割方向的裂纹,在冲压后形成瓶体内壁裂纹或底部裂纹。

3) 瓶口内部裂纹。收口温度不够,模板调整不合适,收口前壁厚太薄等。

(3) 厚度偏差太大。

产生的原因主要是钢坯外形尺寸不规矩,钢坯切割斜度大,加热温度不均,水压机导向偏差大等。

(4) 外表面缺陷。

1) 外形结疤。钢坯冲压前氧化皮未除净,冲压时,氧化皮碎渣黏附在瓶体表面,尤以下部为多,有的脱落成疤坑。

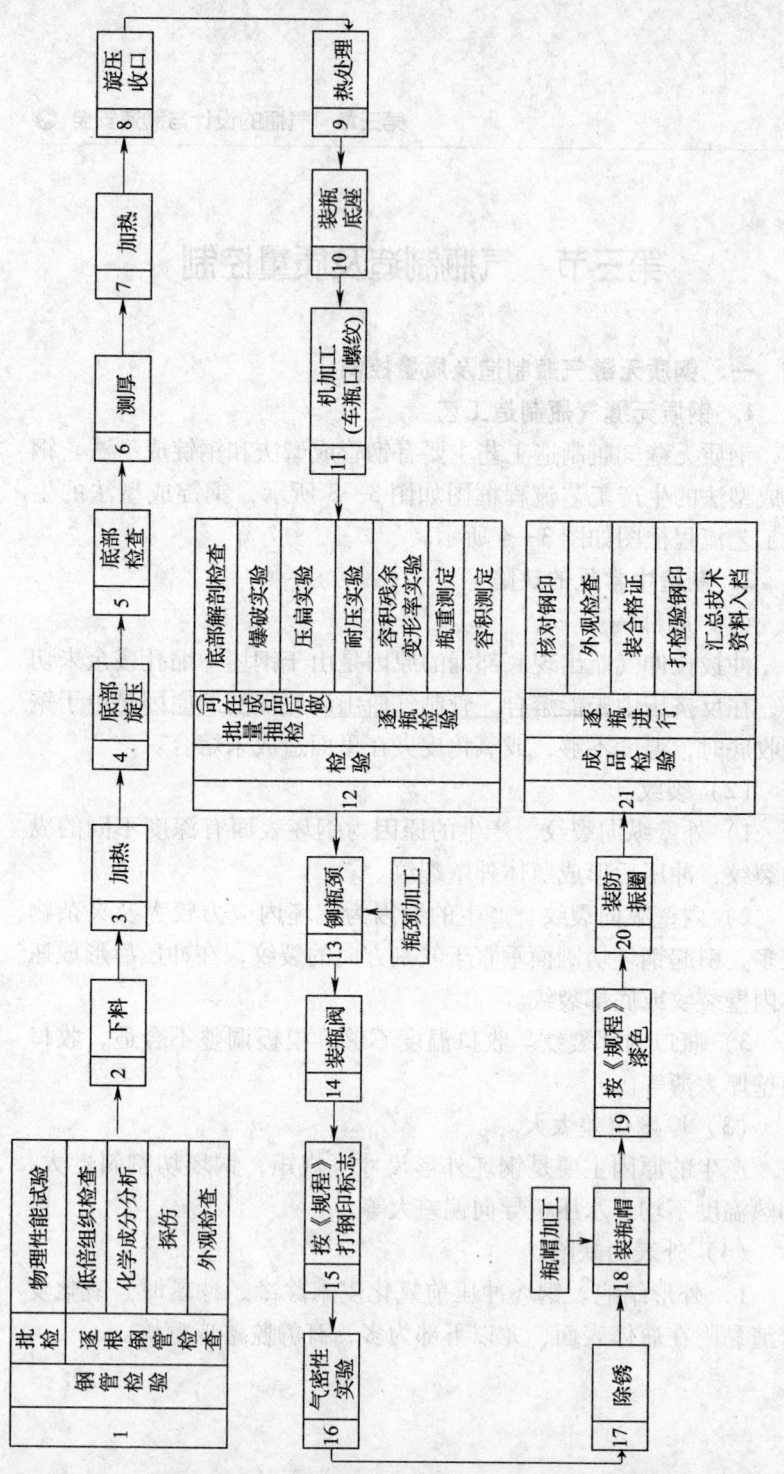

图 3—3 钢管成型法的生产工艺流程框图

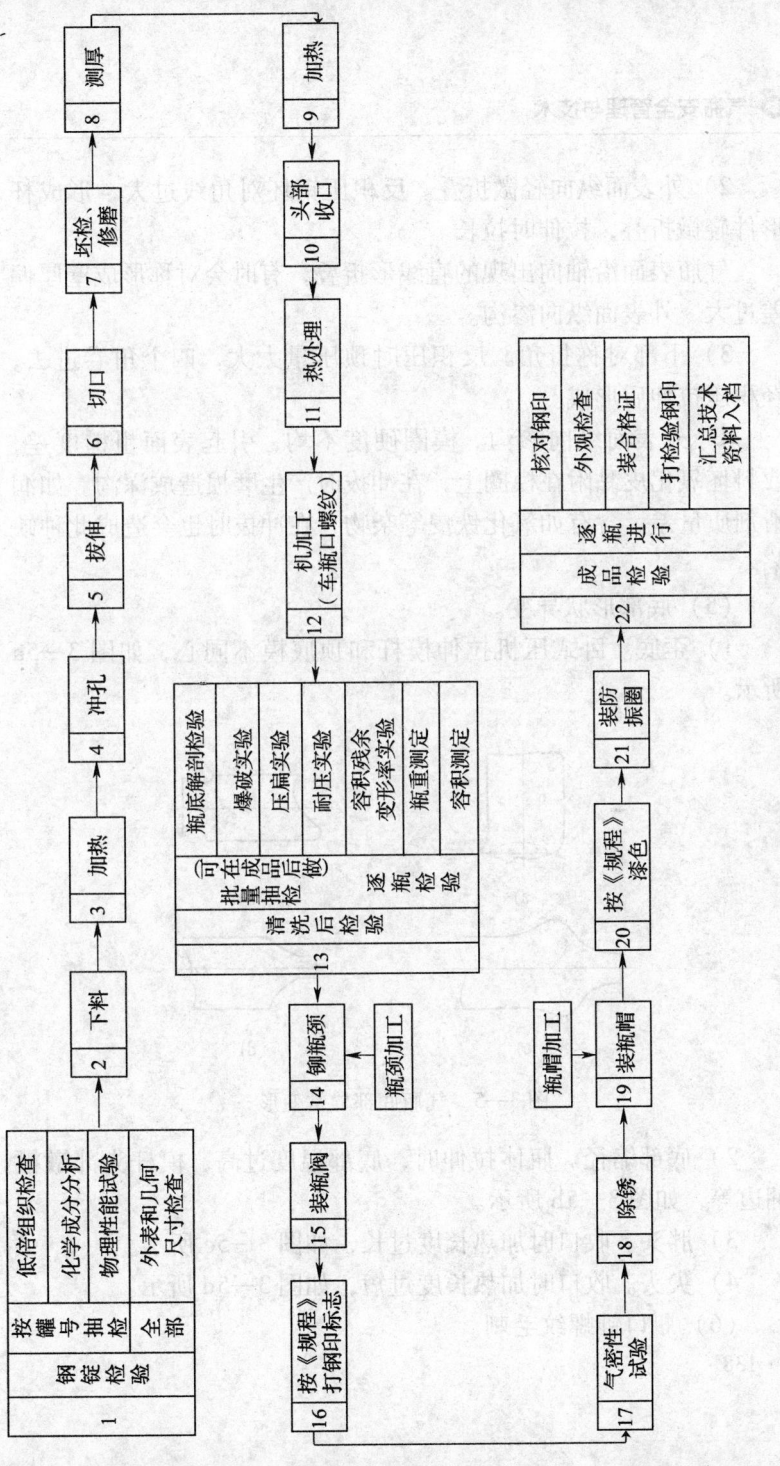

图 3—4　钢锭成型法的生产工艺流程框图

2）外表面纵向轻微折叠。反积压钢坯对角线过大，形成杯形件轻微折叠，拉伸时拉长。

气瓶表面沿轴向出现的直线形折叠，有时会对称形成壁厚偏差过大、外表面纵向渗沟。

3）下部对称折角。反积压时预压量太大，四个角卷进去，经积压拉伸后形成。

4）外表面纵向渗沟。模圈硬度不均，引起表面粗糙度差，或料坯氧化皮黏附在模圈上，在冲拔时产生磨损造成深沟。如润滑剂质量差，含有如氧化铁皮等杂物，在冲拔时也会造成此种缺陷。

（5）底部形状异变。

1）歪底。卧式压机拉伸模杆和顶底模不同心，如图3—5a所示。

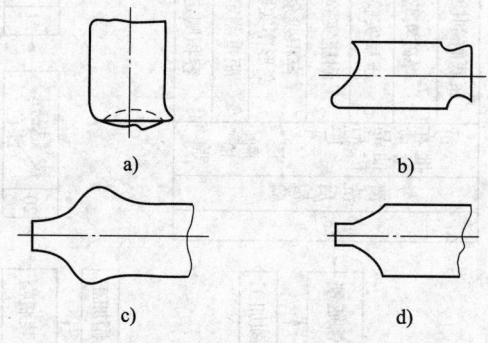

图3—5 气瓶底部异常变形

2）底部缩径。瓶体拉伸时，底部温度过高，模杆头部镦粗翻边等，如图3—5b所示。

3）胖头。收口时加热长度过长，如图3—5c所示。

4）尖头。收口时加热长度过短，如图3—5d所示。

（6）瓶口锥螺纹毛刺。

铣刀调整不适当引起尖牙或铣锥螺纹与铣锥孔不同心引起偏扣。

3. 质量控制

（1）内外表面检查。

1）筒体内、外表面应光滑圆整，不得有肉眼可见的裂纹、折叠、波浪、重皮、夹杂等影响强度的缺陷；对氧化皮脱落造成的局部圆滑凹陷和修磨后的轻微痕迹允许存在，但必须保证筒体的设计壁厚。

2）经挤压伸拔制成的瓶体，其凹形底深度应符合设计规定值，底部球壳和环壳的厚度均应符合设计要求。凹形底的环壳和筒体之间的过渡段与筒体的连接应圆滑过渡。

3）无缝钢管经收底制成的瓶坯，应进行工艺评定；瓶体底部内表面不应有肉眼可见的凹孔、皱褶、凸瘤和氧化皮；底部缺陷允许清除，但必须保证瓶底设计厚度；瓶底不允许作补焊处理。

4）瓶肩与筒体必须圆滑过渡，瓶肩上不允许存在沟痕。

（2）壁厚、底厚测定。

气瓶最小壁厚、底厚测定是主要质量检验项目。测厚的主要仪器为超声波测厚仪和 X 射线测厚仪。X 射线测厚仪可在钢瓶温度较高时测量壁厚，这样可以避免批量废品。

（3）颈圈、底座与瓶体装配质量检查。

颈圈、底座与瓶体要求不得歪斜、松动或带有毛刺，也不得因装配不当而损伤瓶体或螺纹。应逐只用锤子进行音响检查或用其他可靠方法检查颈圈、底座与瓶体装配部位，以验证其装配牢固度。

（4）瓶口内螺纹质量检查。

1）螺纹的牙型、尺寸和公差应符合规定，不允许有倒牙、平牙、牙双线、牙底平、牙尖、牙阔以及螺纹表面上的明显跳动波纹。

2）瓶口基面起有效螺距数，中容积瓶体不得少于 8 个螺距，小容积瓶体不得少于 7 个螺距。

3）瓶口螺纹基面位置的轴向变动量为 1.5 mm。

气瓶产品的瓶体及其内外表面质量（包括瓶口内螺纹）都必须逐只检验。

（5）裂纹检查。

气瓶裂纹缺陷和裂纹性缺陷通过无损探伤发现。无损探伤的方法主要有超声波探伤、磁粉探伤。

（6）力学性能检查。

气瓶应在型式试验和批量检验时，在成品中随机抽取样瓶，按有关标准的规定制取试样进行力学性能实验，包括拉伸实验、冲击实验、冷弯实验或压扁实验。

1）拉伸实验。拉伸实验测定数值应符合下列要求：

①试样的屈服强度及抗拉强度均应不小于钢瓶制造厂的热处理保证值。对盛装有应力腐蚀倾向气体的钢瓶，抗拉强度不应大于 880 MPa。

②热处理后的屈强比。对正火后回火处理的，不大于 0.80；淬火后回火处理的，不大于 0.92（但有应力腐蚀倾向的，则限定为不大于 0.90）。

③试样的断后伸长率 A。对正火或正火后回火处理的，不小于 16%；淬火后回火处理的铬钼钢瓶，不小于 14%。

2）冲击实验。按标准夏比 V 形缺口冲击试样测定的冲击吸收功 A_{kv} 对正火或正火后回火处理的钢瓶，3 个试样在 -20℃ 时的平均值（截面 5 mm × 10 mm）不小于 33 J/cm^2。对淬火后回火处理的铬钼钢瓶，3 个试样在 -50℃ 时的平均值（截面 5 mm × 10 mm）不小于 50 J/cm^2，单个试样最小值不小于 40 J/cm^2。

3）冷弯与压扁实验。

①冷弯实验应将试样绕弯心弯曲180°，在弯曲处无任何裂纹为合格。

②对正火或正火后回火处理的瓶体，其抗拉强度实测值超过保证值15%的，对淬火后回火处理的瓶体，其抗拉强度实测值超过保证值10%的，应以压扁实验代替冷弯实验。

③压扁实验应将瓶体压至一定的间距，压扁瓶体的侧边不出现任何裂纹为合格。

（7）金相组织与瓶底解剖。

1）瓶体热处理后的金相组织

①正火或正火后回火处理的瓶体，晶粒度应不小于6级（100倍），带状组织不大于3级，魏氏组织不大于2级。

②淬火后回火处理的瓶体，其组织体应呈回火索氏体。

③瓶体的脱碳层深度，外壁不得超过0.3 mm，内壁不得超过0.25 mm。

2）底部解剖经酸蚀后，试样断面上不得有肉眼可见的缩孔、气泡、未熔合、裂缝、夹杂物或白点，底部形状与尺寸应符合设计要求。

3）采用淬火后回火处理的瓶体，应逐只进行无损探伤，且不得有裂纹或裂纹性缺陷。

金相组织及底部解剖一般在型式试验和批量检验中抽查。

（8）压力实验。

气瓶的压力实验包括水压实验、气密性实验、水压爆破实验。

1）水压实验。水压实验是验证气瓶总体强度的实验，气瓶制成后应逐只进行水压实验。

水压实验压力为气瓶公称工作压力的1.5倍。无缝钢瓶应在水压实验同时测定容积剩余变形。气瓶在实验压力下保持压力1 min，压力表指针不回降，瓶体无泄漏或明显变形，测定的容积剩余变形率不大于3%,则气瓶水压实验合格。

水压实验的方法有内测法和外测法两种。

①内测法。将水直接压入瓶内,在所需的实验压力下,测出容积剩余变形和全变形,进而计算容积剩余变形率。

②外测法。将气瓶浸入盛有水的容器之中,密封后,测量在实验压力下,由于气瓶的膨胀而从水槽中排出的水量,即为气瓶容积的全变形。待卸压后,回水剩余量即为气瓶的容积剩余变形值。

2) 气密性实验。气瓶的气密性实验在水压实验合格后进行。气密性实验压力为气瓶公称工作压力。在气密性实验压力下,检查瓶体及其与附件的连接处不泄漏为合格(因装配不当而产生的泄漏,允许返修后重做实验)。

3) 水压爆破实验。在型式试验和批量检验中,气瓶产品都应在成品中随机任选样瓶进行水压爆破实验,实验结果应符合下列规定:

①实测爆破压力不得小于式(3—17)的计算值:

$$p_b = \frac{2\sigma_b \delta}{D_o - \delta} \times C \qquad (3—17)$$

式中 p_b——实测爆破压力,MPa,实测爆破压力 p_b 还应大于等于气瓶水压试验压力 p_h 的1.7倍,即 $p_b \geq 1.7 p_h$;

D_o——气瓶外直径,mm;

δ——气瓶设计壁厚,mm;

σ_b——瓶体材料热处理后的抗拉强度保证值,MPa;

C——修正系数,对正火或正火后回火处理气瓶,$C=1$,对淬火后回火处理气瓶,$C=1.05$。

②实测气瓶屈服压力 p_y 与爆破压力 p_b 的比值,应与瓶体材料实测屈服强度 σ_s 与抗拉强度 σ_b 的比值相近。

③瓶体爆破后无碎片,突破口必须在筒体上。瓶体破口形状与尺寸应符合图3—6的规定。

第三章 气瓶的设计与制造安全

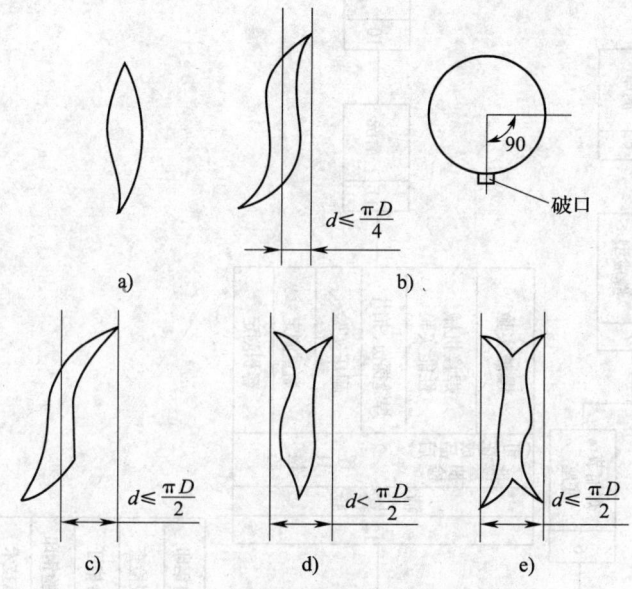

图3—6 水压爆破实验瓶体破口形状与尺寸

④瓶体主破口应为塑性断裂，即断口边缘有明显的剪切唇；断口上不得有明显的金属缺陷；破口裂缝不得引申超过瓶肩高度的20%。

二、钢质焊接气瓶制造及质量控制

1. 钢质焊接气瓶制造工艺

钢质焊接气瓶制造工艺流程框图如图3—7所示。

2. 制造中常见的缺陷

（1）焊接缺陷。

1）裂纹。裂纹分类如下：

①按其在焊缝处产生部位的不同可分为纵向裂纹、横向裂纹、根部裂纹、弧坑裂纹、热影响区裂纹等。

②按其产生于不同的温度和时间还可分为热裂纹、冷裂纹（延迟裂纹）、再热裂纹等。

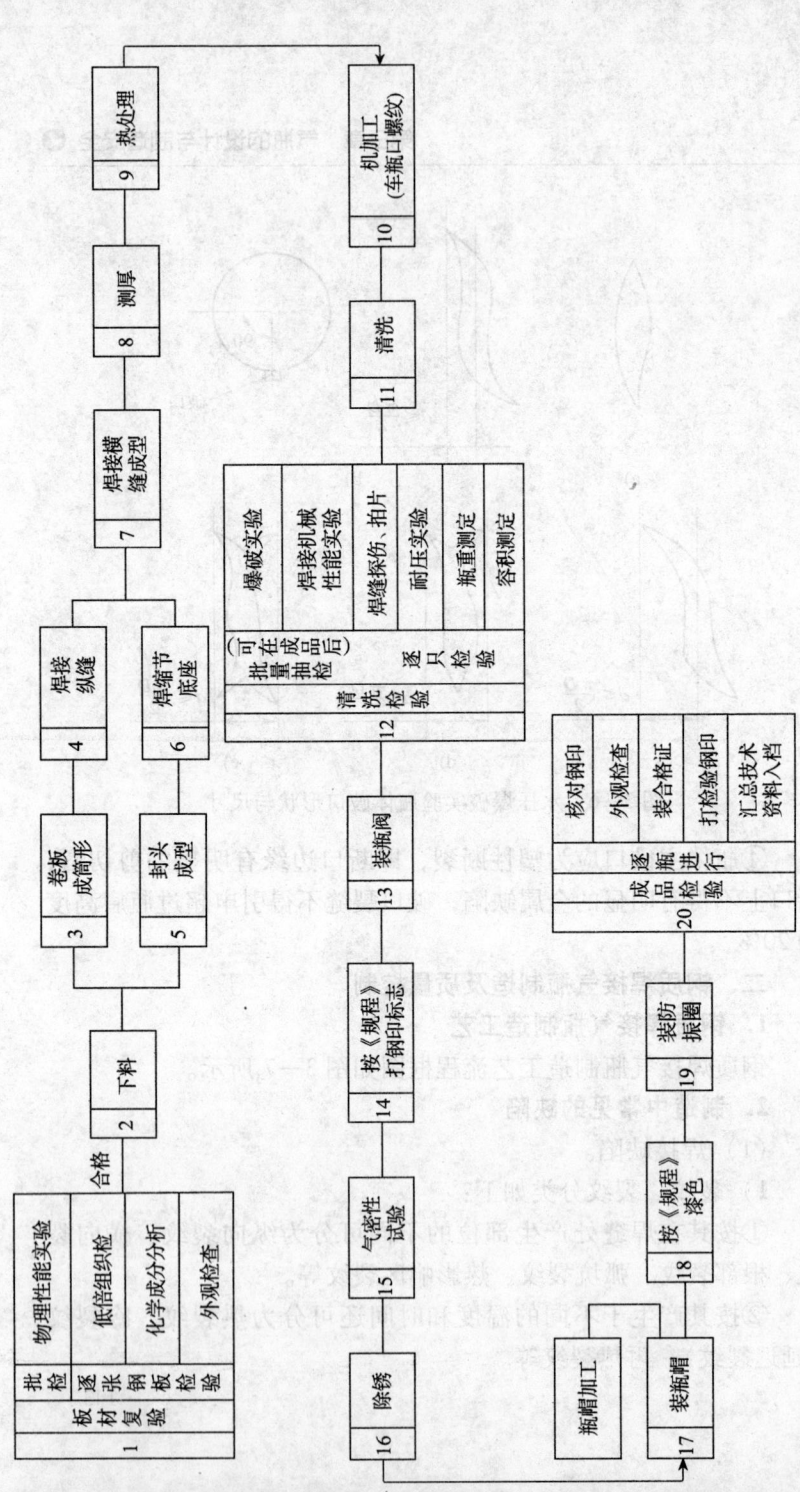

图 3—7 钢质焊接气瓶制造工艺流程框图

热裂纹——一般是沿晶间开裂的,故又称晶间裂纹。当裂纹贯穿表面与空气相通时,沿热裂纹折断的断口表面呈氧化色彩(如蓝灰色等)。有的焊缝表面热裂纹中充满熔渣。

产生的原因是焊接熔池在结晶过程中存在着偏析现象,偏析出的物质多为低熔点共晶和杂质,往往最后结晶凝固,而凝固以后的强度也极低。在冷却凝固中,焊缝收缩变形受到周围金属的限制,焊缝受到拉伸应力足够大时,会将液态间层拉开或在其凝固不久拉断它,形成裂纹。此外,如果母材的晶界上也存在低熔点共晶和杂质,会形成热影响区的热裂纹。

冷裂纹——焊接接头在 A3 以下温度冷却过程中或冷却至室温后所产生的裂纹,通常是在焊接接头冷却至 300℃ 以下温度时产生的裂纹。

冷裂纹可以在焊接后立即出现,有些也可以延至几小时、几天、几周甚至更长时间才发生,称为延迟裂纹。由于延迟产生,有可能漏检,因而更具有危险性。

冷裂纹一般无分枝,为穿晶型裂纹。

形成冷裂纹的三个基本条件是焊接接头形成淬硬组织,扩散氢的存在和富集,较大的焊接拉伸应力。这三者之中任何一个因素都可能成为导致裂纹的主要因素,但又离不开其余两个因素。

再热裂纹——指一些含有钒、铬、钼、硼等合金元素的低合金高强度钢、耐热钢,经受一次焊接热循环后,在再次经受加热的过程中(如消除应力退火,多层多道焊接及高温下工作等)产生的裂纹,也称消除应力裂纹,经常发生在 500℃ 以上的再加热过程中。

再热裂纹产生于焊接热影响区的粗晶区,具有晶界断裂的性质,多发生于应力集中部位。

2) 未焊透和未熔合。

①未焊透。待焊两部分母材之间未被电弧热熔化而留下的空

隙。未焊透常发生在单面焊根部和双面焊中部。

产生的原因是接头的坡口角度小,间隙过大或钝边过大,双面焊时背面清根不彻底,焊接功率过小或焊接速度过快等。

②未熔合。焊缝金属与母材之间及各层焊缝金属之间彼此没有完全熔合在一起的现象。

产生的原因是焊接能量过小,焊条、焊丝或焊炬火焰偏于坡口一侧,或电焊条偏心使电弧偏于一侧,母材或前一层焊缝未充分熔化就被填充金属覆盖,母材坡口或前一层焊缝表面有锈或污物,焊接时由于温度不够,未能将其熔化而盖上填充金属等。

3) 夹渣。夹渣是指夹杂在焊缝中的非金属杂质。

产生的原因是坡口角度过小,焊接电流过小,熔渣黏度过大等,使熔渣浮不到熔池表面而引起夹渣,焊条药皮在焊接时成块脱落未被熔化;多层多道焊时,每道焊缝的熔渣未清除干净,气焊时火焰能量不够,焊前工件清理不好,采用氧化火焰,或没有将熔渣拨出等。

4) 气孔。气孔是焊接熔池结晶时,在焊缝中形成的孔洞。

气孔根据产生的部位不同可分为外部气孔和内部气孔,根据气孔形状不同可分为圆形气孔、椭圆形气孔和条形气孔,根据气孔分布情况又可分为单个气孔、连续气孔和密集气孔。

产生的根本原因是由于金属在高温液态时一方面溶解了较多的气体(如氧、氮),另一方面进行冶金反应时产生了相当多的气体(如一氧化碳、水蒸气)。随着温度的降低和结晶过程的发展,这些气体都有从金属中逸出的趋势,并逸出相当部分。但由于焊缝冷却得很快,来不及逸出的气体就使焊缝形成气孔,其中主要是氢气孔和一氧化碳气孔。

导致焊接过程中产生大量气体的因素如下:

①焊接材料方面。焊条或焊剂受潮,未按规定要求烘干,焊条药皮变质脱落,或因烘干温度过高而使药皮某些成分变质失

效,焊条芯锈蚀,焊丝清理不干净或焊剂中混入污物等。

②焊接工艺方面。手工电弧焊时电流过大烧红焊条芯而使保护失效,低氢型焊条焊接时电弧过长;埋弧焊时电弧电压过高,网路电压波动太大,钨极氩弧焊时氩气纯度低,保护不良;气焊时火焰成分不对,焊炬摆动过大过快,焊丝填加不均匀等。

5)表面缺陷。

①咬边。焊缝边缘母材上受电弧烧熔形成的凹槽称为咬边,咬边主要是焊接电流太大和操作时运条不当造成的。

②弧坑和擦伤。弧坑是指焊缝收尾处产生的下陷。弧坑产生的原因是熄弧时间过短或薄板焊接时使用电流过大。

③焊缝尺寸不符合要求,焊缝长度或宽度不够,焊波宽窄不齐,表面高低不平,焊脚两边不均或过高等,都属于焊缝尺寸不符合要求。形成这些缺陷的原因是焊接坡口角度不当或装配间隙不均匀,焊接规范选择不当,操作不当等。

(2)加工成形与组装缺陷。

加工成形与组装中产生的缺陷主要是几何形状不符合要求,包括表面凹凸不平、截面不圆(见图3—8)、接缝错边(见图3—9)和对接接缝角变形(见图3—10和图3—11)等缺陷。

在加工成形和组装中除上述几何形状缺陷外,还可能有因封头的相对深度过大而造成壁厚过分减薄,因强行组装对口而产生较大的内应力等非表面形状上的缺陷。

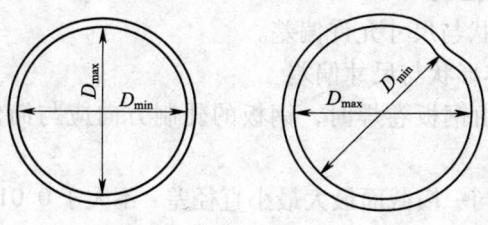

图3—8 筒体截面不圆

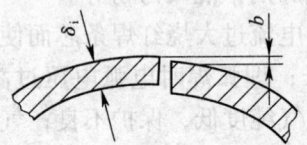 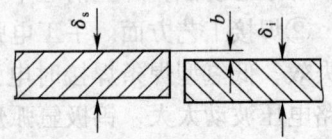

图 3—9　焊接接头接缝错边

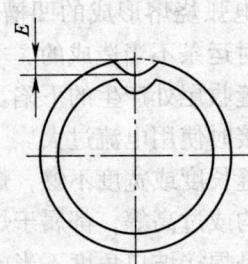 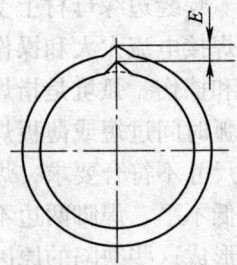

图 3—10　焊接接头环向形成的棱角

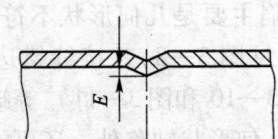 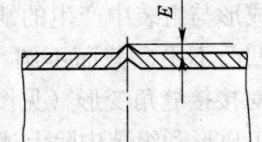

图 3—11　焊接接头轴向形成的棱角

3. 质量控制

（1）形状与尺寸允许偏差。

1）筒体形状与尺寸偏差

①筒体由钢板卷焊时，钢板的轧制方向应与筒体的环向一致。

②筒体同一横截面最大最小直径差 e 不大于 $0.01D$。

③筒体纵焊缝对口错边量 b 不大于 $0.1\delta_n$（见图 3—12）。

第三章 气瓶的设计与制造安全

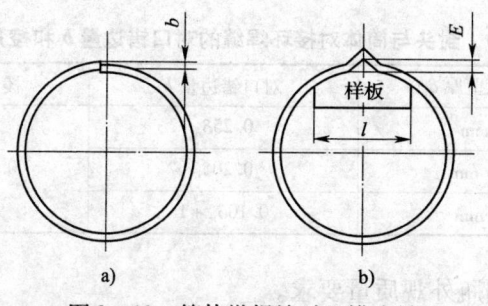

图3—12 筒体纵焊缝对口错边量

④筒体纵焊缝棱角高度 E 不大于 $0.1\delta + 2$ mm（见图3—13）。

⑤由两部分组对的钢瓶，圆筒形部分的直线度应不大于其长度的0.2%。

2）封头形状与尺寸偏差

①气瓶封头必须用整块钢板压制成型，不得拼焊。

②封头实测壁厚不小于封头设计壁厚与腐蚀量之和。

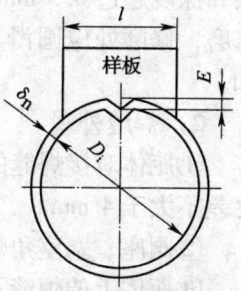

图3—13 筒体纵焊缝棱角高度 E

③封头直边部分的纵向皱褶深度不大于封头外径的0.25%，且不大于1.5 mm。

④封头形状与尺寸偏差不超过表3—9的规定。

⑤封头与筒体对接环焊缝的对口错边量 b 和棱角高度 E 不超过表3—10的规定。

表3—9 封头形状与尺寸偏差　　　　　mm

公称直径 D	圆周长公差 $\pi\Delta D_i$	最大最小直径差 e	表面凹凸量 c	曲面与样板间隙 a	内高公差 ΔH_i
<400	±4	2	1	2	+5 −3
400~700	±6	3	2	3	
>700	±9	4	2	4	

表3—10 封头与筒体对接环焊缝的对口错边量 b 和棱角高度 E

瓶体名义壁厚 δ_n	对口错边量 b	棱角高度 E
<6 mm	$0.25\delta_n$	$0.10\delta_n + 2$
6~10 mm	$0.20\delta_n$	
>10 mm	$0.10\delta_n + 1$	

（2）钢瓶外观质量要求。

1）表面质量。钢瓶外表面应光滑，不得有裂纹、重皮、夹杂和深度超过 0.5 mm 的凹坑、划伤、腐蚀等缺陷。否则应进行修磨，修磨处应圆滑，其壁厚不得小于设计壁厚与腐蚀余量之和。

2）焊缝外观

①瓶体对接焊缝的余高为 0~3.5 mm，同一焊缝最宽最窄处之差不大于 4 mm。

②阀座、塞座角焊缝的几何形状应圆滑过渡至母材表面。

③瓶体上的焊缝不允许咬边，焊缝和热影响区表面不得有裂纹、气孔、弧坑、凹陷和不规则的突变，焊缝两侧的飞溅物必须清除干净。

（3）力学性能实验。

钢质焊接气瓶应按批抽样进行力学性能实验。对公称容积小于或等于 150 L 的钢瓶，随机任选样瓶制作试件；对公称容积大于 150 L 的钢瓶，可按批制备产品焊接试板进行力学性能实验。在钢瓶瓶体上取样试验时，由两部分组成的钢瓶，在封头顶部和圆筒部分各取一件试件进行拉伸试验，并在垂直于环焊缝部位取 3 个试件，一个做拉伸试验，另两个分别做纵、横向面弯曲和横向背弯（曲）实验。由三部分组成的钢瓶，除上述实验外，还需加圆筒纵焊缝的拉伸、横向面弯和背弯实验。

用产品焊接试板上取样实验时，应在垂直于焊缝方向部位取样:2件做拉伸实验,2件做弯曲实验,3件做冲击实验。

力学性能测试结果应符合下列规定:

1)拉伸与弯曲实验

①钢瓶瓶体母材的实测抗拉强度 σ_b 不得小于母材标准规定值的下限,断层伸长率 A 不小于表3—11 的规定。

表3—11　　　母材抗拉强度与伸长率

瓶体名义壁厚 δ_n/mm	实测抗拉强度 σ_b/MPa	
	≤490	>490
	伸长率 A/%	
<3	22	15
≥3	29	20

②焊接接头试样无论什么位置发生断裂,其实测抗拉强度 σ_b 均不得小于母材标准规定值的下限。

③焊接接头实验弯曲至100℃时无裂纹(试样边缘的先期开裂可以不计)。

2)冲击实验

①母材和焊接接头试样冲击试验测定结果(3个试样的算术平均值)应符合《钢质焊接气瓶》(GB 5100—1994)规定,允许其中一个实验比规定的合格数值低1/6。

②名义壁厚 $S \geqslant 6$ mm,且在-20℃以下的环境温度使用的钢瓶,若在使用温度下,按钢瓶内压力计算的一次薄膜应力大于常温下材料标准屈服强度的1/6,则瓶体材料应做-40℃下的夏比V形缺口冲击实验,其冲击吸收功 A_{kv} 应符合《钢质焊接气瓶》(GB 5100—1994)的规定。

3)压力实验

①水压实验。气瓶应逐只进行水压实验。水压实验应在热处理后进行。水压实验压力为气瓶公称压力的1.5倍。气瓶在水压

实验压力下保压 3~5 min，对瓶体、焊缝、附件连接接头等处进行检查。钢瓶不得有宏观变形、渗漏、压力表指针回降等现象。

②气密性实验。钢瓶气密性实验在水压实验合格后进行。低压液化气钢瓶的气密性实验压力为公称工作压力，溶解乙炔气瓶的气密性实验压力为 3 MPa。在实验压力下保压 1~3 min，钢瓶不得有泄漏现象。

③水压爆破实验。对于公称容积不大于 150 L 的钢质焊接气瓶，应按制造批次随机抽取试样进行水压爆破实验，实验结果应符合下列规定：

a. 实测爆破压力应不小于式（3—18）计算值：

$$p_b = \frac{2\sigma_b \delta_n}{D_o - \delta_n} \tag{3—18}$$

b. 钢瓶破裂时的容积变形率（钢瓶容积增加量与实验前钢瓶实际容积之比）应符合《钢质焊接气瓶》（GB 5100—1994）的规定要求。

c. 钢瓶破裂不产生碎片，爆破口不发生在封头上（只有一条环焊缝、$L \leq 2D_o$ 的钢瓶除外）、纵焊缝及其熔合线上、环焊缝上（垂直于环焊缝除外）。

d. 钢瓶的爆破口为塑性断口，即断口上有明显的剪切唇，但没有明显的金属缺陷。

第四章 气瓶的充装安全

第一节 永久气体气瓶的充装

一、充装工艺

1. 中、低压气体气瓶充装工艺流程

中、低压气体经升压器升压后进入充气汇流排。在汇流排上有多个带有阀门的支管分别与多个气瓶相连接。为了拆装方便,接管多采用高压软管,接头多采用快装接头。为连续生产,一般都设两组汇流排,切换使用。如图4—1所示。

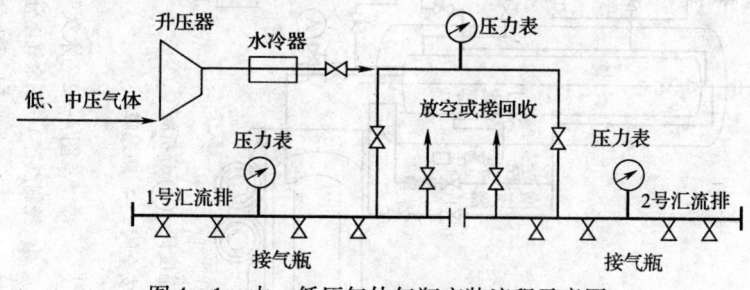

图4—1 中、低压气体气瓶充装流程示意图

2. 低温液态永久气体气瓶充装流程

目前最常见的永久气体低温液体加压汽化充装流程如图4—2所示。其工艺为大型制氧机生产出的永久气体低温液体,由低温液体槽车送至气体充装站,由低温泵进行加压,汽化器汽化后充入气瓶。

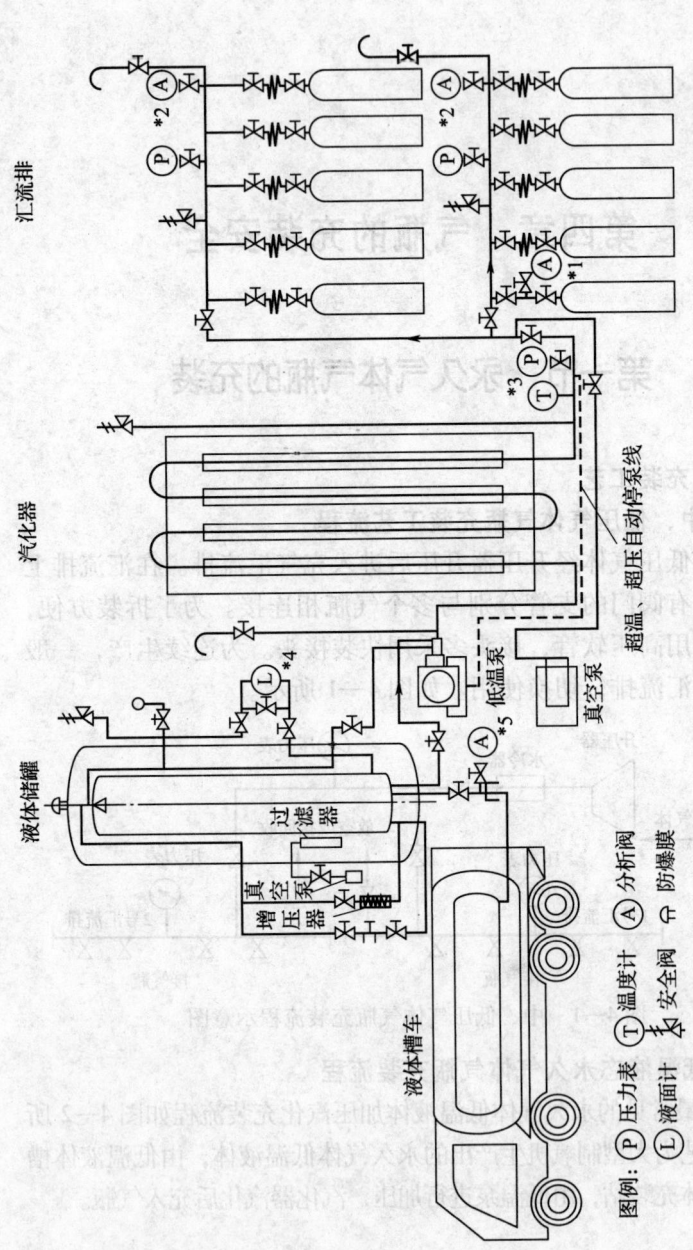

图 4—2 永久气体低温液化加压汽化充装流程

控制点：*1—调余气体分析 *2—成品分析 *3—温度压力控制点
*4—液面控制点 *5—米料质量分析点

在工艺过程中进行以下五方面控制:
(1) 气瓶剩余气体分析。

目的是防止错装和保证产品质量,充装站应配备气体检验仪器,且每班应进行仪器的可靠性检验。

(2) 成品分析。

(3) 汽化器出口温度、压力控制。

目的是防止气瓶超压和低温气体(甚至液体)进入气瓶;超过设定的温度、压力,应自动停泵;充装站应考核低温泵排液量、汽化器换热面积及气瓶充装量的匹配情况。

(4) 低温储槽液面控制。

控制低温储槽液面不可过低,低到一定液面要充液,充液时液面高度要控制,使充入总的液体体积不得超过储罐总容积的95%。

(5) 低温液体槽车来料质量分析。

二、永久气体气瓶充装安全操作与检查

1. 永久气体气瓶安全充装操作与检查流程

永久气体气瓶安全充装操作与检查流程如图4—3所示。

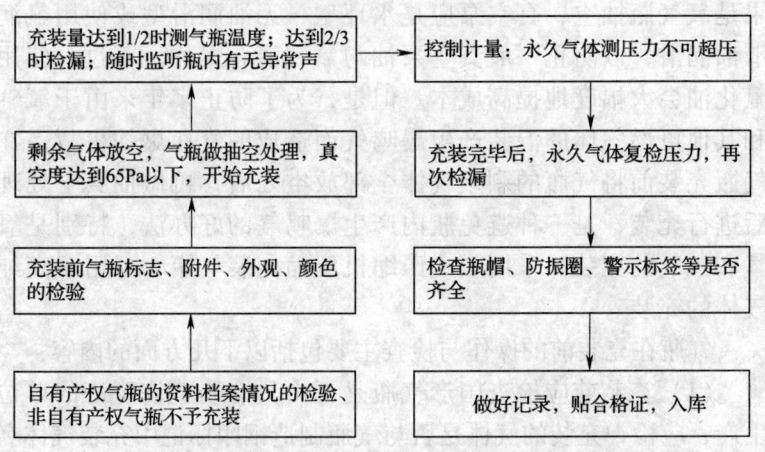

图4—3 永久气体气瓶安全充装操作与检查流程

2. 气瓶充装前的操作与检查

气瓶在充装之前，必须由专人负责逐只进行气瓶检查，消除隐患，这是为了防止气瓶在充装过程中或在运输、储存、使用中，由于混装、错装、换装、误用报废瓶或超期服役瓶等原因而发生各种事故。

充装前对气瓶不进行检查，或虽经检查，但检查人员由于技术不熟练或操作不当看不出问题而漏检，导致充装时的恶性事故常有出现。例如，1999年3月7日，常州某厂在充装氧气结束，关瓶阀时，2只氧气瓶同时发生爆炸，充装站厂房被完全摧毁，死亡1人，轻伤2人，直接经济损失约25万元。经鉴定，该次爆炸系气瓶充装中用1只装有氢气的气瓶去充装氧气，而充装前，对气瓶检查不力，未能发现，造成氢、氧混合，至少有2只氧气瓶内形成了爆鸣性气体，关瓶阀时的摩擦能量点燃了爆鸣性气体而导致2只氧气瓶发生爆炸。

另外，为了保证生产安全和产品质量，在气瓶充装前对全部气瓶进行抽空，此法也多用于医用氧和高纯气体的生产。如果是氧气瓶抽空，真空泵应是水环型、无油润滑型或使用氟润滑油润滑，以防止一般真空泵油与氧气混合爆炸。不过，使用氟化油会大幅度地提高成本。但是，为了防止多年来由于氧气和其他可燃气体的混装产生爆鸣气而造成的气瓶爆炸事故，在气瓶充装前将气瓶的剩余气体全部放空之后，再做抽真空处理后进行充装，是一种避免瓶内产生爆鸣气的好办法，特别是氧气和氢气的充装。采用膜式压缩机压缩充装气瓶，可用于高纯气体的充装。

气瓶在充装前的操作与检查主要包括以下几方面的内容：

（1）充装前应检查国产气瓶是否由具有制造许可证的单位生产，应检查充装的气体是否与气瓶制造钢印标记中充装气体名称或化学分子式一致，气瓶是否是本充装站的产权，在本充装站中是否有该气瓶的档案。

(2) 进口气瓶是否经安全监察机构的批准。要求在境内充装的进口气瓶以及外国飞机、火车、轮船上使用的气瓶,是否经安全监察机构认可和检验机构进行检验。

(3) 氧气瓶剩余气体要进行检验,剩余气体是否与充装气体相同;无剩余压力的要拆下瓶阀,检查瓶内是否有油,如有油要进行内部检查及脱脂。

(4) 检查是否有改装、水压过期、超期服役(超过30年)的气瓶。

(5) 检查螺纹,可燃气瓶阀出口螺纹是反扣,氧气及不燃气体瓶阀出口螺纹是正扣。

(6) 检查防错装接头是否灵活好用。

(7) 气瓶外表的颜色、标记(包括字样、字色、色环)等是否与所装气体的规定标记相符(按《气瓶颜色标记的规定》GB 7144—1999 的要求进行)。

(8) 气瓶外壁有无裂纹、严重腐蚀、鼓包等明显变形或其他表面损伤缺陷。

(9) 气瓶上的安全附件(包括瓶帽、防振圈、护罩、易熔塞等)是否齐全、可靠。

3. 气瓶充装中的操作与检查

(1) 准备装瓶的各种气体,除应符合相应的气体质量标准外,更应注意安全方面的要求,要特别注意防止含有与所装气体起化学反应的杂质混入。以下气体禁止装瓶:

1) 氧气中的乙炔、乙烯及氢气的总含量达到或超过 2%(体积分数,下同)或易燃性气体的总含量达到或超过 4% 者。

2) 氢气中的氧气含量达到或超过 0.5% 者,或氧气中氢气含量达到或超过 0.5% 者。

3) 其他易燃气体中的氧气含量达到或超过 4% 者。

（2）气瓶充装到 7.5 MPa 时要试触气瓶温度，检查各瓶是否都进气；充装 10 MPa 时要检查瓶阀螺纹、瓶阀阀杆密封处及瓶阀出口处是否漏气。

（3）气瓶的充气速度不得大于 8 m^3/h（标准状态气体），每个气瓶的充装时间不可低于 30 min。

（4）气瓶充装系统用的压力表必须经检验合格，在检验的有限期内，压力表的精度不得低于 1.5 级，表盘直径不小于 150 mm。

（5）用卡子代替螺纹连接进行充装时，必须认真而仔细地检查确认瓶阀出气口的螺纹与所装气体所规定的螺纹型式是否相符。

（6）开启瓶阀时应缓慢操作，并应注意监听瓶内有无异常声响。

（7）在充装易燃气体的操作过程中，禁止用扳手等金属器具敲击瓶阀或管道。

（8）在瓶内气体压力达到充装压力的 1/3 以前，应逐只检查气瓶的瓶体温度是否大体一致，瓶阀的密封是否良好，发现异常时应及时妥善处理。

（9）用充气排管按瓶组充装气瓶时，在瓶组压力达到充装压力的 10% 以后，禁止再插入空瓶进行充装。

（10）气瓶的充装压力（充装结束时的压力）必须在《永久气体气瓶充装规定》（GB 14194—2006）所规定的范围内。

4. 气瓶充装后的操作与检查

充装后的气瓶应由专人负责进行逐只检查。不符合要求时，应进行妥善处理，检查内容如下：

（1）瓶内压力是否在规定范围内。

（2）瓶阀及其与瓶口螺纹连接的密封是否良好。

（3）气瓶充装后是否出现鼓包、变形或泄漏等严重缺陷。

(4) 瓶体的温度是否有异常升高的迹象。

(5) 气瓶的瓶帽、防振圈、充装标签和警示标签是否完整。

5. 气瓶充装记录

(1) 充装单位应由专人负责填写气瓶充装记录，记录的内容至少应包括充气日期、瓶号、室温（或储气罐气体实测温度）、充装压力、充装人、充装起止时间、有无发现异常情况等。

(2) 充装单位应负责妥善保管气瓶充装记录，保存时间不应少于2年。

三、低温液化永久气体的安全充装

1. 低温液化永久气体充装

低温液化永久气体储罐在初次充装前（内筒是常温），应与相关单位保持联系，服从指挥，深冷液化永久气体气瓶出厂时，瓶内要封入压力为19.6 kPa并经过洗涤、干燥的氮气。所以，新瓶在充装液化永久气体时，要先开启气体流量控制阀放出氮气。排尽罐内气体，接好充装软管，检查各安全阀、压力表、液面计等是否处于安全、完好的工作状态。在低温液化永久气体加压汽化充瓶装置中，要调节低温泵液体的排量，应使每瓶气的充装时间不得小于30 min，汽化器的出口温度不低于0℃。

(1) 充装时应正确使用液面计。使用方法为先关闭上下阀，打开平衡阀，之后先打开上阀再打开下阀，最后关闭平衡阀，各阀开关还应缓慢，以免冲坏液面计。

(2) 初次充装的储罐内筒降温。初次充装的储罐，因内筒温度较高，必须先降温，所以操作时应最大限度地打开放空阀，控制进液流量，使内筒压力不升高。适当打开上进液阀，关闭下进液阀，使液体从罐顶喷淋落下，使内筒平稳降温，不损坏焊缝。

(3) 正常充装操作。降温至压力不再上升时，开始正常充装。全开上进液阀,控制放空阀开启度,控制内筒压力,同时也应防止放空阀开启过大,造成浪费。溢流口出现液体或充液已达总容积的95%时,应立即停止充装。

（4）停止充装操作。停止充装时,关闭进液阀,之后关闭放空阀,快速打开管道接头,排尽软管内残液,以防止管内残液汽化增压引起爆炸。

（5）注意事项。

1）低温液化永久气体储罐因停用一段时间后再使用,需要进行干燥置换处理,使用干燥氮气进行置换吹除,以排除罐内的湿气。干燥氮气最好来自液氮汽化。为使低温液体储罐进入液体后能正常工作,置换干燥时应使储罐的每一个角落、每一条管线都置换吹除,吹除出口的气体露点应在 -45℃以下,之后还应充气 0.2 MPa 保压待用。

2）严禁超压工作。如发现储罐压力上升异常,应立即检查增压阀门是否关紧或罐体是否大面积"出汗"。

3）液氧罐的操作人员严禁使用带油脂的工具和防护用品,严禁使用产生火花的工具。液氧罐周围液氧汽化波及区域或 5 m 之内不得有可燃物。操作人员的衣物若已渗入了氧气,严禁明火。人与衣物在大气中吹除 15~20 min 后方可恢复工作。

4）所有阀门应缓慢启闭,不得猛开猛关,阀门不得关得太紧,以免损坏阀芯。如有阀门冻结,严禁用加力工具强行启闭,严禁用明火融化,应用温水化开后再行操作。

5）操作人员应佩戴宽松的防护皮革或石棉橡胶手套、护目镜或面罩,裤腿要套在皮靴的外面,不得穿带钉的鞋,衣着不得沾油脂,不得穿着能产生静电的工作服。

6）液氧罐的操作人员,要随时监测环境空气中含氧不得大于23%,防止发生火灾。

7）操作人员接触液体冻伤时,切勿干加热,应及时将受伤的部位放入 40~50℃ 温水中浸泡，严重者到医院治疗。

8）低温液态永久气体汽化后的气瓶充装过程中，低温液体汽化器不得有严重结冰现象，汽化器气体出口至汇流排管道温度不可低于 0℃，若出现上述现象应及时妥善处理。

9）低温液化永久气体储罐给低温液化永久气体槽车或低温液化永久气体槽车给低温液化永久气体储罐放液的操作如下：

①接好软管，检查放液方的压力、液位情况。

②打开放液方增压阀（或泵）增压。如接液方压力过高可打开放空阀泄压。

③在确认软管连接操作无误后，微开放液方下出液阀，打开接液方上进液阀，开始排液。

④随时检查放液方与接液方的压力与液面的变化，并保证双方的压差。

⑤当接液方进液达 90% 时，接液方关闭上进液阀，打开下进液阀。放液方关小下出液阀，使接液方的压力稳定。

⑥当接（进）液达 95% 及双方压力平衡时，关闭放液方增压阀，同时关闭双方进出阀门。

⑦快速打开连接软管，放空排尽软管内残液，以防止管内残液快速汽化增压引起爆炸。

⑧接液方压力超过 200 kPa 时，应放慢放液速度，开启放空阀。

⑨放液全过程中，双方操作人员应不离现场进行监护，残液及冷气不得洒或吹在地衡上。

2. 低温液化永久气体的危害与预防

（1）预防低温伤害。

气瓶内的液体能够迅速冷冻人体组织并且使许多材料如碳钢、塑料和橡胶变脆，甚至失去强度；绝热不好的气瓶和管路中的液体能冷凝周围的空气成为液体；极冷的液体（He、H_2、

Ne）甚至能够直接固化周围的空气。因此，绝对不允许没有防护的身体的任何部位与储存深冷液体的不绝热的管子接触。当从事可能与深冷液体相接触的任何工作时，必须戴绝热手套、安全镜，裤腿应留在工作鞋的外面。如果有可能产生喷溅，应戴上面具或化学护目镜。如果意外地出现皮肤和眼睛冻伤，在等待医生时，不要揉擦冻伤部位，最好将身体处于 40~60℃ 的温室或温水浴盆中。不要迅速加温，当加温时可用镇静剂减轻痛苦。

（2）预防低温液化永久气体引起的火灾。

在液氧操作中，阀门的开启与关闭要缓慢地进行，突然开闭氧流会使该系统内任何污染物着火。被溅上液氧的衣服应立即脱掉，且至少吹风 1 h，在液氧储存或操作区域应严禁吸烟，并应有"严禁吸烟"的醒目标志。

在可燃的液态气体储存或操作区域内，不许吸烟或有明火存在，工作服应防静电。

（3）预防低温液化永久气体窒息。

除了液氧以外，所有的液体蒸气都可以使人窒息。大多数深冷液体是无色无味的（液氧为微蓝），如果没有仪器的话，一般是察觉不了这些蒸气的，特别是一氧化碳气体，既有毒性又具有可燃性。所以，使用者必须确保自己处于良好的通风环境中。

四、低温液化永久气体充装参数的确定

1. 气瓶的最高使用温度和许用压力

我国《气瓶安全监督规程》规定，国内使用的气瓶使用温度为 -40~60℃。

根据我国《钢质无缝气瓶》（GB 5099—1994）的规定，国产永久气体气瓶的许用压力为其水压实验压力的 0.8 倍，而《气瓶安全监察规程》规定，气瓶水压实验压力为公称工作压力的 1.5 倍，按此推算永久气体气瓶的最高充装压力即为公称工作压力的 1.2 倍。

2. 气瓶充装温度的确定

气瓶的充装温度是指气瓶充装结束时瓶内气体的实际温度,它是与充装压力相对应的。这一随时间变化的温度值一般是难以用简单的方法测得的。《永久气体气瓶充装规定》(GB 14194—2006)中规定:"取充气车间的环境室温加上充气温差(指在测温实验时实际测定得出的气体充装温度与室温之差)作为气瓶的充装温度,充气温差应在规定的充气速度下由实验测定"。

国内有些充装单位曾采用过这样的方法:在控制一定的充装速度的条件下,取气体储罐(指压气机出口,紧靠充装处的气体储罐或储气瓶)内的气体实测温度为气瓶充装温度。

3. 气瓶充装压力的确定

常用永久气体气瓶的最高充装压力见表4—1。

表4—1　　常用永久气体气瓶的最高充装压力

气体名称	充装温度/℃	在不同公称工作压力(MPa)下气瓶的最高充装压力/MPa	
		15 MPa	20 MPa
氧气 O_2	5	14.0	18.2
	10	14.3	18.7
	15	14.7	19.2
	20	15.1	19.8
	25	15.4	20.3
	30	15.8	20.8
	35	16.1	21.3
	40	16.5	21.8
	45	16.9	22.4
	50	17.2	22.9

续表

气体名称	充装温度/℃	在不同公称工作压力（MPa）下气瓶的最高充装压力/MPa	
		15 MPa	20 MPa
空气	5	14.1	18.5
	10	14.4	19.0
	15	14.8	19.5
	20	15.2	20.0
	25	15.5	20.5
	30	15.8	21.0
	35	16.1	21.5
	40	16.4	22.0
	45	16.7	22.5
	50	17.0	23.0
氮气 N_2	5	14.1	18.6
	10	14.5	19.0
	15	14.8	19.5
	20	15.2	19.9
	25	15.5	20.5
	30	15.9	21.0
	35	16.2	21.5
	40	16.5	21.9
	45	16.9	22.4
	50	17.2	22.9

续表

气体名称	充装温度/℃	在不同公称工作压力（MPa）下气瓶的最高充装压力/MPa	
		15 MPa	20 MPa
氢气 H_2	5	14.7	19.7
	10	15.0	20.1
	15	15.3	20.4
	20	15.6	20.8
	25	15.9	21.2
	30	16.2	21.6
	35	16.5	22.0
	40	16.8	22.4
	45	17.1	22.8
	50	17.4	23.2
甲烷 CH_4	5	12.9	16.5
	10	13.3	17.2
	15	13.8	17.8
	20	14.2	18.5
	25	14.7	19.2
	30	15.2	19.9
	35	15.6	20.5
	40	16.0	21.2
	45	16.5	21.8
	50	17.0	22.5

续表

气体名称	充装温度/℃	在不同公称工作压力（MPa）下气瓶的最高充装压力/MPa	
		15 MPa	20 MPa
一氧化碳 CO	5	14.0	18.3
	10	14.3	18.9
	15	14.7	19.4
	20	15.0	19.9
	25	15.4	20.4
	30	15.7	20.8
	35	16.1	21.3
	40	16.4	21.8
	45	16.8	22.3
	50	17.2	22.8
氩气 Ar	5	14.0	18.3
	10	14.4	18.8
	15	14.8	19.4
	20	15.1	19.9
	25	15.5	20.4
	30	15.8	20.9
	35	16.2	21.4
	40	16.5	21.9
	45	16.9	22.4
	50	17.2	22.8

表4—1虽然给出了几种气体的最高充装压力，但只限于几种不同的充装温度和两种公称工作压力下的气瓶，如果需要确定的是其他类型的气瓶在其他充装温度下酌充装压力，则可以按真

实气体方程求得。

由于真实气体的压力、温度与容积的关系遵循真实气体状态方程，因此，如果将充了气的气瓶由于温度及压力的变化而引起的容积的改变忽略不计，即令 $V_0 = V$。根据实际气体方程：

$$\frac{p_0 V_0}{z_0 T_0} = \frac{pV}{zT}$$

则可以得到计算气瓶的充装压力：

$$P \leqslant \frac{P_0 T Z}{T_0 Z_0} \quad\quad (4\text{—}1)$$

式中　P——气瓶的充装压力，MPa（绝对）；

　　　T——气瓶的充装温度，K；

　　　Z——在 P、T 条件下的气体的压缩系数；

　　　P_0——气瓶的许用压力，MPa（绝对）；

　　　T_0——气瓶的最高使用温度，333 K；

　　　Z_0——在 P_0、T_0 条件下的气体的压缩系数。

第二节　液化气体气瓶的充装

一、液化气体气瓶充装工艺流程

液化气体气瓶充装方法比较多，常见的方法有用泵充装、加压或真空吸入充装、利用静压差充装、利用生产过程的压力充装、利用气井压力直接充装、压缩机充装、利用压缩空气充装、汽化法充装等。液化气体气瓶用泵充装流程示意图如图 4—4 所示，与充装永久气体不同的是计量采用计重（质量）法，其原因是液化气体的气瓶安全事故主要出自于气瓶的超装，所以在液化气体气瓶充装时应保证每瓶一个衡器，每瓶一记录，每瓶不超装，充装过量的部分应放出。

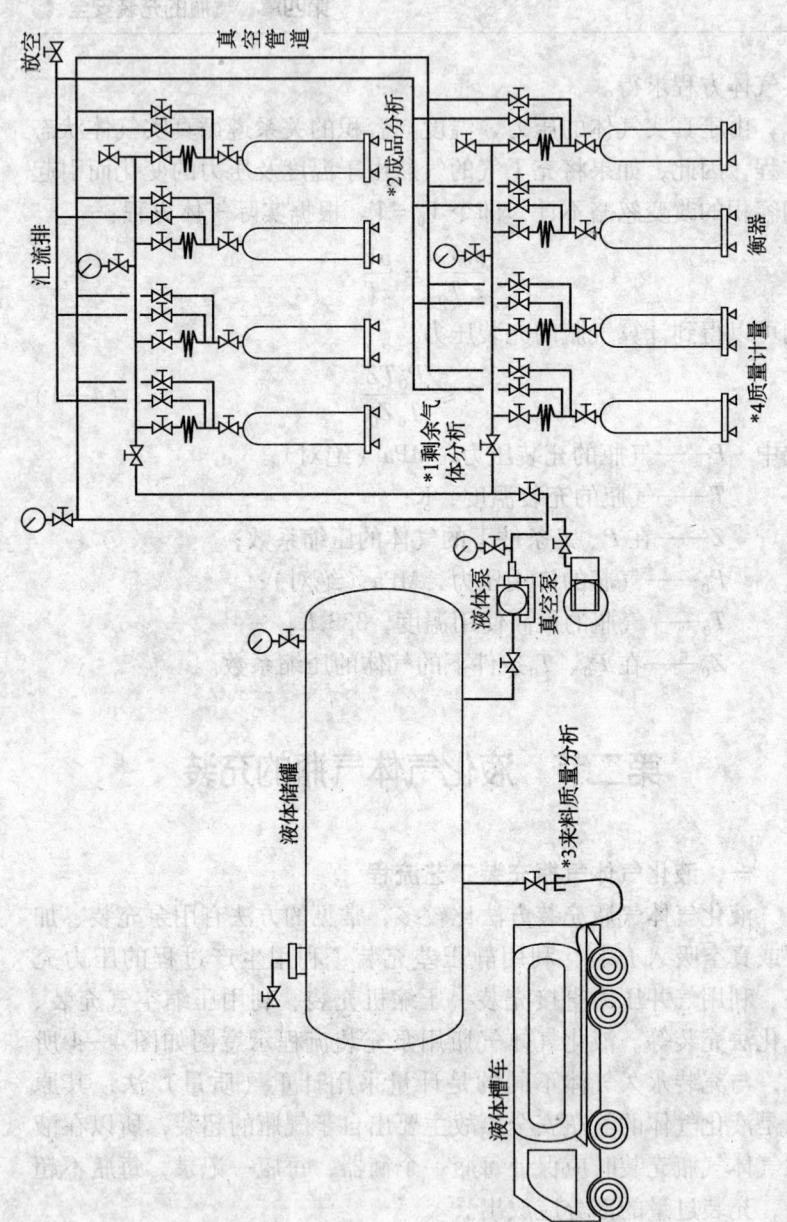

图 4—4 液化气体气瓶用泵充装流程示意图

在充装工艺过程中进行以下四方面的控制：
（1）剩余气体分析。
（2）成品分析。
（3）来料质量分析。
（4）衡器质量计量。

充装液化气体计量应有初检和复检，初检和复检的衡器应分开使用，衡器的最大称量值、精度、校验周期应符合要求。大瓶充装，达到最大充装量时，衡器与气源应设置联锁停气装置。新瓶和水压实验后的气瓶应做抽真空处理。

二、液化气体气瓶的充装安全操作与检查

1. 液化气体气瓶的充装安全

液化气体气瓶由于充装不当而发生的爆炸事故，情况则稍复杂一些。高压液化气体气瓶或低压液化气体气瓶也有可能像永久气体气瓶那样发生化学性爆炸，但最为普遍的是低压液化气体气瓶因充装过程而发生的物理性爆炸。

（1）低压液化气体气瓶超装爆炸。

低压液化气体的临界温度高于气瓶的最高工作温度（$t=60℃$），所以，低压液化气体在充装、储存、运输和使用过程中都不会发生相变。只要充装适量，低压液化气体不会发生爆炸。低压液化气体瓶内是气液相共存，两者之间有着明显的界面，液相是饱和液体，气相是饱和蒸气。低压液化气体气瓶爆炸的原因是低压液化气体液相的体积膨胀系数一般都很大（是水的几倍到十几倍），而且在充装时的充装温度都较低，在这种情况下充装气瓶，如果操作失误，就容易充入比标准规定多的液化气体。充装时，瓶内还有少量的气相空间，但充装后受到周围环境温度的影响，瓶内介质不断吸热，升温，体积就急剧膨胀，瓶内的容积很快就会被液体所充满。"满液"后的气瓶，如果继续受热升温，液体体积还要继续膨胀，但它受到气

瓶容积的限制，这样只能使液体压缩，不过液体的压缩系数是很小的，这就容易使瓶内压力急剧升高（以液氯为例，温度每升高1℃，压力可升高1 MPa），一旦压力升至气瓶的材料屈服强度压力之后，气瓶就产生较大的变形，此时瓶内压力上升的速率才得到缓解，如果气瓶的塑性储备较高而且瓶内介质的温度也升高不多，气瓶最多也只是发生变形，而不会造成爆炸。但是如果气瓶的塑性变形储备不足，或者温度仍大幅度升高，使瓶内压力继续升高，以致超过气瓶的最高承受能力，气瓶将会发生爆炸。各种低压液化气体的液态体积膨胀系数和压缩系数的数值是不一样的，而且即使是同一个介质，在不同的温度下，膨胀系数和压缩系数也不一样。

如果不考虑气瓶本身由于温度和压力的升高而产生的容积增长量，则在液化气体气瓶满液以后，温度升高1℃，压力就得增大1~2 MPa，这样，温度不用升高几度，气瓶就会达到屈服极限的变形，甚至爆炸。

2001年9月8日，辽宁省锦州布锦泰公司库房内一只直径为800 mm的液氨瓶发生爆炸。气瓶破裂后腾空飞起，冲破房顶后飞上天空，之后向下坠落，砸破房屋屋顶降在距原地48 m处，直接经济损失约10万元。事后查明，爆炸气瓶为常州飞机制造厂生产，1998年7月出厂，设计、材料资料齐全，合格，可以排除由于气瓶制造质量低劣而造成事故的可能。气瓶充装是集中充装，统一计量。7只气瓶共充装液氨3 240 kg，每只气瓶平均实际充装量为463 kg。气瓶容积为800 L，按规定液氨的充装系数为0.53 kg/L，最大充装量应为$800 \times 0.53 = 424$ kg。由于爆炸气瓶实际充液氨量为多少已无法查考，仅对同时充装而又未使用的两只气瓶核实其充装量，结果表明：其中一只实际充装量为480 kg（毛重930 kg，自重450 kg），另一只气瓶实际充装量为525 kg（毛重970 kg，自重445 kg），分别超装了13.2%和

23.8%。又据查,气瓶充装日当地的平均气温为-9.5℃,爆炸日事故地的平均气温为7.1℃,即经过约一个月的储存后,环境温度升高了16.6℃,从种种迹象可以判定,气瓶是过量充装而引起超压爆炸的。

(2) 高压液化气体超装造成气瓶爆炸。

高压液化气体与低压液化气体在气瓶破裂时的爆炸结果不是完全一样的,能量释放也大有差别。高压液化气体气瓶爆炸,一般都是温度较高,瓶内液体已完全汽化,即介质只以单一的气相存在时发生。因为在这种情况下,瓶内压力最高。以单一气相存在的高压液化气体在气瓶破裂时(即降压膨胀这一过程时),气体由气瓶破裂前的压力降至大气压的简单膨胀过程,可以认为没有热量的传递,即气体的膨胀是在绝热状态下进行的。

(3) 气瓶过量充装的常见原因。

1) 灌装不计量,盲目充装。

2) 充量计量不准或失灵。液化气体气瓶充装过量,也可能是由于充装的计量器具(如磅秤)不灵而造成的。例如,有的磅秤长期没经过校验,有的使用的磅秤不符合规定;又如有的单位用的衡器,其最大的称量值是气瓶充液量的十多倍,甚至几十倍,其允许误差就足以使气瓶过量充装。

3) 计量方法错误。个别的一些充装单位用储罐减量法(即根据气瓶的充装前后储罐存液量之差)来确定充装量。用这种计量方法可能因两方面的原因造成超装:①储罐较大,必须使用称量值很大的衡器,其允许偏差也就相当大;②这种减量法即使准确,也只是表明这次灌装的装入量,而对瓶内原有的残液并未计算在内,也就是等于气瓶超装了瓶内原有的残液量。

4) 气瓶无标记或标记不清。有的气瓶缺乏原始标志,或原始标志不合要求。例如，有些小瓶不在瓶上打上钢印标志，而是用不干胶纸写上标志贴在瓶上，也有的气瓶标志因为磨损、污垢等原因而造成标志模糊不清，这都可能因标志上的质量、容积、充装量等不清楚而造成超装。

2. 常用液化气体特性及其与金属材料的相容性

常用液化气体特性（可燃、毒及腐蚀）及其与气瓶金属材料（包括瓶体及瓶阀等附件）的相容性见表4—2。

表4—2　常用液化气体特性及其与金属材料的相容性

序号	气体名称	介质特性	高压/低压	与金属材料相容性
1	氨	可燃、毒、碱性腐蚀	低压	不能用铜及其合金制部件
2	氯	氧化性、毒、强腐蚀的刺激性	低压	不能用铝合金气瓶充装
3	溴化氢	不燃、毒、酸性腐蚀	低压	不能用铝合金气瓶充装
4	硫化氢	可燃、剧毒、酸性腐蚀	低压	
5	二氧化硫	不燃、毒、酸性腐蚀	低压	
6	四氧化二氮	强氧化剂、剧毒	低压	
7	碳酰二氯（光气）	不燃、剧毒、酸性腐蚀	低压	不能用铝合金气瓶充装
8	氟化氢	不燃、毒、酸性腐蚀	低压	不能用铝合金气瓶充装
9	丙烷	可燃、无毒气体	低压	
10	环丙烷	可燃、无毒气体	低压	
11	正丁烷	可燃、无毒气体	低压	
12	异丁烷	可燃、无毒气体	低压	
13	丙烯	可燃、无毒气体	低压	
14	异丁烯	可燃、无毒气体	低压	
15	1-丁烯	可燃、无毒气体	低压	
16	1,3-丁二烯	可燃、不稳定气体	低压	

第四章 气瓶的充装安全

续表

序号	气体名称	介质特性	高压/低压	与金属材料相容性
17	六氟丙烯	不燃、无毒气体	低压	
18	二氯二氟甲烷	不燃、无毒气体	低压	
19	二氯氟甲烷	不燃、无毒气体	低压	
20	二氟氯甲烷	不燃、无毒气体	低压	
21	二氯四氟乙烷	不燃、无毒气体	低压	
22	二氟氯乙烷	可燃、无毒气体	低压	
23	三氟乙烷	可燃、无毒气体	低压	
24	偏二氟乙烷	可燃、无毒气体	低压	
25	二氟溴氯甲烷	不燃、无毒气体	低压	
26	三氟氯乙烯	可燃、不稳定气体	低压	
27	氯甲烷	可燃、毒性气体	低压	不能用铝合金气瓶充装
28	氯乙烷	可燃、无毒气体	低压	
29	氯乙烯	可燃、不稳定、毒性气体	低压	
30	溴甲烷	可燃、剧毒性气体	低压	不能用铝合金气瓶充装
31	溴乙烯	可燃、不稳定、毒性气体	低压	
32	甲胺	可燃、毒、碱性腐蚀	低压	
33	二甲胺	可燃、毒、碱性腐蚀	低压	
34	三甲胺	可燃、毒、碱性腐蚀	低压	
35	乙胺	可燃、毒、碱性腐蚀	低压	
36	甲醚	可燃性气体	低压	
37	乙烯基甲醚	可燃、不稳定性气体	低压	
38	环氧乙烷	可燃、不稳定、毒性气体	低压	
39	氙	不燃、无毒气体	高压	
40	二氧化碳	不燃、窒息性气体	高压	
41	氧化亚氮	不燃、麻醉用气体	高压	
42	六氟化硫	不燃、无毒气体	高压	

续表

序号	气体名称	介质特性	高压/低压	与金属材料相容性
43	氯化氢	不燃、毒、酸性腐蚀	高压	阀门应用耐酸不锈钢制造
44	乙烷	可燃、无毒气体	高压	
45	乙烯	可燃、无毒气体	高压	
46	三氟氯甲烷	不燃、无毒气体	高压	
47	三氟甲烷	不燃、无毒气体	高压	
48	六氟乙烷	不燃、无毒气体	高压	
49	偏二氟乙烯	可燃、不稳定性气体	高压	
50	氟乙烯	可燃、不稳定性气体	高压	
51	三氟溴甲烷	不燃、无毒气体	高压	

3. 气瓶充装安全操作与检查

（1）液化气体气瓶安全充装操作与检查流程。

液化气体气瓶安全充装操作与检查流程如图4—5所示。

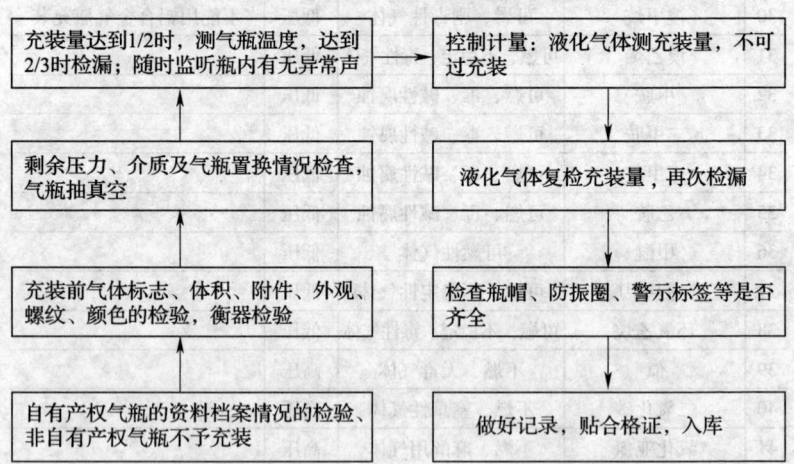

图4—5 液化气体气瓶充装操作与检查流程

(2) 气瓶充装前的检查。

1) 充装前应检查国产气瓶是否是由具有制造许可证的单位生产的；进口的气瓶是否是经安全监察机构批准的；应检查充装的气体是否与气瓶制造钢印标记中充装气体名称或化学分子式相一致。

2) 充装操作人员应熟悉所装介质的特性（可燃、毒及腐蚀）及其与瓶材料（包括瓶体及瓶阀等附件）的相容性，气瓶瓶体或附件材料与所装介质性质不相容的不可充装。

3) 气瓶是否在规定的检验期限内。

4) 确认气瓶的体积、充装系数及要充装的重量。

5) 经检查不合格（包括待处理）的气瓶应与合格气瓶隔离存放，并做出明显标记，防止相互混淆。

6) 新投入使用或经内部检查后首次充装的气瓶，充装前应按规定先置换瓶内的空气，并经分析合格后方可充装。

(3) 气瓶充装中的检查。

1) 开启瓶阀应缓缓操作，注意充装速度和充装压力，并应注意监听瓶内有无异常声响。

2) 充装操作过程中，禁止用扳手等金属器具敲击瓶阀或管道；充装易燃气体的操作过程中，应使用不产生火花的操作及检修工具。

3) 在充装过程中，应随时检查气瓶各处的密封状况，检查瓶壁温度是否正常，如发现异常及时处理。

4) 低压液化气体气瓶的许用压力小于所装介质在气瓶最高使用温度下饱和蒸气压的气瓶严禁充装（国内的低压液化气体气瓶的最高使用温度定为60℃）。

5) 充装称重衡器应保持准确，其最大称量值应为常用称量值的1.5~3.0倍。称重衡器按有关规定定期进行校验，每班应对衡器进行一次核定。称重衡器必须设有超装警报和自动切断气源的联锁装置。

6) 易燃液化气体中的氧含量超过下列规定时禁止充装:

①乙烯中氧含量为 2×10^{-2} (体积分数)。

②其他易燃气体中氧含量为 2×10^{-2} (体积分数)。

7) 液化石油气体的充装量不得大于所充气瓶型号中用数字表示的公称容量。其他液化气体的充装量不得大于气瓶的公称容积与充装系数的乘积。

8) 液化气体充装量必须精确计量,逐只检查核定,禁止用下列方法来确定充装量:

①气瓶集合充装,统一称重,均分计量,或一个汇流排中仅用一个衡器计量其中一瓶气体,其他气瓶参照此瓶计量数值计量。

②按气瓶充装前后实测的重量差计量。

③按气瓶充装前后储罐存液量之差计量。

④按气瓶容积装载率计量。

(4) 充装后的检查。

1) 充装量是否在规定范围内。

2) 瓶阀及其瓶口连接的密封是否良好。

3) 瓶体是否出现鼓包变形或泄漏等严重缺陷。

4) 瓶体的温度是否有异常升高的现象。

5) 气瓶是否粘贴符合国家标准《气瓶警示标签》(GB 16804—1997) 的警示标签和充装标签。

6) 液化气体的充装量必须精确计量严格控制,实行充装重量逐瓶复验制度,严禁过量充装。发现充装过量的气瓶,必须将超装的液体妥善排出。采用连续自动称重进行充装时,以抽检替代逐瓶复验,应有相应的抽检制度,并经充装注册机构核准。

(5) 充装记录。

充装单位应由专人负责填写气瓶充装记录。记录内容至少应包括充气日期、瓶号、室温、气瓶标记容积、重量、充气后总重量、有无发现异常情况、充装者和检验者代号。

充装单位应负责妥善保管气瓶充装记录，保存时间不少于两年。

(6) 严禁从液化石油气储罐或罐车直接向气瓶灌装，不允许瓶对瓶直接倒气。

三、液化气体充装量的确定

液化气体充装量必须精确计量，逐只检查核定。

气瓶的充装量不得大于气瓶容积与充装系数乘积的计算值，也不得大于气瓶产品规定的充装量。充装量应包括剩余气在内的瓶中全部介质，即气瓶充装量应为气瓶充装后的实重与空瓶重之差。

气瓶的充装量按下式计算：

$$m \leq V \cdot F_r \tag{4—2}$$

式中　m——气瓶充装质量，kg；

　　　V——气瓶容积，L；

　　　F_r——气瓶充装系数，kg/L。

充装系数是指每升气瓶容积充装液化气体的质量。

1. 低压液化气体充装系数的确定

为了能保证瓶内介质始终不会发生满液，就要控制气瓶的充装量，气瓶的充装量不得大于气瓶的公称容积与充装系数的乘积。充装系数的确定原则如下：

(1) 充装系数应不大于在气瓶最高使用温度（60℃）下液体密度的97%，其余3%的气瓶空间是考虑安全裕度、介质密度测量误差及计量误差的。

(2) 在温度高于气瓶最高使用温度5℃时，瓶内不满液。

常用低压液化气体的充装系数不得大于表4—3的规定。

其他低压液化气体的充装系数不得大于由式4—3计算确定

的值：

$$F_r = 0.97\rho\left(1 - \frac{C}{100}\right) \quad (4\text{—}3)$$

式中 F_r——低压、液化气体充装系数，kg/L；

ρ——低压液化气体在最高液相介质温度下的液体密度，kg/L；

C——液体密度的最大负偏差，一般情况，C 取 $0\sim3$。

表4—3 低压液化气体的饱和蒸气压力和充装系数

序号	气体名称	分子式	60℃时的饱和蒸气压力（表压）/MPa	充装系数/(kg/L)
1	氨	NH_3	2.52	0.53
2	氯	Cl_2	1.68	1.25
3	溴化氢	HBr	4.86	1.19
4	硫化氢	H_2S	4.39	0.66
5	二氧化硫	SO_2	1.01	1.23
6	四氧化二氮	N_2O_4	0.41	1.30
7	碳酰二氯（光气）	$COCl_2$	0.43	1.25
8	氟化氢	HF	0.28	0.83
9	丙烷	C_3H_8	2.02	0.41
10	环丙烷	C_3H_6	1.57	0.53
11	正丁烷	C_4H_{10}	0.53	0.51
12	异丁烷	C_4H_{10}	0.76	0.49
13	丙烯	C_3H_6	2.42	0.42
14	异丁烯（2-甲基丙烯）	C_4H_8	0.67	0.53
15	1-丁烯	C_4H_8	0.66	0.53
16	1,3-丁二烯	C_4H_6	0.63	0.55

续表

序号	气体名称	分子式	60℃时的饱和蒸气压力（表压）/MPa	充装系数/(kg/L)
17	六氟丙烯（全氟丙烯）（R-1216）	C_3F_6	1.69	1.06
18	二氯二氟甲烷（R-12）	CF_2Cl_2	1.42	1.14
19	二氯氟甲烷（R-21）	$CHFCl_2$	0.42	1.25
20	二氟氯甲烷（R-22）	CHF_2Cl	2.32	1.02
21	二氯四氟乙烷（R-114）	$C_2F_4Cl_4$	0.49	1.31
22	二氟氯乙烷（R-142b）	$C_2H_3F_2Cl$	0.76	0.99
23	1,1,1-三氟乙烷（R-143b）	$C_2H_3F_3$	2.77	0.66
24	偏二氟乙烷（R-152a）	$C_2H_4F_2$	1.37	0.79
25	二氟溴氯甲烷（R-12B1）	CF_2ClBr	0.62	1.62
26	三氟氯乙烯（R-1113）	C_2F_3Cl	1.49	1.10
27	氯甲烷（甲基氯）	CH_3Cl	1.27	0.81
28	氯乙烷（乙基氯）	C_2H_5Cl	0.35	0.80
29	氯乙烯（乙烯基氯）	C_2H_3Cl	0.91	0.82
30	溴甲烷（甲基溴）	CH_3Br	0.52	1.50
31	溴乙烯（乙烯基溴）	C_2H_3Br	0.35	1.28
32	甲胺	CH_3NH_2	0.94	0.60
33	二甲胺	$(CH_3)_2NH$	0.51	0.58
34	三甲胺	$(CH_3)_3N$	0.49	0.56
35	乙胺	$C_2H_5NH_2$	0.34	0.62
36	二甲醚（甲醚）	C_2H_4O	1.35	0.58
37	乙烯基甲醚（甲基乙烯基醚）	C_3H_6O	0.40	0.67

续表

序号	气体名称	分子式	60℃时的饱和蒸气压力（表压）/MPa	充装系数/（kg/L）
38	环氧乙烷（氧化乙烯）	C_2H_4O	0.44	0.79
39	顺2-丁烯	C_4H_8	0.48	0.55
40	反2-丁烯	C_4H_8	0.52	0.54
41	五氟氯乙烷（R-115）	CF_5Cl	1.97	1.03
42	八氟环丁烷（RC-318）	C_4F_8	0.76	1.31
43	三氯化硼（氯化硼）	BCl_3	0.32	1.20
44	甲硫醇（硫氢甲烷）	CH_3SH	0.47	0.78
45	三氟氯乙烷（R-133a）	$C_2H_2F_3Cl$	0.52	1.18

注意：由两种以上的液化气体混合组成的介质，应由试验确定其在最高使用温度下的液体密度，并按式（4—3）确定充装系数的最大极限值。

2. 高压液化气体的充装系数的确定

高压液化气体的充装系数的确定，应符合下列原则：

常用的高压液化气体的充装系数应按表4—4的规定。其他高压液化气体的充装系数可按式（4—4）确定其最大极限值：

$$F_r = \frac{pM}{zRT} \quad (4—4)$$

式中　F_r——高压液化气体充装系数，kg/L；

　　　p——气瓶许用压力（绝对），按有关标准的规定，取气瓶的公称工作压力，MPa；

　　　M——气体分子量；

　　　z——气体在压力为P、温度为T时的压缩系数；

　　　R——气体常数，$R=8.314 \times 10^{-3}$ MPa·m³/（kmol·K）；

　　　T——气瓶最高使用温度，K。

表4—4　　　高压液化气体的充装系数

序号	气体名称	分子式	由气瓶公称工作压力确定的充装系数（kg/L）≤		
			20.0 MPa	15.0 MPa	12.5 MPa
1	氙	Xe			1.23
2	二氧化碳	CO_2	0.74	0.60	
3	氧化亚氮	N_2O		0.62	0.52
4	六氟化硫	SF_6			1.33
5	氯化氢	HCl			0.57
6	乙烷	C_2H_6	0.37	0.34	0.31
7	乙烯	C_2H_4	0.34	0.28	0.24
8	三氟氯甲烷	CF_3Cl			0.94
9	三氟甲烷	CHF_3			0.76
10	六氟乙烷	C_2F_6			1.06
11	偏二氟乙烯	$C_2H_2F_2$			0.66
12	氟乙烯	C_2H_3F			0.54
13	三氟溴甲烷	CF_3Br			1.45
14	硅烷	SiH_4		0.3	
15	磷烷	PH_3		0.2	
16	乙硼烷	B_2H_6		0.035	

第三节　乙炔气瓶的充装

一、溶解乙炔的生产及充装工艺流程图

溶解乙炔生产工艺流程有多种。利用电石法制取溶解乙炔的生产和充装工艺流程如图4—6所示。

电石与水在发生器中连续反应生产粗乙炔气,乙炔气经过净化器,在净化器中用化学方法除去硫化氢、磷化氢等杂质气体,从而得到纯乙炔气。纯乙炔气进入乙炔压缩机,将乙炔气压缩至小于或等于 2.5 MPa,压缩后的高压乙炔气经高压油水分离器、高压干燥器除去乙炔气中的油分和水分。再将乙炔气充入已装好填料并加入丙酮的合格乙炔瓶中,使乙炔气溶解在丙酮里,得到溶解乙炔。充装完毕后,乙炔瓶静置 8 h 以上,经检验合格后出厂。

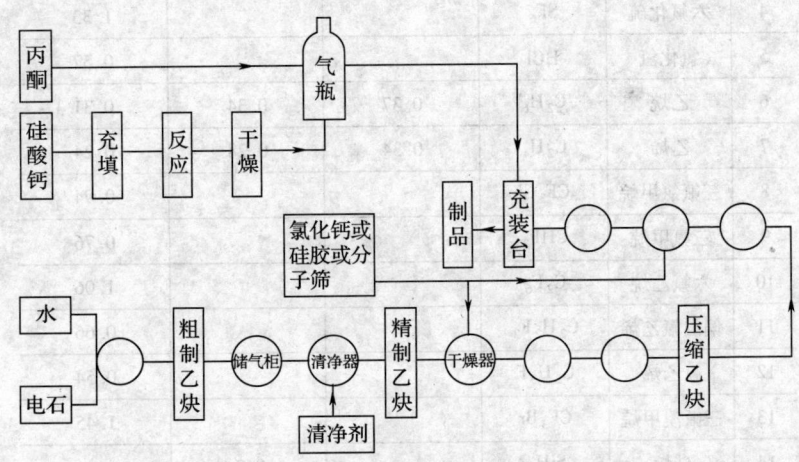

图 4—6　利用电石法制取溶解乙炔的生产和充装工艺流程

二、溶解乙炔气体气瓶充装安全操作与检查

1. 溶解乙炔气瓶安全充装操作与检查流程

溶解乙炔气瓶充装操作与检查流程如图 4—7 所示。

2. 溶解乙炔气瓶安全充装操作与检查

(1) 充装前装置的准备。

1) 充装管路、阀门、安全装置及各连接部位均处于无泄漏的完好状态。充装系统用的压力表,精度应不低于 1.6 级,直径应不小于 100 mm。压力表应按有关规定定期进行检验。

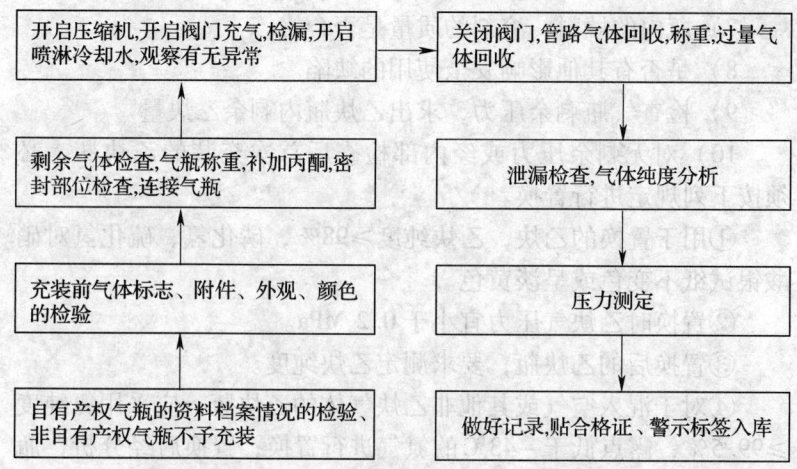

图 4—7 溶解乙炔气瓶充装操作与检查流程

2）充装管路中的乙炔质量应符合《溶解乙炔》(GB 6819—2004) 的要求。

3）确保乙炔瓶的充装容积流速小于 $0.015 m^3/(h·L)$。采用强制冷却快速充装的除外。

(2) 充装前乙炔气瓶的检查。

1）充装前应检查国产气瓶是否是由具有制造许可证的单位生产的；是否是经安全监察认可的进口乙炔瓶；气瓶是否是本充装站的产权，在本充装站中是否有该气瓶的档案。

2）应检查气瓶是否是首次充装，若经拆装、更换瓶阀、更换易熔塞，应进行置换。

3）水压试验是否超过检验期限。

4）瓶体是否有腐蚀、机械损伤等表面缺陷，如有，应按《溶解乙炔气瓶定期检验与评定》(GB 13076—2009) 报废。

5）应检查易熔合金是否熔融、流失、损伤。

6) 瓶阀出气口处是否有积炭或焦油等异物。
7) 瓶内的填料、溶剂的质量是否合格。
8) 是否有其他影响安全使用的缺陷。
9) 检查气瓶剩余压力，求出乙炔瓶内剩余乙炔量。
10) 对无剩余压力或经内部检查后首次充装的乙炔瓶，必须按下列规定进行置换。

①用于置换的乙炔，乙炔纯度≥98%，磷化氢、硫化氢对硝酸银试纸不变色或呈淡黄色。

②置换时乙炔气压力宜小于0.2 MPa。

③置换后的乙炔瓶，要求测定乙炔纯度。

④对于混入空气或其他非乙炔气体的乙炔瓶，应采用氮纯度≥99.5%，露点低于-43℃的氮气进行置换；置换后经分析，瓶内气体的含氧量低于3%时，再用乙炔进行置换。

(3) 丙酮的充装。

乙炔瓶补加丙酮前，必须逐只称量乙炔瓶实重。称量结果保留一位小数。

称量衡器的最大称量值应为乙炔瓶充装后质量的1.5~3倍。衡器应经常保持准确，其检验周期不超过3个月，并每天至少用四等砝码校正一次。

(4) 充装中的检查。

1) 检查喷淋冷却水，水量应均匀、稳定。

2) 检查瓶壁温度不得超过40℃。超装时，必须中断该瓶的充装，移至安全地点检查处理。

3) 检查瓶阀有无堵塞现象，应保证充装顺畅。

4) 充装中用肥皂水或其他合适的方法检查瓶阀、易熔塞的密封部位以及它们与钢瓶的连接部位是否有泄漏，如有泄漏，应用安全的方法操作，使瓶内的乙炔气排空，在泄漏未完全排除前，不应重新充装。

5）分次充装时,每次充装后的静置时间不小于 8 h,并应关闭瓶阀。

6）因故中断充装的乙炔瓶需要继续充装时,必须保证充装主管内乙炔气压力大于等于乙炔瓶内压力时,才可开启瓶阀和支管切换阀。

7）乙炔瓶的充装压力,任何情况下不得大于 2.50 MPa。

（5）充装后的检查。

1）充装结束关闭瓶阀后,应通过回收系统将充装主管和支管内的乙炔回收。关闭瓶阀和管路阀时应轻缓,严而不紧,防止用力过度。

2）充装结束后,应用肥皂水或其他合适的方法检查瓶阀、易熔塞的密封部位及它们与钢瓶的连接部位的气密性,以保证无泄漏。对于发现有泄漏的气瓶,应用安全的方法操作瓶内的乙炔气排空,在泄漏未完全排除前,不应重新充装。

3）乙炔瓶充装结束后应逐瓶测定瓶内乙炔充装量,衡器最大称量值应为乙炔瓶充装后质量的 1.5~3 倍。

三、溶解乙炔气瓶充装量

1. 剩余乙炔量计算

根据剩余压力和测定剩余压力时乙炔瓶周围的环境温度,求出瓶内剩余乙炔量。乙炔瓶内剩余乙炔量按式（4—5）计算。

$$G_s = 0.38 \cdot \delta \cdot V \cdot B \qquad (4—5)$$

式中　G_s——乙炔瓶内剩余乙炔量,kg;

　　　B——乙炔在丙酮中的质量溶解度,kg/kg,按表 4—5 选取;

　　　V——钢瓶实际容积,L;

　　　δ——瓶内多孔填料孔隙率。

公称容积 10~60L 乙炔瓶的剩余乙炔量可按表 4—5~表 4—10 选取。

表 4—5　乙炔在丙酮中的质量溶解度 B　　　kg/kg

温度/℃	压力/MPa（绝对压力）				
	0.1	0.2	0.3	0.4	0.5
-20	0.116 5	0.169 29	0.248 57	0.342 86	0.428 57
-15	0.096 5	0.147 86	0.221 43	0.296 43	0.371 43
-10	0.080 5	0.128 57	0.192 86	0.257 14	0.321 43
-5	0.067 5	0.114 28	0.171 43	0.221 48	0.278 58
0	0.057 24	0.108 07	0.156	0.189	0.237 85
5	0.048 06	0.094 05	0.135 21	0.174 9	0.205 28
10	0.040 56	0.081 9	0.120 4	0.155	0.179 6
15	0.033 56	0.071 06	0.105 8	0.131 5	0.158 9
20	0.027 54	0.061 6	0.093	0.118 5	0.140 44
25	0.022 1	0.052 8	0.081 13	0.104 2	0.124 9
30	0.017 67	0.045 1	0.071 6	0.088 5	0.111 52
35	0.013 9	0.038 5	0.061 5	0.081 5	0.099 5
40	0.010 26	0.032 57	0.053 3	0.073 5	0.091 3

表 4—6　10 L 乙炔瓶不同温度、压力下剩余乙炔量　　　kg

温度/℃	压力/MPa（表压力）							
	0.05	0.10	0.15	0.2	0.25	0.3	0.35	0.40
-20	0.5	0.6	0.7	0.9	1.1	1.2	1.3	1.5
-15	0.4	0.5	0.6	0.8	0.9	1.1	1.1	1.3
-10	0.4	0.5	0.6	0.7	0.8	0.9	1	1.1
-5	0.3	0.4	0.5	0.6	0.7	0.8	0.9	1.0
0	0.3	0.4	0.4	0.5	0.6	0.7	0.8	0.9
5	0.2	0.3	0.4	0.5	0.5	0.6	0.7	0.8

续表

温度/℃	压力/MPa（表压力）							
	0.05	0.10	0.15	0.2	0.25	0.3	0.35	0.40
10	0.2	0.3	0.3	0.4	0.5	0.5	0.6	0.7
15	0.2	0.2	0.3	0.4	0.4	0.5	0.5	0.6
20	0.2	0.2	0.3	0.3	0.4	0.4	0.4	0.5
25	0.1	0.2	0.2	0.3	0.3	0.4	0.4	0.4
30	0.1	0.2	0.2	0.2	0.3	0.3	0.4	0.4
35	0.1	0.1	0.2	0.2	0.2	0.3	0.3	0.3
40	0.1	0.1	0.1	0.2	0.2	0.3	0.3	0.3

表4—7　16 L 乙炔瓶不同温度、压力下剩余乙炔量　　kg

温度/℃	压力/MPa（表压力）							
	0.05	0.10	0.15	0.2	0.25	0.3	0.35	0.40
-20	0.8	1.0	1.1	1.4	1.7	1.9	2.1	2.4
-15	0.6	0.8	1.0	1.2	1.5	1.7	1.8	2.1
-10	0.6	0.7	0.9	1.0	1.3	1.4	1.6	1.8
-5	0.5	0.6	0.8	1.0	1.1	1.2	1.4	1.6
0	0.4	0.6	0.7	0.8	1.0	1.1	1.2	1.3
5	0.4	0.5	0.6	0.7	0.8	1.0	1.1	1.2
10	0.3	0.4	0.5	0.5	0.7	0.8	0.9	1.0
15	0.3	0.4	0.4	0.5	0.6	0.7	0.8	0.9
20	0.2	0.3	0.4	0.5	0.5	0.6	0.7	0.8
25	0.2	0.3	0.4	0.4	0.5	0.5	0.6	0.7
30	0.2	0.2	0.3	0.4	0.4	0.5	0.5	0.6
35	0.2	0.2	0.3	0.3	0.4	0.4	0.5	0.5
40	0.1	0.2	0.2	0.3	0.3	0.4	0.4	0.5

表4—8　25 L乙炔瓶不同温度、压力下剩余乙炔量　　　　kg

温度/℃	压力/MPa（表压力）							
	0.05	0.10	0.15	0.2	0.25	0.3	0.35	0.40
-20	1.2	1.6	1.8	2.2	2.7	3.0	3.3	3.8
-15	1.0	1.3	1.6	1.9	2.3	2.6	2.8	3.3
-10	0.9	1.1	1.4	1.7	2.0	2.3	2.6	2.8
-5	0.8	1.0	1.3	1.6	1.7	1.9	2.2	2.4
0	0.6	0.9	1.1	1.3	1.6	1.7	1.9	2.1
5	0.6	0.8	0.9	1.1	1.3	1.6	1.7	1.9
10	0.5	0.6	0.8	1.0	1.1	1.3	1.5	1.6
15	0.4	0.6	0.7	0.9	1.0	1.1	1.3	1.5
20	0.4	0.5	0.6	0.8	0.9	1.0	1.1	1.3
25	0.3	0.4	0.6	0.6	0.8	0.9	0.9	1.1
30	0.3	0.4	0.5	0.6	0.7	0.8	0.9	0.9
35	0.3	0.3	0.4	0.5	0.6	0.7	0.8	0.8
40	0.2	0.3	0.3	0.4	0.5	0.6	0.7	0.8

表4—9　40 L乙炔瓶不同温度、压力下剩余乙炔量　　　　kg

温度/℃	压力/MPa（表压力）							
	0.05	0.10	0.15	0.2	0.25	0.3	0.35	0.40
-20	1.9	2.5	2.8	3.5	4.3	5.0	5.2	6.0
-15	1.6	2.1	2.5	3.1	3.7	4.2	4.5	5.2
-10	1.4	1.8	2.2	2.7	3.2	3.6	4.1	4.5
-5	1.2	1.6	2.0	2.4	2.7	3.1	3.5	3.9
0	1.0	1.4	1.7	2.1	2.4	2.7	3.1	3.4
5	0.9	1.2	1.5	1.8	2.1	2.4	2.7	3.0
10	0.8	1.0	1.3	1.6	1.8	2.0	2.3	2.6

续表

温度/℃	压力/MPa（表压力）							
	0.05	0.10	0.15	0.2	0.25	0.3	0.35	0.40
15	0.7	0.9	1.1	1.4	1.6	1.8	2.0	2.3
20	0.6	0.8	1.0	1.2	1.4	1.6	1.7	2.0
25	0.5	0.7	0.9	1.0	1.2	1.4	1.5	1.7
30	0.5	0.6	0.8	0.9	1.1	1.2	1.4	1.5
35	0.4	0.5	0.7	0.8	0.9	1.1	1.2	1.3
40	0.3	0.4	0.5	0.7	0.8	1.0	1.1	1.2

表4—10　60 L乙炔瓶不同温度、压力下剩余乙炔量　　　　kg

温度/℃	压力/MPa（表压力）							
	0.05	0.10	0.15	0.2	0.25	0.3	0.35	0.40
-20	2.8	3.5	4.2	5.2	6.5	7.2	8.0	9.0
-15	2.4	3.1	3.7	4.6	5.6	6.3	6.7	7.7
-10	2.1	2.7	3.3	4.1	4.8	5.4	6.2	6.8
-5	1.8	2.4	3.0	3.6	4.1	4.7	5.3	5.9
0	1.5	2.1	2.6	3.1	3.6	4.1	4.7	5.1
5	1.4	1.8	2.3	2.7	3.2	3.6	4.1	4.5
10	1.2	1.5	2.0	2.4	2.7	3.0	3.5	3.9
15	1.1	1.4	1.7	2.1	2.4	2.7	3.0	3.5
20	0.9	1.2	1.5	1.8	2.1	2.4	2.6	3.0
25	0.8	1.1	1.3	1.5	1.8	2.1	2.3	2.6
30	0.7	0.9	1.2	1.4	1.6	1.8	2.1	2.3
35	0.6	0.8	1.0	1.2	1.4	1.6	1.8	2.0
40	0.5	0.6	0.8	1.1	1.2	1.5	1.6	1.8

2. 乙炔气瓶充装量确定

充装后的乙炔瓶，应逐只置在衡器上称重，测定瓶内乙炔充装量。乙炔瓶内乙炔充装量按式（4—6）计算。

$$m_{A1} = T_{A2} - T_m \qquad (4-6)$$

式中 m_{A1}——乙炔瓶内乙炔充装量，kg；

T_{A2}——充装后乙炔瓶实重，kg；

T_m——乙炔瓶皮重，kg。

乙炔气瓶内乙炔充装量应小于等于该瓶的最大乙炔量。乙炔瓶的最大乙炔量按式（4—7）计算。

$$m_A = 0.02 \cdot \delta \cdot V \qquad (4-7)$$

式中 m_A——乙炔瓶的最大乙炔量，kg；

V——钢瓶实际容积，L；

δ——瓶内多孔填料孔隙率。

注：保留一位小数。

乙炔充装量超过最大乙炔量时，应将乙炔瓶内超装的乙炔回收。

3. 丙酮补加量

（1）丙酮补加量按式（4—8）计算。

$$m_F = T_m + G_s - T_{A1} \qquad (4-8)$$

式中 m_F——丙酮补加量，kg；

T_m——乙炔瓶皮重，kg；

G_s——乙炔瓶内剩余乙炔量，kg；

T_{A1}——乙炔瓶内乙炔充装量，kg。

（2）补加丙酮后，必须对丙酮充装量进行复核，其允许偏差值应符合表4—11的规定。超差的必须做处理，否则严禁充装乙炔。

表4—11　　　　　丙酮充装量允许偏差值

乙炔瓶公称容积 V/L	≤10	16	25	40	60
丙酮充装量允许偏差 Δm_F/kg	+0.1 0	+0.2 0	+0.2 0	+0.4 0	+0.5 0

（3）充装丙酮时的压力应小于0.8 MPa。

第四节 气瓶充装站安全

一、永久气体气瓶充装站安全技术条件

永久气体气瓶充装站分为两类：第一类是永久气体生产、充装类厂站，第二类是永久气体储存、充装类厂站。

1. 站址设置及建筑物

（1）站址的一般要求。

永久气体生产和气瓶充装厂站的选址应符合下列要求：

1）永久气体气瓶充装站应选择在环境清洁地区，并布置在有害气体及固体尘埃散发源的全年最小频率风向的下风侧；当永久气体气瓶充装站为助燃性质时，应将其布置在可燃气体散发源的全年最小频率风向的下风侧。

2）宜远离居住区、人员密集区、铁路和主要交通要道邻近处。

3）应考虑周围企业扩建时可能对本厂站安全带来的影响。

4）宜靠近管道供气主要用户处。

5）应留有扩建的余地。

（2）永久气体气瓶充装站建筑物。

1）建筑物耐火等级。永久气体气瓶充装站厂房建筑应符合《建筑设计防火规范》（GB 50016—2006）的有关规定。充装甲类气体如氢气、乙炔、甲烷、乙烯、丙烯、丁二烯、环氧乙烷、硫化氢、氯乙烯、乙硼烷、硅烷、磷烷、乙烷、丙烷、二甲醚等，要求一级或不低于二级耐火等级的建筑。充装乙类气体如一氧化碳、氧气、空气、氨气、氟、一氧化氮、一氧化二氮、氯、二氧化氮、氯化氢、丙炔等的建筑耐火等级要求一、二级。充装戊类气体如氮、氩、氖、氦、氪、四氟甲烷、氟利昂系列气体、氙、二氧化碳、六氟化硫、七氟丙烷等的建筑耐火等级不应低于三、四级。厂房的耐火等级、层数和防火分区的最大允许建筑面积见表4—12。仓库的耐火等级、层数和面积参见 GB 50016—2006 的规定。

表 4—12　厂房的耐火等级、层数和防火分区的最大允许建筑面积

生产类别	厂房的耐火等级	最多允许层数	每个防火分区的最大允许建筑面积/m²			
			单层厂房	多层厂房	高层厂房	地下、半地下厂房,厂房的地下室、半地下室
甲	一级 二级	除生产必须采用多层者外,宜采用单层	4 000 3 000	3 000 2 000	— —	— —
乙	一级 二级	不限 6	5 000 4 000	4 000 3 000	2 000 1 500	— —
丙	一级 二级 三级	不限 不限 2	不限 8 000 3 000	6 000 4 000 2 000	3 000 2 000 —	500 500 —
丁	一、二级 三级 四级	不限 3 1	不限 4 000 1 000	不限 2 000 —	4 000 — —	1 000 — —
戊	一、二级 三级 四级	不限 3 1	不限 5 000 1 500	不限 3 000 —	6 000 — —	1 000 — —

2）建筑防火间距。厂房之间及其与乙、丙、丁、戊类仓库、民用建筑等的防火间距不应小于表4—13 的规定。甲类仓库之间及其与其他建筑、明火或散发火花地点、铁路、道路等的防火间距不应小于表4—14 的规定。

表 4—13　厂房之间及其与乙、丙、丁、戊类仓库、民用建筑等的防火间距　　　m

名称			甲类厂房	单层、多层乙类厂房（仓库）	单层、多层丙、丁、戊类厂房（仓库） 耐火等级			高层厂房（仓库）	民用建筑 耐火等级		
					一、二级	三级	四级		一、二级	三级	四级
甲类厂房			12.0	12.0	12.0	14.0	16.0	13.0	25.0		
单层、多层乙类厂房			12.0	10.0	10.0	12.0	14.0	13.0	25.0		
单层、多层丙、丁类厂房	耐火等级	一、二级	12.0	10.0	10.0	12.0	14.0	13.0	10.0	12.0	14.0
		三级	14.0	12.0	12.0	14.0	16.0	15.0	12.0	14.0	16.0
		四级	16.0	14.0	14.0	16.0	18.0	17.0	14.0	16.0	18.0
单层、多层戊类厂房		一、二级	12.0	10.0	10.0	12.0	14.0	13.0	6.0	7.0	9.0
		三级	14.0	12.0	12.0	14.0	16.0	15.0	7.0	8.0	10.0
		四级	16.0	14.0	14.0	16.0	18.0	17.0	9.0	10.0	12.0
高层厂房			13.0	13.0	13.0	15.0	17.0	13.0	13.0	15.0	17.0
室外变、配电站变压器总油量（t）		≥5, ≤10	25.0	25.0	12.0	15.0	20.0	12.0	15.0	20.0	25.0
		>10, ≤50			15.0	20.0	25.0	15.0	20.0	25.0	30.0
		>50			20.0	25.0	30.0	20.0	25.0	30.0	35.0

表4—14 甲类仓库之间及其与其他建筑、明火或散发火花地点、铁路、道路等的防火间距　　　　　　　　m

名称		甲类仓库及其储量/t			
		甲类储存物品第3、4项		甲类储存物品第1、2、5、6项	
		≤5	>5	≤10	>10
重要公共建筑		50.0			
甲类仓库		20.0			
民用建筑、明火或散发火花地点		30.0	40.0	25.0	30.0
其他建筑	一、二级耐火等级	15.0	20.0	12.0	15.0
	三级耐火等级	20.0	25.0	15.0	20.0
	四级耐火等级	25.0	30.0	20.0	25.0
电力系统电压为35~500 kV且每台变压器容量在10 MV·A以上的室外变、配电站,工业企业的变压器总油量大于5 t的室外降压变电站		30.0	40.0	25.0	30.0
厂外铁路线中心线		40.0			
厂内铁路线中心线		30.0			
厂外道路路边		20.0			
厂内道路路边	主要	10.0			
	次要	5.0			

3）建筑物泄压设施。易燃气体充装站必须设有足够泄压面积并有与充装站空间相适应的泄压设施。充装介质重度小于空气的气体充装站排气泄压设施应开设在其建筑物顶部；充装介质重度大于或等于空气的气体充装站排气泄压设施应开设在其建筑物靠近地面的位置上。

有爆炸危险的甲、乙类厂房,其泄压面积宜按式(4—9)计算。

厂房的长宽比大于3时,宜将该建筑划分为长宽比小于3的多个计算段,泄压面积计算公式如下:

$$A = 10CV^{\frac{2}{3}} \tag{4—9}$$

式中　A——泄压面积,m^2;
　　　V——厂房容积,m^3;
　　　C——厂房容积为1 000 m^3时的泄压比值,m^2/m^3,见表4—15。

表4—15　厂房内爆炸性危险物质的类别与泄压比值　　m^2/m^3

厂房内爆炸性危险物质的类别	C值
氨以及粮食、纸、皮革、铅、铬、铜等$K_尘$<10 MPa·m·s^{-1}的粉尘	≥0.030
木屑、炭屑、煤粉、锑、锡等10 MPa·m·s^{-1}≤$K_尘$≤30 MPa·m·s^{-1}的粉尘	≥0.055
丙酮、汽油、甲醇、液化石油气、甲烷、喷漆间或干燥室以及苯酚树脂、铝、镁、锆等$K_尘$>30 MPa·m·s^{-1}的粉尘	≥0.110
乙烯	≥0.16
乙炔	≥0.20
氢	≥0.25

[例4—1]　氨瓶仓库的容积为780 m^3,加氨间为200 m^3,试求仓库和加氨间所需泄压面积。

解　氨瓶仓库所需泄压面积为:

$$A = 10CV^{\frac{2}{3}} = 10 \times 0.030 \times 780^{\frac{2}{3}} = 25.4 \ m^2$$

加氨间所需泄压面积为:

$$A = 10CV^{\frac{2}{3}} = 10 \times 0.030 \times 200^{\frac{2}{3}} = 10.3 \ m^2$$

(3) 气体充装站建筑的其他要求。

1) 气体充装站应设置符合安全技术要求的通风、遮阳、避雷电、防静电设施。

2) 易燃气体充装站的地面应使用不发火的材料铺设。

3) 氧气充装站的实瓶区与空瓶区之间必须设置防爆墙，其厚度不应小于 120 mm，高度不应低于 2 000 mm，材料应为钢筋混凝土或其他不燃的强度不低于钢筋混凝土的材料。

4) 充装站内在实、空瓶及充装区之外应设置运瓶通道和气瓶装卸平台。

5) 充装站内必须设置消防通道和专用消火栓以及在紧急状况下处理事故的消防设施和器具。灭火器的配置应符合《建筑灭火器配置设计规范》(GB 50140—2005) 的规定。

6) 有毒气体充装站应设有处理瓶内残液或剩余气的设备或装置。

7) 可燃气体输送管道以及放空管道上应设置阻火器。

8) 充装站工艺管道应根据介质类别，按有关标准涂以不同的颜色标记。

9) 充装站应设置可靠的防雷装置，其接地电阻值不得大于 10 Ω。并应定期由有检测资格的专业部门测试。

10) 可燃及助燃气体充装站的充装系统管道、阀门、储存容器等，应设置导除静电的可靠接地装置，其接地电阻值不得大于 10 Ω 并应定期由有检测资格的专业部门测试。

11) 充装站的压力容器和管道，应按照规定设置安全阀并应定期校验。

12) 气体放空管应引至室外，其具体位置应参照不同气体的设计规范。对有毒气体，则应将其引入回收或处理装置。

13) 有毒气体及易燃气体充装站，应设置相应的气体危险浓度监测报警装置并应定期检验。

14）有毒气体充装站应备有相应的防护用品，如防毒面具和急救药品等；存放在指定地点并应定期演练和检查；对破损的用品和失效的药品应及时更换。

15）通过易燃气体充装站的机动车辆应备有阻火器。

2. 气瓶存放区设置

（1）氧气气瓶存放区设置。

1）氧气实瓶的储量超过 1 700 瓶时，应分别布置在 2 个以上的防火分区内，防火分区的设置应符合《建筑设计防火规范》（GB 50016—2006）的规定。

2）当氧气实瓶的储量超过 3 400 瓶时，宜将制氧站房或液氧气化站与灌氧站房分别设置在独立的建筑物内。

3）每个灌瓶间、实瓶间、空瓶间均应设至少 1 个直接通向室外的安全出口。

4）独立氧气瓶库的气瓶储量，应根据氧气灌装量、气瓶周转量和运输条件等因素确定。独立的氧气实瓶库的气体钢瓶的最大储存量，应符合表 4—16 的规定。

表 4—16　　独立的氧气实瓶库的最大储存量

建筑物的耐火等级	气瓶的最大储量（个）	
	每座库房	每个防火分区
一级、二级	13 600	3 400
三级	4 500	1 500

（2）氢气站气瓶存放区设置。

供氢气站内氢气实瓶数不超过 60 瓶或占地面积不超过 500 m^2 时，可与耐火等级不低于二级的用氢车间或其他非明火作业的丁、戊类车间毗连，其毗连的墙应为无门、窗、洞的防爆防护墙，并宜布置在靠厂房的外墙或端部。

氢气站内的氢气灌瓶间、实瓶间、空瓶间，宜布置在厂房的边缘部分。

3. 管道

（1）氧气管道。

1）氧气管道的氧气流速。氧气管道的氧气流速是指管内氧气在不同工作压力范围内的实际流速，其最高允许流速不应超过表4—17的规定。氧气管道的氧气流量应采用该管系最低工作压力、最高工作温度时的实际流量。

表4—17　　　氧气管道内氧气的最高允许流速

工作压力 p/MPa	最高允许流速/（m/s）
≤0.1	根据管系允许压降确定
0.1＜p≤1.5	30（碳钢，不锈钢）
1.5＜p≤3.0	15（碳钢）、25（不锈钢）
3.0＜p≤10	4.5（碳钢）、10（不锈钢）
10＜p≤20	4.5（不锈钢）、6（铜及其合金）

2）氧气管道敷设。氧气管道敷设应符合下列要求：

①为便于焊接、安装、操作及维护，氧气管道一般都采用架空敷设。由于氧气密度大于空气，易于聚积于低洼处，只有在小管径管道、建造架空支架困难或难以架空通过时，可采用不通行地沟或直接埋地敷设。

②氧气管道采用不通行地沟敷设时，沟上应采用不燃烧体材料制作的盖板，该盖板应具有防止火花、油料等可燃物料落入地沟的作用，当在室外时，应防止雨水侵入。

③管道应考虑温差变化的热补偿。补偿方法宜尽量采用自然补偿。

④为了防止氧气管道火灾事故扩大，规定支架应采用不燃烧体材料制作。

⑤为了防止氧气管道发生火灾，应避免电火花的产生，所以规定除氧气管道本身需用的，如自动控制的导线可与氧气管道同

一支架敷设外,其他导电线路不应同一支架敷设。

⑥氧气管道应有导除静电的接地装置。氧气系统中的静电聚集是引发着火燃烧的重要因素,为确保安全稳定运行,氧气管道应设有静电接地装置,目的是消除由于管内气流摩擦产生的静电聚集。

⑦氧气管道的连接应采用焊接连接。管路中的阀门或法兰接点是容易发生泄漏的地方,而泄漏的氧气易聚积在低洼处,如操作人员抽烟或动火检修都会引起火灾危险,所以直埋或不通行地沟敷设的氧气管道不应装设阀门或法兰连接。当必须设阀门时,应设不能下人的阀门操作井。

氧气管道的连接应采用焊接连接,以防止产生泄漏,只有在与设备、阀门等连接处,方可采用法兰或螺纹连接,为防止氧气接触油脂类物质,螺纹连接处应采用聚四氟乙烯作为填料。

⑧氧气管道、管架与建筑物、构筑物、铁路、道路等之间的最小净距,应按《氧气站设计规范》(GB 50030—2007)附录C的规定执行。

(2)氢气管道。

1)氢气管道的连接应采用焊接。但与设备、阀门的连接,可采用法兰或锥管螺纹连接。螺纹连接处,应采用聚四氟乙烯薄膜作为填料。

2)氢气管道穿过墙壁或楼板时,应敷设在套管内,套管内的管段不应有焊缝。管道与套管间,应采用不燃材料填塞。

3)氢气管道与其他管道共架敷设或分层布置时,氢气管道宜布置在外侧并在上层。

4)氢气放空管,应设阻火器。阻火器应设在管口处。放空管的设置,应符合下列规定:

①应引至室外,放空管管口应高出屋脊1 m。

②应有防雨雪侵入和杂物堵塞的措施。

③压力大于0.1 MPa时,阻火器后的管材应采用不锈钢管。

5）氢气站、供氢站和车间内氢气管道敷设时，应符合下列规定：

①宜沿墙、柱架空敷设，其高度不应妨碍交通并便于检修。与其他管道共架敷设时，应符合《氢气站设计规范》（GB 50177—2005）附录B的要求。

②严禁穿过生活间、办公室，并不得穿过不使用氢气的房间。

③车间入口处应设切断阀，并宜设流量记录累计仪表。

④车间内管道末端宜设放空管。

⑤接至用氢设备的支管应设切断阀，有明火的用氢设备还应设阻火器。

6）厂区内氢气管道架空敷设时，应符合下列规定：

①应敷设在不燃烧体的支架上。

②在寒冷地区，湿氢管道应采取防冻设施。

7）厂区内氢气管道直接埋地敷设时，应符合下列规定：

①埋地敷设深度，应根据地面荷载、土壤冻结深度等条件确定，管顶距地面不宜小于0.7 m，湿氢管道应敷设在冻土层以下，当敷设在冻土层内时，应采取防冻措施。

②应根据埋设地带的土壤腐蚀性等级，采取相应的防腐蚀措施。

③不得敷设在露天堆场下面或穿过热力沟，当必须穿过热力沟时，应设套管。套管和套管内的管段不应有焊缝。

④敷设在铁路或不便开挖的道路下面时，应加设套管，套管的两端伸出铁路路基、道路路肩或延伸至排水沟沟边均为1 m，套管内的管段不应有焊缝，套管的端部应设检漏管。

⑤回填土前，应从沟底起直至管顶以上300 mm范围内，用松散的土填平夯实或用沙填满再回填土。

8）厂区内氢气管道明沟敷设时，应符合下列规定：

①管道支架应采用不燃烧体。

②在寒冷地区，湿氢管道应采取防冻措施。

③不应与其他管道共沟敷设。

4. 永久气体气瓶充装站充装汇流排隔爆防护墙

永久气体气瓶充装的介质压力高，很多介质具有较强的氧化性，加之气瓶使用环境恶劣，周转环节复杂，使气瓶磨损、腐蚀、撞击、其他介质混入、错装的概率很高，气瓶充装过程中易发生物理和化学爆炸，其爆炸的能量很强，产生大量气瓶碎片和较强的冲击波，可在瞬间损毁强度较低的建筑物，造成人员伤亡。如2002年3月31日鞍山某气体厂因错将氢气瓶充装氧气而发生化学爆炸，气瓶炸成数十块碎片，造成在充装汇流排隔爆防护墙内违规操作的3人当场死亡。由于该厂充装台设置了有效的隔爆防护墙，事故发生时在隔爆防护墙外七八米远处装卸车的几名工人毫发无损，而在隔爆防护墙外近1 m远处检查气瓶压力的1名操作人员仅耳膜被震破。如果没有隔爆防护墙，这次事故的伤亡就难以估量。可见设置有效的隔爆防护墙可以阻断气瓶片扩散，减缓冲击波的造成的破坏，改变气瓶碎片和冲击波扩散的方向，大大减小灾害程度。

（1）隔爆防护墙作用。

永久气体气瓶充装站设置隔爆防护墙是防止气瓶充装过程中发生爆炸事故造成事故扩散蔓延的有效防护措施，特别是氧气、氢气气瓶充装站设置隔爆防护墙尤为重要。现行的相关技术规范、标准对设置隔爆防护墙只规定了"灌瓶台应设置高度不小于2 m的钢筋混凝土防护墙"，未就隔爆防护墙设置的相关问题作具体规定，因此，很多永久气体气瓶充装站设置的隔爆防护墙达不到安全防护的要求。

设置充装汇流排隔爆防护墙的目的主要是防止发生气瓶爆炸事故时爆炸冲击波和气瓶碎片扩散对人员的伤害，保护充装操作人员和装卸车台、存瓶区及车间外道路人员活动区域的人员安全，减少事故造成的人员伤亡。因此，隔爆防护墙设置的形式必须以隔离人员为主，同时要满足充装工艺要求。

隔爆防护墙要保护人员的安全,就要根据充装现场的情况确定保护范围。其基本要求如下:

1) 对操作控制人员的防护。将充装汇流排与充装操作控制台位置(充装控制阀门)隔离。

2) 对邻近充装汇流排的防护。永久气体气瓶充装为了减少充装间歇时间,每一组由一条总管控制,设两支充装汇流排,倒排充装。若正在充装的气瓶存在危险,会威胁在另一支充装汇流排装卸气瓶的操作人员的安全。因此,要隔离每一组的两支充装汇流排,同时还要隔离每组充装汇流排。

3) 对人员活动区域的防护。距充装汇流排较近的人员活动区域包括往充装汇流排运瓶通道、装卸车台、安全通道、休息室等,也在气瓶危险辐射区内,要将充装汇流排与这些人员活动区域隔离。

4) 对充装间外道路、设备和邻近充装间厂外道路的防护。充装间设置的门、窗、通道等充装汇流排直接朝向充装间外道路、设备和邻近充装间的厂外道路时,要将充装汇流排与这类门、窗、通道等隔离。

(2) 现行规范、标准的有关充装隔爆防护墙的设置规定。

国家现行的规范、标准对永久气体充装隔爆防护墙的设置规定各不相同,彼此差异很大。

1)《氧气站设计规范》(GB 50030—2007) 第 7.0.9 条规定:灌瓶台应设置高度不低于 2 m 的钢筋混凝土隔爆防护墙。

2)《氢气站设计规范》(GB 50177—2005) 第 6.0.8 条规定:氢气灌瓶间内,应设置高度不低于 2 m 的隔爆防护墙,其墙体材料宜采用钢筋混凝土。

3)《永久气体气瓶充装站安全技术条件》(GB 17264—1998) 第 6.1.5 条规定:氧气充装站的实区与空瓶区之间必须设置隔爆防护墙,其厚度不应小于 120 mm,高度不应低于 2 000 mm,材料应用钢筋混凝土或其他不燃的强度不低于钢筋混凝土的材料。

4)《深度冷冻法生产氧气及相关气体安全技术规程》(GB 16912—2008)第4.6.5条规定：灌氧（氮、氩、氢）站房充装台应设不低于2 m，厚度不小于200 mm的钢筋混凝土隔爆防护墙。

上述规范、标准中对隔爆防护墙的保护范围、设置形式、结构、强度、安全防护标准均无具体规定。

由于对规范、标准理解的角度不同，有很多充装单位设置的隔爆防护墙达不到安全防护要求，有的单位用砖混结构或单一红砖砌筑，甚至未设置隔爆防护墙，这是永久气体充装站的安全隐患。

(3) 隔爆防护墙的错误布置形式

一些充装站的充装隔爆防护墙设置得很简陋，不但不能对人员活动区域有效防护，甚至充装操作控制台的位置也完全暴露于危险区域。

1）隔爆防护墙"一"字形错误布置形式。隔爆防护墙"一"字形错误布置形式如图4—8所示。

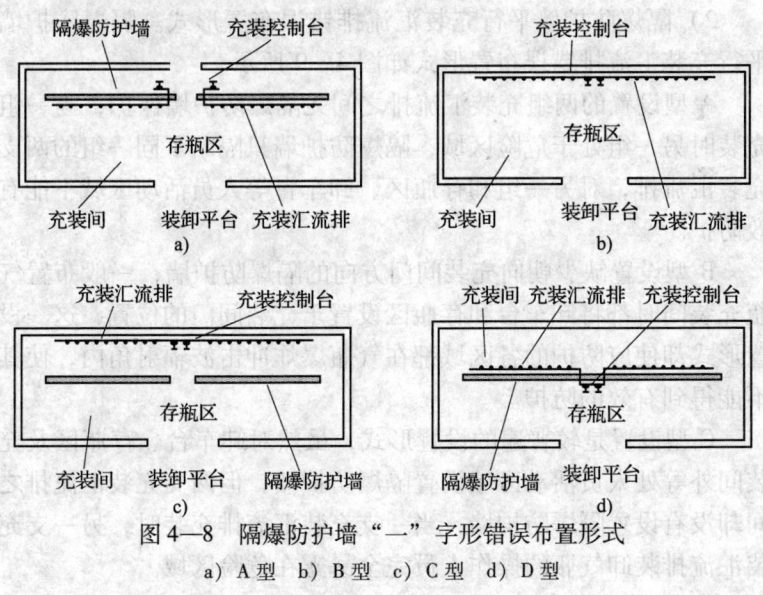

图4—8　隔爆防护墙"一"字形错误布置形式
a) A型　b) B型　c) C型　d) D型

A 型设置的隔爆防护墙虽然将充装控制台与充装汇流排隔离保护，但是，对充装汇流排面对的区域和运瓶通道未设任何防护设施，使卸车台、存瓶区、充装间内外人员活动通道都暴露于危险区域。

B 型充装汇流排设置方式，充装操作控制台位于危险区域，且很多没有钢筋混凝土隔墙，常用充装间外墙作为充装汇流排的支架，根本无隔爆防护功能。这是最简陋、最危险的。

C 型设置只是增设了一道对充装汇流排外侧具有防护功能的隔爆防护墙，充装操作控制台仍在危险区域，两隔爆墙之间运瓶通道的开口仍可使冲击波辐射到卸车台和存瓶区域。

D 型设置的隔爆防护墙使充装操作控制台和与充装汇流排同一朝向的装卸平台、存瓶区、充装间外人员活动区域都得以有效防护，但两支充装汇流排之间却无隔爆防护墙防护，当一支充装汇流排充装时，另一支充装汇流排装卸气瓶，操作人员仍暴露于危险区域。

2）隔爆防护墙平行充装汇流排错误布置形式。隔爆防护墙平行充装汇流排错误布置形式如图 4—9 所示。

A 型设置的两组充装汇流排之间无隔爆防护墙保护，当一组充装时另一组处于危险区域，隔爆防护墙只隔断了同一组的两支充装汇流排，对另一组和存瓶区、卸车台等人员活动区域不能有效防护。

B 型设置缺少朝向充装间门方向的隔爆防护墙，一般布置气瓶充装间时都将卸车台和存瓶区设置于充装间门的位置，这一设置形式却使应防护的各区域都在气瓶爆炸冲击波辐射角内，使其不能得到有效的防护。

C 型设置是较普遍的设置形式，虽然对卸车台、存瓶区及充装间外等处人员活动区域设置隔爆防护墙，但两支充装汇流排之间却没有设置隔爆防护墙，当一支充装汇流排充装时，另一支充装汇流排装卸气瓶的操作人员完全暴露在危险区域。

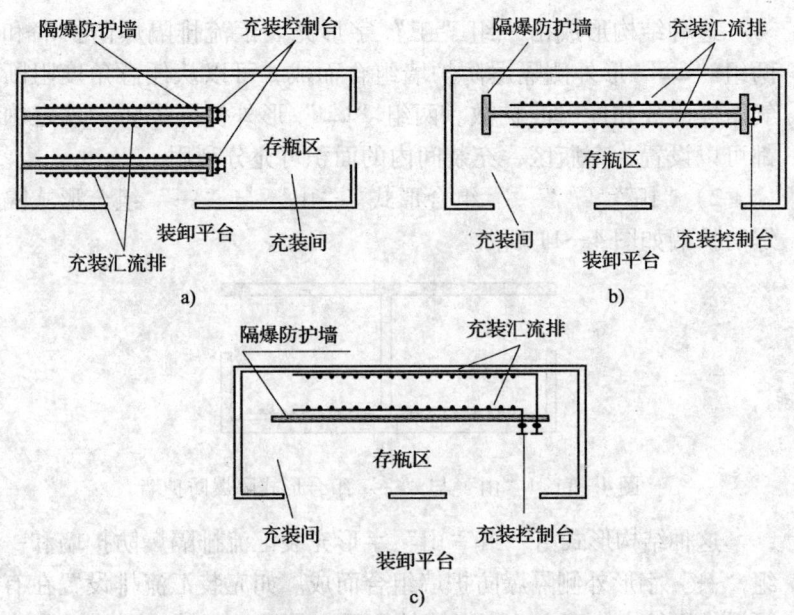

图 4—9 隔爆防护墙平行充装汇流排错误布置形式
a) A 型 b) B 型 c) C 型

（4）隔爆防护墙结构形式。

1）迷宫式。迷宫式隔爆防护墙如图 4—10 所示。这是最好的结构形式，实现了全封闭隔爆防护。适用于两支充装汇流排平行布置，特别是充装间内设置多组充装汇流排的情况。

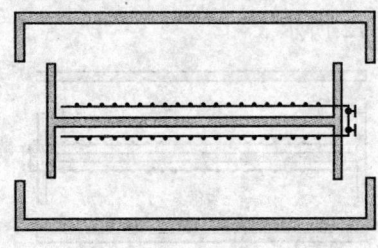

图 4—10 迷宫式隔爆防护墙

这种结构形成由一组"工"字形充装汇流排隔爆防护墙和两组"⊔"形外侧隔爆防护墙组合而成,可以从任意角度阻断气瓶爆碎片和冲击波扩散。两组"⊔"形外侧隔爆防护墙之内都可以设置为存瓶区,充装间内的面积可充分利用。

2)"山"与"一"组合形式。"山"与"一"组合形式隔爆防护墙如图4—11所示。

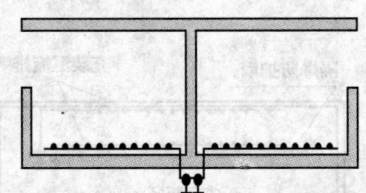

图4—11 "山"与"一"组合形式隔爆防护墙

这种结构形式由一组"山"字形充装汇流排隔爆防护墙和一组"一"字形外侧隔爆防护墙组合而成。如充装汇流排设置在有隔爆作用的实体墙上,实体墙外侧无人员活动区域,则"一"字形隔爆防护墙可用实体墙代替。这种结构的组合隔爆防护墙使用空间小,防护效果较好。其不足之处包括:第一,进出气瓶通道区域不得设置存瓶区和人员活动通道,当这一支充装汇流排气瓶充装时,人员要远离进出气瓶通道区域;第二,一支充装汇流排区仅有一个进出气瓶通道,气瓶充装数量较少。

3)"工"与"一"组合形式。"工"与"一"组合形式隔爆防护墙如图4—12所示。

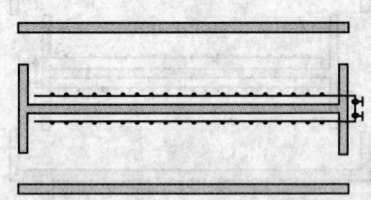

图4—12 "工"与"一"组合形式隔爆防护墙

"工"与"一"组合形式充装隔爆防护墙由两组"工"字形式充装隔爆防护墙和两组"一"字形式形外侧隔爆防护墙组合而成。适用于两支充装汇流排平行布置的情况。也可用充装间的实体外墙代替一侧"一"字形隔爆防护墙,即由一组"工"字形充装隔爆防护墙和一组"一"字形外侧隔爆防护墙组合而成。这样构成的隔爆防护墙结构紧凑,占用的空间小,进出气瓶通道顺畅。但要求"工"字形充装汇流排隔爆防护墙的两横头要加宽1 800 mm左右,以有效地遮挡充装气瓶工位的对外辐射,与进出气瓶通道相对区域不得设置瓶区和人员活动通道。

(5) 隔爆防护墙的强度及安全防护高度。

隔爆防护墙要达到气瓶爆炸时对人的安全防护,就要满足一定的强度要求。

气瓶爆炸时,产生很强的冲击波和震动波,其爆炸能量达到 70×10^5 J 以上,瞬间压力高达 $60 \sim 90$ MPa,冲击波峰压近 200 kPa,对建筑物和人员造成强烈的冲击破坏。充装站设置的隔爆防护墙必须具有阻挡气瓶爆炸产生的冲击波的强度和抵御气瓶爆炸产生的强烈震动波的性能,同时还要具有耐冲击韧性和吸收爆炸能量的性能。因此,隔爆防护墙应采用钢筋混凝土结构,内钢筋布置按设计侧压力不小于冲击波峰压力值考虑,混凝土标号为 C – 30。墙体与基础连接深度不应小于1.5 m。一般墙体应高于2 m。

(6) 隔爆防护墙设置示例。

隔爆防护墙设置示例如图4—13所示。

图4—13所示的隔爆防护墙设置示例是较理想的有效安全防护形式,它从各个角度完全隔离了在充装气瓶时对操作人员及运瓶通道、卸车台、存瓶区、充装间外道路等人员活动区域的辐射,可以有效地阻滞、减缓气瓶爆炸产生的冲击波的破坏能量,隔断气瓶碎片对人员的伤害。

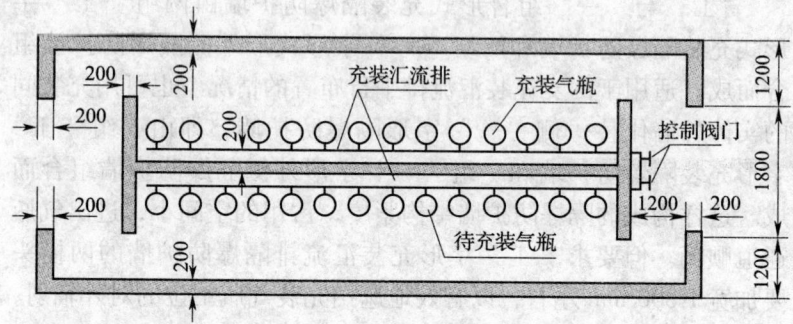

图4—13 迷宫形式隔爆防护墙

这种形式完全满足充装工艺要求,在同一充装间内可布置多组,每一组的一支充装汇流排可以布置充装工位20个以上,既可以调整、降低充装气体流速,又能大大提高充装效率。

二、液化气体充装站安全技术条件

1. 充装站厂房和设备条件

(1)厂房建筑的耐火等级、厂区内防火间距、安全通道及消防用水量等安全防火条件必须符合《建筑设计防火规范》(GB 50016—2006)中的具体规定。

(2)充装间、气瓶储存地点和液化气体储罐厂房温度一般不宜超过30℃,并应设通风、遮阳、蔽雨雪、防雷电、导除静电和防超温的设施。

(3)充装容积为40 L以上(含40 L)的气瓶充装站,应有专供气瓶装卸的站台。

若在站台上存放气瓶,应做到以下几点:

1)空瓶与实瓶必须分开放置,并设立明显标记。

2)站台上必须留有宽度不小于2 m的通道。

(4)气体加压、分离、储存、计量等压力容器必须设有准确、安全、醒目的液面显示装置并有可靠的防超装、超压设施。

(5) 站内应配备与其充装接头数量相等的计量衡器。复检与充装的计量衡器应分开使用。计量衡器的最大称量值不得大于所充气瓶实重（包括瓶自重与装液重量）的3倍，且不小于1.5倍。日充装量大于10瓶的液氯、液氨气体充装站应配备具有在超装时自动断开功能的计量称。

(6) 管线、设备上配置的各种压力指示计，其精度不应低于1.5级。

(7) 充装间应设置在气瓶超装时可同时切断气源的联锁装置。

(8) 充装毒性和可燃性气体的充装站，应设置相应的气体浓度监测报警装置。

2. 特殊安全技术要求

(1) 充装毒性液化气体的充装站。

1) 充装剧毒液化气体的充装站，必须配置在充装同时可防止气体逸出的负压操作系统。

2) 厂房内除设置一般机械通风外，还应备有事故排风装置。对排出含有大量有毒气体的空气必须进行净化处理。

3) 盛储剧毒液化气体的容器应设置在室内，并设有可在容器四周形成水幕制止突发性事故而造成毒性气浪的给水装置。

4) 充装人员必须根据液化气体毒性特性配备相应的防毒面具，同时还应设专人对上述防毒面具和滤毒罐定期进行检查与更换。

5) 应在专门指定场所备有急救药品并设专人定期检查以防失效，同时还应具有可靠的通信联络手段和抢救、运送中毒人员的条件。

(2) 充装可燃性气体的充装站。

1) 厂区内火灾爆炸危险区的划分，变、配电所和控制室的设计，电气设备和装置的选型及机械排风条件等安全技术要求必须符合《爆炸和火灾危险环境电力装置设计规范》（GB 50058—

1992）中的具体规定。

2）充装厂房内必须按《建筑设计防火规范》中的具体规定设置有足够泄压面积的安全排气装置。充装重度小于空气的气体，泄压排气装置应安放在其室内顶部；充装重度大于或等于空气的气体，厂房内在靠近地面的位置应设有机械排风设备。

3）站内应备有适应不同型号机动车辆用的阻火器。

4）操作人员的着装应采用防静电的衣服、底部无铁钉的鞋具，并应避免使用可能产生火花的检修工具。

(3) 充装腐蚀性气体的充装站。

站内的设备、管道、阀门及连接件与密封件应根据所充装气体的腐蚀性，选用相应的耐蚀材料制成。

三、溶解乙炔充装站安全技术条件

1. 溶解乙炔充装站布置

（1）站址选择。

溶解乙炔充装站的选址应考虑近期扩建的可能性，严禁布置在易被水淹没的地方，且不应布置在人员密集区和主要交通要道处，气态乙炔站、乙炔汇流排间宜靠近乙炔主要用户处，应有良好的自然风。乙炔站应布置在氧气站空分设备吸风口处且为全年最小频率风向的上风侧。

（2）建筑物。

1）建筑物耐火等级。乙炔站有爆炸危险的生产间（包括乙炔压缩机间、灌瓶间、空瓶间、实瓶间、乙炔瓶库等）的火灾危险性类别为甲类，厂房应为一、二级耐火等级的单层建筑。

2）防爆泄压设施。有爆炸危险的生产间应设置泄压设施，泄压设施宜采用轻质屋盖或屋盖上开口作为泄压面积。泄压面积与厂房容积的比值（m^2/m^3）应符合《建筑设计防火规范》的要求，且泄压比宜为 0.22。

3）库房通风设置。储存乙炔气瓶的库房必须是单层结构，其高度不应低于 4m，屋顶应为轻型结构，应有通风换气装置，通风量应以事故排气量为基数，每小时换气量为基数的 7 倍以上。

(3) 溶解乙炔充装站的安全间距。

独立的乙炔瓶库与其他建筑物和屋外变、配电站之间的防火间距，不应小于表 4—18 的规定。

表 4—18　独立的乙炔瓶库与其他建筑物之间的防火间距

独立的乙炔瓶库乙炔实瓶储量/个	防火间距/m			民用建筑，室外变、配电室
	各类耐火等级的其他建筑物			
	一、二级	三级	四级	
≤1 500	12	15	20	25
>1 500	15	20	25	30

(4) 乙炔站布置。

乙炔站的设备或乙炔汇流排的布置，应紧凑合理，便于安装、维修和操作。

1) 设备与设备之间的净距不宜小于 1.5 m；设备与墙之间的净距不宜小于 1 m，但水环式乙炔压缩机、水泵、水封等小型设备的布置间距可适当缩小。

2) 灌瓶乙炔压缩机双排布置时，两排之间的通道净宽度和发生器间的主要通道净宽度不宜小于 2 m。

3) 乙炔汇流排应直线布置，不得拐角布置；双排布置时，其净距不宜小于 2 m。

4) 灌瓶间、空瓶间和实瓶间的通道净宽度，应根据气瓶的运输方式确定，但不宜小于 1.5 m。

5) 制气站房内的中间电石库的电石储量，不应超过 3 昼夜的设计消耗量，且不应超过 5 t。

6）在乙炔瓶充灌丙酮处，丙酮的存放量不应超过一个包装桶的量。

7）气瓶修理间应为单独的房间，除与空瓶间直接相通外，不应与其他房间直接相通。

8）乙炔站应设化验室，化验室应为单独的房间。

9）空瓶间、实瓶间、电石库和乙炔汇流排间应设置气瓶或电石桶的装卸平台。平台的高度应根据气瓶或电石桶的运输工具确定，宜高出室外地坪 0.4~1.1 m；平台的宽度不宜超过 3 m。

灌瓶间、空瓶间、实瓶间、汇流排间和装卸平台的地坪，应采取相同的标高。

中间电石库的地坪应比发生器间的地坪高出 0.1 m。

电石库的室内地坪应比装卸平台的台面高出 0.05 m。

电石库如不设装卸平台时，室内地坪应比室外地坪高出 0.25 m。

10）有爆炸危险的房间和乙炔发生器的操作平台，应有安全出口。

11）电石库、中间电石库严禁敷设蒸气、凝结水和给水、排水等管道。

12）灌瓶乙炔压缩机间应有检修用的起重设施。

(5) 气瓶存放区设置。

1）乙炔站的乙炔实瓶储量不宜超过 3 昼夜的灌瓶量。

2）乙炔汇流排间的乙炔实瓶储量不应超过 1 昼夜的生产需用量。

3）乙炔实瓶储量不超过 500 个时，灌瓶站房和制气站房可设在同一座建筑物内，但应以防火墙隔开。灌瓶站房的乙炔实瓶储量超过 500 个时，灌瓶站房和制气站房应为两座独立的建筑物。

4）灌瓶站房的空瓶间和实瓶间的总面积不应超过 200 m^2。

5）灌瓶站房中实瓶的最大储量不应超过 1 000 个，并且空瓶间和实瓶间的总面积不应超过 400 m^2。

6）独立的乙炔瓶库的气瓶储量应根据生产需要量、气瓶周转和运输等条件确定，但实瓶库的气瓶储量不应超过3 000个，且其中应以防火墙分隔，每个隔间的气瓶储量不应超过1 000个。

7）空瓶间和实瓶间应分别设置，灌瓶间或汇流排间可通过门洞与空瓶间或实瓶间相通，但各自应设独立的出入口。

当实瓶数量不超过60个时，空瓶、实瓶和汇流排可布置在同一房间内，但空、实瓶应分别存放；空瓶、实瓶与汇流排之间的净距不宜小于2 m。

8）灌瓶间、汇流排间、空瓶间和实瓶间，应有防止倒瓶的措施。

2. 管道

（1）管道流速。

1）厂区和车间的乙炔管道，乙炔的工作压力为0.02~0.15 MPa时，其最大流速为8 m/s。

2）乙炔站内的乙炔管道，乙炔的工作压力为2.5 MPa及以下时，其最大流速为4 m/s。

（2）连接方式。

管道的连接，宜采用焊接和高压卡套接头，但与设备、阀门和附件的连接处，可采用法兰或螺纹连接。

（3）管道维护。

乙炔管道应设热补偿。架空乙炔管道靠近热源敷设时，宜采取隔热措施；管壁温度严禁超过70℃。

（4）管道敷设。

1）乙炔站和车间的乙炔管道敷设。乙炔站和车间的乙炔管道敷设时，乙炔管道应沿墙或柱子架空敷设，其高度应不妨碍交通和便于检修。当不能架空时，可单独或与同一使用目的的氧气管道共同敷设在不燃烧体盖板的不通行地沟内，但地沟内必须全部填满沙子，并严禁与其他沟道相通。乙炔管道穿过墙壁或楼板处，应敷设在套管内，套管内的管段不应有焊缝。管道与套管之间应用石棉绳和防水材料填塞。

2）厂区的乙炔管道架空敷设。

①敷设在不燃烧体的支架上；当与乙炔生产或使用有关的车间建筑物，其耐火等级为一、二级时，可沿建筑物的外墙或在屋顶上敷设。

②含湿乙炔管道，在寒冷地区可能造成管道冻塞时，应采取防冻措施。

③不应与导电线路（不包括乙炔管道专用的导电线路）敷设在同一支架上。

3）厂区乙炔管道地下敷设。应直接埋地敷设，并应符合下列要求：

①埋地敷设深度应根据地面荷载决定；管顶距地面不宜小于 0.7 m；穿过铁路和道路时，其交叉角不宜小于 45°。

②含湿乙炔管道应敷设在冰冻线以下。

③在从沟底起直至管顶以上 300 mm 范围内，用松散的土壤填平捣实或用沙填满，然后再回填土。

④阀门和附件宜直接埋地，当设检查井时，应单独设置，并严禁其他管道直接通过。

⑤管道、阀门和附件的外表面，应有防腐措施。

⑥严禁通过下列地点：烟道、通风地沟和直接靠近高于 50℃ 的热表面；建筑物、构筑物和露天堆场的下面。

3. 回火防止器或回火阻止器设置

（1）焊炬、割炬或淬火炬回火防止器设置。

每个焊炬、割炬或淬火炬应设单独的岗位回火防止器。回火防止器设保护箱时，必须采用通风良好的保护箱。

（2）管道回火防止器设置。

压力为 0.02~0.15 MPa 的车间乙炔管道进口处，应设中央回火防止器。

(3) 乙炔管道和所连接设备阻火器设置。

乙炔管道和所连接的设备中,在下列部位必须设置阻火器:

1) 高压干燥器的出口管路上。
2) 各充灌汇流排的主截止阀前。
3) 充灌汇流排的各分配截止阀后。
4) 高压乙炔放回低压乙炔的管路上。

4. 防雷和导除静电接地装置

(1) 防雷接地装置。

乙炔生产、充装是易燃易爆危险化学品的生产过程,火灾危险类别为甲类,引燃引爆量极低。因此,乙炔的生产、充装工艺系统必须设置防火、防爆、防雷、防静电安全防护设施,乙炔站和露天储罐的防雷装置,应执行《建筑物防雷设计规范》(GB 50057—2010)的规定。一般可在生产区域设置 30 m 高避雷针(塔) 4 支(座),形成区域保护避雷网或 2 支避雷针组成的避雷设施。防雷装置每年应由具有法定检测资格的检测机构进行检测,取得注明检测点位、监测数据、结论为合格的检测报告。

(2) 导除静电接地装置。

乙炔设备、乙炔管、乙炔汇流排、传送带应有导除静电的接地装置,接地电阻值不应大于 10 Ω。

乙炔管道应有导除静电的接地装置;厂区管道可在管道分岔处、无分支管道每 80~100 m 处以及进出车间建筑物处设接地装置;直接埋地管道,可在埋地之前及出地后各接地一次;车间内部管道可与本车间的防静电干线相连接。当每对法兰或螺纹接头间电阻值超过 0.03 Ω 时,应有跨接导线。对有阴极保护的管道,不应作接地。

5. 乙炔充装站消防设施

充装站内必须设置消防车通道、专用消火栓、消防水源、灭火器材以及在紧急情况下处理事故的消灾设施。

灌瓶间内必须设置紧急喷淋装置供灭火用，乙炔充灌汇流排上应设置水喷淋冷却装置，且能喷到所有乙炔瓶。应每周启动检查一次。

乙炔充装站内必须设置消防车通道，消防车通道宽度不应小于 3.5 m。

6. 防火防爆设施

（1）防火分区。

根据《爆炸和火灾危险环境电力装置设计规范》（GB 50058—1992）乙炔站防火分区如下：

1）发生器间、乙炔压缩机间、灌瓶间、电石渣坑、丙酮库、乙炔汇流排间、空瓶间、实瓶间、储罐间、电石库、中间电石库、电石渣泵间、乙炔瓶库、露天设置的储罐、电石渣处理间、净化器间，应为1区。

2）气瓶修理间、干渣堆场，应为2区。

3）机修间、电气设备间、化验室、澄清水泵间、生活间，应为非爆炸危险区。

（2）防爆电气设备的选择。

根据爆炸危险区域的分区、电气设备的种类和防爆结构的要求应选择相应的防爆电气设备。

乙炔发生器、乙炔压缩机等设备，必须采用适用于乙炔的 dIICT2（B4d）防爆等级的防爆型电气设备、仪表。当受条件限制，需采用不适用于乙炔的或非防爆型电气设备、仪表时，应将其布置在单独的电气设备间或室外。

电气设备间与发生器或乙炔压缩机间，应由无门、窗、洞的不燃烧体隔开。布置在室外的电气设备，应有防雨雪措施。

爆炸危险区的照明灯具、电动葫芦、控制按钮、接线盒、电扇等，应是 dIICT2（BzB4d）防爆等级的防爆型电器。

（3）供电系统。

乙炔站的供电按《供配电系统设计规范》（GB 50052—2009）规定的负荷分级，除不能中断生产用气者外，可定为三级负荷。

（4）可燃气体检测。

乙炔站的1区爆炸危险区应设乙炔可燃气体检测仪，并与通风机联锁。

（5）截止阀。

在乙炔充装汇流排每排的进口管上应设置1只主截止阀，在充装汇流排各分配接口处必须设置分配截止阀，应1瓶1阀。在充装汇流排的末端应设有通向乙炔气柜的回流管，回流管道上应设截止阀。

（6）惰性气体置换装置。

在乙炔站设备管道系统中应装设含氧量小于3%的惰性气体（一般为氮气）置换装置。乙炔排放管的设置应各自单独引至室外，引出管管口应高于屋脊，并且不得低于1 m。

（7）其他。

在乙炔充装站应备有防静电的工作服，不产生火花的工作鞋、手套等防护用品，以及应急救护用品。

乙炔充装站应备有不同型号机动车辆所需的阻火器。

乙炔充装站安装或维修时应选用不产生火花的防爆工具。

第五节　气瓶充装站安全管理

一、气瓶充装资质

1. 充装资格

（1）气瓶充装单位应向省级质量技术监督行政部门锅炉压力容器安全监察机构提出注册登记书面申请。经审查，确认符合条件者，由省级质量技术监督行政部门锅炉压力容器安全监察机构办理注册登记。未办理注册登记的不得从事气瓶充装工作。

（2）气瓶充装注册登记有效期为 5 年，有效期满前 3 个月，气瓶充装单位应向原注册单位提出办理换发注册登记申请。逾期不申请者，视为自动放弃，不得再从事气瓶充装。

2. 人员要求

（1）气瓶充装站内必须配备 1 名有从事充装站工作 3 年以上经验的，并具有工程师以上技术职称（含工程师）的技术负责人。

（2）应配备具有高中以上学历，经行业主管部门专业技术培训合格的专职安全管理人员。

（3）必须配备经过专门技术培训并考核合格后的持证气瓶检查员、产品质量化验员以及气瓶管理员。

（4）气瓶充装人员必须由经过专业技术培训并取得认证资格的持证人员担任，且每班充装人员不得少于 2 人。

（5）站内应配备适量的经专业技术培训合格的气体分析和气瓶附件检修人员。

（6）气瓶充装单位必须对气瓶充装人员和气瓶充装前检查人员进行有关气体性质、气瓶的基本知识、潜在危险和应急处理措施等内容的培训。

3. 建立健全安全管理制度

二、气瓶充装管理规定

1. 气瓶充装实行年审制度

地、市级质量技术监督行政部门安全监察机构应每年对气瓶充装站进行一次年审。年审时，应对充装站充装工作的质量进行综合评价。对年审不合格的充装站应警告或暂停充装进行整顿，整顿合格后方可恢复充装。对整顿不合格的，报请省级质量技术监督行政部门取消充装资格。充装站换发注册登记以年审为依据，对每年年审均合格的气瓶充装站，可免于检查直接换证。

2. 气瓶实行固定充装单位充装制度

气瓶充装单位只充装自有气瓶和托管气瓶，不得为任何其他单位和个人充装气瓶（车用气瓶除外）。气瓶充装前，充装单位应有专人对气瓶逐只进行充装前的检查，确认瓶内气体并做好记录。无制造许可证单位制造的气瓶和未经安全监察机构批准认可的进口气瓶不准充装，严禁充装超期未检气瓶和改装气瓶。

3. 警示标签和充装标签

气瓶充装单位必须在每只充装气瓶上粘贴符合《气瓶警示标签》（GB 16804—1997）规定的警示标签和充装标签。

4. 严禁充装

属于下列情况之一的气瓶，应先进行处理，否则严禁充装：

（1）钢印标记、颜色标记不符合规定，对瓶内介质未确认的。

（2）附件损坏、不全或不符合规定的。

（3）瓶内无剩余压力的。

（4）超过检验期限的。

（5）经外观检查，存在明显损伤，需进一步检验的。

（6）氧化或强氧化性气体气瓶粘有油脂的。

（7）易燃气体气瓶的首次充装或定期检验后的首次充装，未经置换或抽真空处理的。

5. 防错装充装装置

（1）永久气体的充装装置。

永久气体充装装置，必须防止可燃气体与助燃气体的错装和防止不相容气体的错装。充气后在20℃时的压力，不得超过气瓶的公称工作压力。

（2）电解法制取氢气、氧气的充装单位。

采用电解法制取氢气、氧气的充装单位，应制定严格的定时测定氢、氧纯度的制度，宜设置自动测定氢、氧浓度和超标报警的装置。当氢气中含氧或氧气中含氢超过 0.5%（体积比）时，严禁充装，同时应查明原因。

6. 充装站室内、室外醒目处设置安全标志。

7. 气瓶充装单位及其气体经销者，有责任配合气瓶事故的调查，气瓶充装单位应承担由于充装不当造成气瓶事故的相应责任。

三、气瓶充装单位管理制度

气瓶充装单位应按下列内容配备和建立有关确保充装质量和安全的管理制度：

（1）与所充装的气体、气瓶相关的国家标准、法规、规程等专业技术资料。

（2）安全操作规程、岗位操作法和岗位责任制。

（3）设备和仪器、电器、气瓶等安全技术管理台账。

（4）气瓶充装前确认瓶内介质种类并进行余压测试、剩余介质的纯度分析、重量检查和充装后重量复称制度。

（5）充装记录管理制度。

（6）设备、安全附件、仪表、计量器具的定期检查或检验制度。

（7）安全教育、培训、检查制度。

（8）防火、防爆制度。

（9）危险品（易燃、易爆品，气瓶）运输、储存制度。

（10）设备、计量器具周检制度并建立台账。

（11）档案管理制度。

（12）剧毒化学品以及储存数量构成重大危险源的其他危险化学品，应当在专用仓库内单独存放，并实行双人验收、双人发货、双人保管、双把锁、双本账的"五双"保管制度。

（13）事故处理、应急救援管理制度。

第五章　气瓶运行安全

第一节　气瓶安全管理与监察

一、气瓶安全管理
1. 气瓶使用登记管理

气瓶充装单位、车用气瓶产权单位或者个人（以下统称使用单位）应当按照《气瓶使用登记管理规则》（TSG R 5001—2005）的规定，向当地质量技术监督部门办理气瓶使用登记，领取气瓶使用登记证（见图5—1）。

气瓶使用登记证

按照《气瓶使用登记管理规则》的规定，准予使用登记。此证仅对《气瓶使用登记表》中已经登记、有使用登记代码永久标记并且在安全技术规范规定的检验周期内经检验合格的气瓶有效。

使用登记证编号：
使用单位：
附《气瓶使用登记表》

登记机关：（加盖公章）

图5—1　气瓶使用登记证
注：使用单位是指气瓶充装单位、车用气瓶产权单位（或者个人）

(1) 气瓶使用单位办理气瓶使用登记时,应当向登记机关提交以下文件:

1) 气瓶使用登记表一式两份,并附电子文本。气瓶使用登记表见表5—1。

表5—1　　　　　　　气瓶使用登记表

使用单位:(加盖使用单位公章)　　　　　　　　使用单位代码:

序号	设备品种	充装介质	制造单位	制造年月	公称工作压力（MPa）	容积（L）	设计壁厚（mm）	最近一次检验日期	下次检验日期	气瓶使用登记代码	变更情况	停用情况	备注

共　页　第　页

申请人声明和签署:以上所列气瓶均标有唯一的使用登记代码,本人对本表所填内容的真实性负责。

申请人单位法定代表人签名:　　　　　　日期:
登记机关经办人:　　　　　　　　　　　日期:
安全监察机构负责人:　　　　　　　　　日期:　　　登记机关:(加盖公章)

2) 气瓶产权证明和检验合格证明。

3) 气瓶使用单位代码。

在用气瓶办理使用登记时,如果已经超过定期检验有效期,应当在定期检验合格后办理使用登记。新气瓶还需提供下列文件:

1) 气瓶的产品质量证明书或者合格证的复印件。

2) 气瓶的产品安全质量监督检验证书的复印件。

(2) 使用单位按照通知时间持文件受理凭证领取使用登记证或者不予受理决定书。领证时同时领回提交的文件和一份由登记机关盖章的气瓶使用登记表。

（3）使用单位应当建立气瓶安全技术档案，将使用登记证、登记文件妥善保存，并将有关资料录入计算机。

（4）使用单位应在每只气瓶的明显部位标注气瓶使用登记代码永久性标记。

（5）使用单位应当于每年12月31日前，向登记机关报送气瓶变更情况，填写气瓶使用登记表，并附电子文件。

2. 气瓶过户与报废登记

（1）气瓶需要过户，气瓶原使用单位应当持气瓶使用登记证、气瓶使用登记表、有效期内的定期检验报告和接收单位同意接收的证明，到原登记机关办理使用登记注销手续，取得原登记机关签发的气瓶过户证明（见图5—2）。

气瓶过户证明

附表所列的气瓶已经办理使用登记证注销手续，请予办理过户使用登记。

登记机关：（加盖公章）
日期

图5—2 气瓶过户证明

（2）气瓶原使用单位应当将气瓶过户证明、标有注销标记的气瓶使用登记表、历次定期检验报告以及登记文件，全部移交给气瓶新使用单位。

（3）气瓶过户时，其使用登记代码永久标记不得更改，但应当在气瓶原标记前标注"GH＋气瓶新使用单位代码"字样。

（4）气瓶有以下情况之一的，不得申请变更登记。

1）气瓶原使用单位未办理使用登记的。

2）定期检验结论为判废或者到期报废的。
3）擅自变更使用条件或者进行过违规修理、改造的。
4）无技术资料的。
5）超过规定使用年限的。
6）制造单位不明或者制造日期不准确的。
7）存在其他安全隐患的。

(5) 气瓶报废时，使用单位应当持气瓶使用登记证和气瓶使用登记表到登记机关办理气瓶报废、使用登记注销手续。

二、气瓶安全监察

1. 气瓶设计

气瓶的设计实行设计文件审批制度。气瓶制造所采用的设计文件必须经审核批准。

无缝气瓶、焊接气瓶和特种气瓶的设计文件，由国家质量监督检验检疫总局特种设备安全监察局审批；液化石油气瓶制定全国通用的设计文件，由国家上述部门审批。

气瓶制造单位向审批机构提出审批申请时，应同时提交完整的设计文件和产品型式试验报告。设计文件包括：

（1）设计任务书，应给出使用介质、工作温度、工作压力、容积、主要技术要求等。

（2）设计图样，应包括设计总图、零部件图、主要技术参数、技术要求。

（3）设计计算书，应有容积计算、强度计算、必要的刚度校核、设计壁厚的确定等内容。

（4）设计说明书，应包括设计参数选择与依据、材料的选择、安全附件的选择、主要生产工艺要求、检验要求等。

（5）标准化审查报告。

（6）使用说明书，应包括充装和使用要求以及安全操作要点等。

2. 气瓶制造

(1) 气瓶制造单位必须持有质量技术监督行政部门颁发的制造许可证，并按批准的项目和审批的设计文件制造气瓶。

(2) 气瓶正式投产前，应按有关标准进行型式试验。改变原设计、中断生产超过 6 个月和改变冷热加工、焊接、热处理等主要制造工艺的应重新进行型式试验。

(3) 气瓶应按批组织生产，气瓶的分批和批量要求：

1) 无缝气瓶应按同一设计、同一炉罐号材料，同一制造工艺以及按同一热处理规范连续进行热处理的条件分批。

2) 焊接气瓶应按同一设计、同一材料牌号、同一焊接工艺以及按同一热处理规范连续进行热处理的条件分批。

3) 纤维缠绕气瓶的金属内胆的分批与本条第 1 款相同；成品瓶按同一规格、同一设计、同一制造工艺、连续生产为条件分批。

4) 低温绝热气瓶应按同一设计、同一材料牌号、同一焊接工艺、同一绝热工艺为条件分批。

5) 小容积气瓶的批量不得小于 202 只，中容积气瓶的批量不得大于 502 只，大容积气瓶批量不得大于 50 只。特殊情况按产品标准的规定。

(4) 无缝气瓶制造单位应在有关技术文件中，对气瓶冲压、拉拔的冲头，旋压或模压收口的模板或模具，做出投入使用前的工艺验证、定期检查、修理和更换的规定。

(5) 焊接气瓶瓶体的纵、环焊缝，必须采用自动焊。瓶阀阀座与瓶体的焊接应尽量采用自动焊。

(6) 焊接气瓶的施焊焊工，必须按《锅炉压力容器压力管道焊工考试规则》考试合格，取得相应的焊接资格证书。

(7) 气瓶的焊接工作，应在相对湿度不大于 90%，温度不低于 0℃ 的室内进行。

（8）气瓶的热处理，必须采用整体热处理。经整体热处理的焊接气瓶，不得再进行焊接工作，如再施焊，必须重新进行热处理。

（9）气瓶制造质量的检验和检测项目及要求，应符合相应的国家标准或经评审备案的企业标准的规定。水压爆破试验宜采用自动记录装置，绘制出压力—进水量曲线。

（10）从事气瓶无损检测工作的人员，必须考核取得资格证书。所承担的无损检测工作，应与资格证书中的探伤方法和等级相一致。

（11）气瓶出厂时，制造单位应逐只出具产品合格证，按批出具批量检验质量证明书。产品合格证和批量检验质量证明书的内容，应符合相应的产品标准的规定。同时必须在产品合格证的明显位置上，注明制造单位的制造许可证编号。

3. 气瓶定期检验

（1）气瓶的定期检验周期、报废期限应当符合有关安全技术规范及标准的规定。

（2）承担气瓶定期检验工作的检验机构，应当经国家质检总局安全监察机构核准，按照有关安全技术规范和国家标准的规定，从事气瓶的定期检验工作。从事气瓶定期检验工作的检验人员，应当经国家质检总局安全监察机构考核合格，取得气瓶检验人员证书后，方可从事气瓶检验工作。

（3）气瓶定期检验证书有效期为 4 年。有效期满前，检验机构应当向发证部门申请办理换证手续，有效期满前未提出申请的，期满后不得继续从事气瓶定期检验工作。

（4）气瓶检验机构应当有与所检气瓶种类、数量相适应的场地，余气回收与处理设施，检验设备，持证检验人员，并有一定的检验规模。

（5）气瓶定期检验机构的主要职责如下：

1)按照有关安全技术规范和气瓶定期检验标准对气瓶进行定期检验,出具检验报告,并对其正确性负责。

2)按气瓶颜色标志有关国家标准的规定,去除气瓶表面的漆色后重新涂敷气瓶颜色标志,打气瓶定期检验钢印。

3)对报废气瓶进行破坏性处理。

(6)气瓶检验机构应当严格按照有关安全技术规范和检验标准规定的项目进行定期检验。检验气瓶前,检验人员必须对气瓶的介质处理进行确认,达到有关安全要求后,方可检验。检验人员应当认真做好检验记录。

(7)气瓶检验机构应当保证检验工作的质量和检验安全,保证经检验合格的气瓶和经维修的气瓶阀门能够安全使用一个检验周期,不能安全使用一个检验周期的气瓶和阀门应予以报废。

(8)气瓶检验机构应当将检验不合格的报废气瓶予以破坏性处理。气瓶的破坏性处理必须采用压扁或将瓶体解体的方式进行。禁止将未作破坏性处理的报废气瓶交予他人。

(9)气瓶检验机构应当按照省级质监部门安全监察机构的要求,报告当年检验的各种气瓶的数量、各充装单位送检的气瓶数量、检验工作情况和影响气瓶安全的倾向性问题。

4. 安全附件

气瓶的安全附件包括气瓶专用爆破片、安全阀、易熔塞、瓶阀、瓶帽、液位计、防振圈、紧急切断和充装限位装置等。根据原国家质量技术监督局公布的目录,列入制造许可证范围的安全附件需取得原国家质量技术监督局颁发的制造许可证,未列入制造许可证范围的安全附件,除瓶帽和防振圈外,需在锅炉压力容器安全监察局办理安全注册。

气瓶附件制造企业应保证其产品至少安全使用一个检验周期。

第二节 气瓶操作安全

一、基本要求

根据《气瓶安全监察规定》第 79 条规定,气瓶使用者应遵守下列规定:

(1) 采购和使用有制造许可证的企业的合格产品,不使用超期未检的气瓶。

(2) 使用者必须到已办理充装注册的单位或经销注册的单位购气。

(3) 气瓶使用前应进行安全状况检查,对盛装气体进行确认,不符合安全技术要求的气瓶严禁入库和使用;使用时必须严格按照使用说明书的要求使用气瓶。

(4) 气瓶的放置地点,不得靠近热源和明火,应保证气瓶瓶体干燥。盛装易起聚合反应或分解反应的气体的气瓶,应避开放射性线源。

(5) 气瓶立放时,应采取防止倾倒的措施。

(6) 夏季应防止暴晒。

(7) 严禁敲击、碰撞。

(8) 严禁在气瓶上进行电子电焊引弧。

(9) 严禁用温度超过 40℃ 的热源对气瓶加热。

(10) 瓶内气体不得用尽,必须留有剩余压力或剩余气体量,永久气体气瓶的剩余压力应不小于 0.05 MPa;液化气体气瓶应留有不少于 0.5%~1.0% 规定充装量的剩余气体。

(11) 在可能造成回流的使用场合,使用设备上必须配置防止倒灌的装置,如单向阀、止回阀、缓冲罐等。

(12) 液化石油气瓶用户及经销者,严禁将气瓶内的气体向其他气瓶倒装,严禁自行处理气瓶内的残液。

(13)气瓶投入使用后,不得对瓶体进行挖补、焊接修理。

(14)严禁擅自更改气瓶的钢印和颜色标记。

二、使用和维护

除上述基本要求外,气瓶的使用单位还需注意以下几点:

1. 气瓶使用前的检查

从气体充装站或气瓶储存库接收气瓶前应对所接收的气瓶进行逐只检查,发现有下列情况之一者不得接收:

(1)气瓶上没有粘贴气体充装后检查合格证的。

(2)气瓶的颜色标记与所需的气体不符,或者颜色标记模糊不清,或者表面漆色覆盖在另一种漆色之上的。

(3)瓶体上有不能保证气瓶安全使用的缺陷,如严重的机械损伤、变形、腐蚀等。

(4)瓶阀漏气、阀杆受损、侧接嘴螺纹旋向与所需要的气体性质不符或螺纹受损的。

(5)在氧气或氧化性气体气瓶上或瓶阀上存有油脂物的。

(6)气瓶不能直立,底座松动、倾斜的。

(7)气瓶上未装瓶帽和防振圈,或瓶帽和防振圈尺寸不符合要求或损坏的。

在进行上述检查时,对发现有缺陷的气瓶应及时用粉笔在瓶上注明,并向充气单位或储存单位通报。

2. 气瓶安全使用要点

气瓶的使用单位和操作人员在使用气瓶时应做到以下几点:

(1)使用单位应做到专瓶专用,不得擅自更改气瓶的钢印和颜色标记。

(2)气瓶使用时,一般应立放,并应有防倒的措施。

(3)近距离移动气瓶时,应手搬瓶后转动瓶底。移动距离远时,可用轻便小车运送,严禁抛、滚、滑翻。气瓶在工地使用时，应将其放在专用车辆上或将其固定使用。

（4）使用氧气或氧化性气体气瓶时，操作者应仔细检查自己的双手、手套、工具、减压器、瓶阀等有无沾染油脂。凡有油脂的，必须清理干净后，方可操作。氧气瓶和氧化性气体气瓶与减压器或汇流排连接处的密封垫，不得采用可燃性材料。

（5）在安装减压阀、减压器或汇流排导管时，应检查卡箍或连接螺母的旋纹的完好情况，以免工作时脱开而引起事故。用于连接气瓶的减压器、接头、导管和压力表都应涂以标记，用在专一类气瓶上，严防混用。

（6）开启或关闭瓶阀时，只能用手或专用扳手，不准使用锤子、管钳、长柄螺纹扳手，以防损坏阀件。开启或关闭瓶阀的速度应缓慢，防止产生摩擦热或静电火花，对盛装可燃性气体的气瓶更应注意。

（7）发现瓶阀漏气或放不出气来或存在其他缺陷时，将瓶阀关闭，并将发现的缺陷标在瓶体上，送交气瓶充装单位处理。

（8）瓶内气体不得用尽，必须留有剩余压力或剩余气体量，以防混入其他气体或杂质。永久气体气瓶的剩余压力应不小于 $0.05\ \text{MPa}$；液化气体气瓶应留有不少于 $0.5\% \sim 1.0\%$ 规定充装量的剩余气体。

（9）气瓶防回火装置、减压器、压力表、安全帽等安全防护装置必须齐全有效，皮管应用夹头紧固，不漏气，各类气瓶的减压器不准互相代用，也应确保不漏气。检验是否漏气要用肥皂水，严禁用明火。

（10）液化石油气气瓶用户不得将气瓶内的液化石油气向其他气瓶倒装，不得自行处理气瓶内的残液。

（11）氧气瓶、乙炔瓶及其减压器等，禁止与油类接触，操作人员严禁穿戴有油污的工作服和手套，使用中的乙炔瓶不准倒放。

（12）气瓶使用完毕要送回瓶库或妥善保管。使用过的空瓶要标上"空瓶"字样；已用部分气体的气瓶，应把剩余压力写在瓶身上；向瓶库退回未使用的气瓶，应标上"满瓶"字样。

（13）不得将气瓶靠近热源。安放气瓶的地点周围10 m范围内不应进行有明火或可能产生火花的工作。

（14）氧气瓶与乙炔瓶存放距离不得小于2 m，使用距离不得小于5 m。

（15）瓶阀冻结时，应把气瓶移到较温暖的地方，用温水解冻。严禁用温度超过40℃的热源对气瓶加热。

（16）盛装易于自行聚合反应或分解反应的气体的气瓶，应避开放射性射线源。

（17）经常保持气瓶上的油漆完好，漆色脱落或模糊不清时，应按规定重新漆色。

（18）严禁在气瓶上进行电焊引弧，气瓶和电焊在同一地点使用时，瓶底应垫绝缘物，以防气瓶带电。

（19）不准用气瓶做支架。

（20）操作人员应经培训考核，持有效证件上岗作业。

（21）开启气瓶阀门时应小心缓慢地进行，操作者应站在侧面以免气流伤人。

（22）在密闭和狭小的空间进行作业时，要保证有良好的通风。

（23）工作完毕，应将气瓶阀关好，拧上安全罩，检查操作场地，确认无着火危险后，方准离开。

三、气瓶常见故障与排除

1. 气瓶阀常见故障

气瓶阀在使用时常见的故障是漏气或轴空转。瓶阀漏气的主要部位是：瓶阀侧接嘴，此部位漏气通常是由于阀芯与阀芯座之间存在粒状杂质，或阀芯密封磨损所致；阀轴孔，此部位漏气多出现在阀轴无螺纹的瓶阀上,其根本原因在于阀轴下端凸棱未能紧压在装于封严帽中的密封垫上。轴空转的原因是套和轴的方棱磨损或传动片断裂。

2. 瓶阀口结霜

气瓶在快速放气时,由于压缩气体膨胀吸收大量的热,致使瓶阀口急剧降温,空气中的水汽就会在阀口处凝聚成冰霜。此时,应暂时停止用气,待霜化掉后再用气。放气的速度可适当调小,便不会再结霜了。严禁用火烧烤或蒸气吹除。

3. 瓶阀冻结

冬天气温低,若瓶内气体质量不好含有水,水在阀芯处结冰,就可能使瓶阀被冻结而打不开。此时,可将瓶移至温度高的室内,或用40℃以下的温水冲浇,再缓慢地打开瓶阀。切不可用火烤或蒸气吹,也不得用扳手猛拧强开瓶阀,以免发生事故。

4. 乙炔气瓶减压器常见故障及排除方法

(1) 减压器连接部分漏气,主要是螺纹配合松动或垫圈损坏,只需拧紧或调换垫圈即可。

(2) 安全阀漏气,主要是活门密封垫或弹簧变形所致,一般只需调换活门密封垫后调正即可。

(3) 减压器上盖小孔漏气,则是薄膜损坏,应拆开更换。

(4) 调节螺杆在松开情况下,低压表压力有上升现象或出气口涂以肥皂水有气泡不断出现,主要是活门有垃圾卡住或活门密封垫损坏之故,修理时只需拆开后部螺塞,取出活门去除垃圾或调换活门密封垫即可。

(5) 当压力表指针不回零或损坏时,应修理后再使用。

5. 泄漏处理

(1) 液氯钢瓶泄漏时的应急措施。

1) 转动钢瓶,使泄漏部位位于氯的气体空间。

2)易熔塞处泄漏时,应用竹签、木塞进行堵漏处理;瓶阀泄漏时,拧紧六角螺母;瓶体焊缝泄漏时,应用内衬橡胶垫片的铁箍箍紧,凡泄漏钢瓶应尽快使用完毕,返回液氯生产厂。

3)严禁在泄漏的钢瓶上喷水。

4)在运输途中钢瓶泄漏又无法处理时,应将载液氯钢瓶车辆开到无人的偏僻处,使氯气危害降到最低程度;钢瓶泄漏严重时,应抛入水池、水坑内。

(2)液化石油气钢瓶泄漏。

较大的泄漏,当接触时即可发觉,并能听到咝咝响声,出现漏气的原因如下:

1)角阀与瓶嘴的连接处密封不好,角阀上的六角螺母没有拧紧,或螺母内密封垫损坏等原因。

2)减压器与角阀的连接处没有拧紧或垫片不合适,减压器失灵或其密封性能不好。

3)连接胶管老化破裂,接口处不严密。

4)瓶体上的焊缝泄漏,瓶阀与瓶口因锥度或丝扣磨损及密封材料等原因而漏气。

泄漏处理方法如下:

局部微小的漏气,如瓶阀嘴出口与减压器连接处松动而漏气,瓶阀上部的六角螺母因松动而漏气等,稍加拧紧即可处理好的则用户可以修理。但因气瓶焊缝漏气、瓶口漏气、角阀漏气等难度稍大的修理工作,则应送充装站或检验站由专业单位检修和处理。

(3)氧气瓶泄漏。

氧气瓶泄漏主要是瓶阀漏气。瓶阀漏气较为复杂,可分为:瓶阀关闭状态漏气和瓶阀开启状态漏气。

瓶阀关闭状态漏气一般是阀芯的芯子损坏或保险片破损或位置不佳,密封不好,更换阀芯或保险片即可排除。这种漏气一般在产品出厂前处理好，用户如偶尔碰到这种现象，拿回生产厂更换即可。

瓶阀开启后漏气较为常见，指的是使用过程中，瓶阀拧开后氧气除了从管道流到焊、割炬，或从管道供病人呼吸外，还有一部分氧气从瓶阀阀杆周边的缝隙往外泄漏。这种现象处理比较困难，既要掌握瓶阀内部构造和密封材料性能，还要具备一定的技能技巧。

氧气瓶泄漏问题由附设于气体生产厂的氧气瓶定期检验站处理，用户应停止使用，连瓶带气送回生产厂更换，由专业的氧气瓶检验人员维修。

第三节 气瓶运输

气瓶在运输和装卸过程中常常发生爆炸、燃烧等事故。为确保气瓶运输、装卸过程中的安全，气瓶的运输单位应当制定相应的气瓶安全管理制度和事故应急处理措施，并由专人负责气瓶的安全工作，定期对气瓶运输人员进行气瓶安全技术教育。

在运输搬运前应了解气体名称、性质和安全搬运注意事项，对有毒、有害、腐蚀、放射性、自燃等气体要备齐工器具和穿戴防护用品，低温液体汽化充装工艺在装卸液体时要备齐防低温损伤人体的工器具和防护用品。

一、运输资质要求

1. 运输资质认定

气瓶内盛装介质为压缩气体、液化气体、低温气体，属于危险化学品，因此，气瓶运输实行资质认定制度，气瓶运输企业必须具备进行危险化学品运输的资质认定，未经资质认定的单位，不得运输。

2. 人员要求

运输企业应对驾驶员、船员、装卸管理人员、押运员进行有关安全知识培训,必须掌握运输安全知识,并经考核合格,取得上岗资格证,方可上岗作业。装卸作业必须在装卸管理人员的现场指挥下进行。

驾驶员、船员、装卸人员、押运员必须了解所运载气瓶及其内部介质的性质、危害特性和发生意外时的应急措施。

3. 车辆要求

运输车辆应专车专用,并设有明显的安全标志,必须配备必要的应急处理器材和防护用品。要符合交通部门对车辆和设备的规定:

(1) 车厢、底板必须平坦完好,周围护栏板必须牢固。

(2) 机动车辆排气管必须装有有效的隔热和熄灭火星的装置,电路系统应有切断总电源和隔离火星的装置。

(3) 车辆左前方必须悬挂黄底黑字"危险品"字样的信号旗。

(4) 根据介质的危险性质,配备相应的消防器材和捆扎、防水、防散失等用具。

二、装卸安全

(1) 必须配戴好瓶帽(有防护罩的气瓶除外)、防振圈(集装气瓶除外),轻装轻卸,严禁抛、滑、滚、碰。

(2) 吊装时,严禁使用电磁起重机和金属链绳。

(3) 操作人员应根据所装气体的性质穿戴防护用品,必要时需戴防毒面具。装卸大型气瓶或长管气瓶集装架等,在起重机操作时必须戴好安全帽。

(4) 装卸易燃、易爆气体应远离热源、火源,如锅炉房或明火场所。

(5) 操作人员必须检查气瓶安全帽是否齐全、旋紧。操作时,严格遵守操作规程;装卸时,必须轻装轻卸,严禁抛、滑或猛力撞击。

(6)卸车时,放置气瓶的地面必须平整,应在气瓶落地点铺上铝垫或橡皮垫,必须逐个卸车。徒手操作搬运气瓶,不准脱手滚瓶、脱手传接。装卸时,要注意保护气瓶阀门,防止损坏。除允许竖装的气瓶(如民用液化石油气瓶等)外,气瓶应横向放置平稳,妥善固定,防止滚动。气瓶头部应朝向一方,最上一层不准超过栏板高度。小型货车装运气瓶,其车厢宽度不及气瓶高度时,气瓶可纵向摆放,但气瓶头部应紧靠前车厢栏板,不得竖装。汽车装卸时,同一车厢不准2人同时单独往车上装瓶。

(7)气瓶运到目的地后将气瓶垂直放稳后方可松手脱身,以防气瓶摔倒酿成事故。

(8)装卸操作时,不要把阀门对准人身,注意防止气瓶安全帽脱落。气瓶应竖立转动,不准脱手滚瓶或传接。气瓶竖放时必须稳妥。

(9)近距离搬运气瓶时,允许采用徒手倾斜滚动的方式运输,但距离较远或路面不好时应使用特制小车搬运,并用铁链等妥善加以固定。

(10)严禁使用叉车、翻斗车、铲车、自行车或摩托车等运输工具搬运气瓶,以防气瓶在运输途中窜动或从运输工具上滑落。

三、运输安全

(1)瓶内气体相互接触可引起燃烧、爆炸、产生毒物的气瓶,不得同车(厢)运输;易燃气体不得与其他危险货物配载;不燃气体除爆炸品、酸性腐蚀品外,可以与其他危险货物配载;助燃气体(如空气、氧气及具有氧化性的有毒气体)不得与易燃、易爆物品及酸性腐蚀品配载;有毒气体不得与易燃、易爆物品氧化剂和有机过氧化物、酸性腐蚀物品配载,同是有毒气体的液氯、液氨也不得配载。车厢内不得沾有油脂污染物及强酸残留物。

（2）采用车辆运输时，气瓶应妥善固定。立放时，车厢高度应在瓶高的2/3以上，卧放时，瓶阀端应朝向一方，垛高不得超过5层且不得超过车厢高度。

（3）夏季运输应有遮阳设施，避免暴晒；在城市的繁华地区应避免白天运输。

（4）运输气瓶的车、船不得在繁华市区、人员密集的学校、剧场、大商店等附近停靠；车、船停靠时，驾驶与押运人员不得同时离开。

（5）装有液化石油气的气瓶，严禁运输距离超过50 km。

（6）可以竖装的气瓶，如低温液化气体的杜瓦瓶，大型液化石油气钢瓶，必须采取有效的捆扎措施。对于液化石油气钢瓶，10 kg和15 kg钢瓶放置时不得超过两层，50 kg及50 kg以上的钢瓶，只能放1层；液氯钢瓶，充装量为50 kg的应横向卧放，高度不大于2层，充装量为500 kg和1 000 kg的钢瓶只允许单层放置，且瓶口一律朝向车辆行驶方向的右方；所有钢瓶，都应有聚乙烯护圈或橡胶护圈。

（7）装运大型气瓶（盛装净重0.5 t以上）或成组集装气瓶时，瓶与瓶、集装架与集装架之间需填牢木塞，集装架的瓶口应朝向行车的右方；车厢后栏板与气瓶空隙处必须有固定支撑物，并用紧身器紧固，严防气瓶滚动；重瓶不准多层装载；氢气集装瓶每单元总重量不得大于2 t；集装夹具、吊环的安全系数不得小于9。

（8）气瓶运输车辆不得与人、物共运。除驾驶员和押送人员外，其他无关人员不准搭车。

（9）气瓶经铁路、水路和航空运输时，应执行上述主管部门关于危险品运输的规定。

（10）在运输途中发生气瓶漏气、燃烧等事故时，驾驶员和押送员应密切配合，针对事故原因进行有效处理。

第四节 气瓶储存与保管

一、库房要求

（1）气瓶库房应符合《建筑设计防火规范》对于耐火等级、层数和面积的要求。储存气瓶的库房宜为一级耐火的建筑。库房不应设在建筑物的地下室和半地下室内，库房之间及其与其他建筑、明火或散发火花地点应有适当的安全距离。

（2）库房的安全出口不应少于2个，当库房占地面积不大时可设置1个安全出口。仓库内每个防火分区通向疏散走道或室外的出口不宜少于2个，分区建筑面积不大时可设置1个。

（3）通向疏散走道的门应为防火门。库房的门窗必须做成向外开的，以便人员疏散和泄爆。

（4）库房门窗应采用磨砂玻璃，或在普通玻璃上涂上白漆，以防气瓶被阳光直射。

（5）库房应有运输和消防通道，设置消火栓和消防水池，在固定地点备有专用灭火器、灭火工具和防毒面具。储存可燃性和毒性气体气瓶的库房应装设灵敏的泄漏气体监测警报装置。

（6）库房内不得有地沟、暗道和底部通风孔，并且严禁暖气、水、煤气等管线穿过。库房周围应有排放积水的设施。

库房内严禁明火和其他热源。储存可燃性气体气瓶的库房内，其照明、换气装置等电气设备必须采用防爆型设备，电源开关和熔断器都应装设在库外。

（7）储存可燃、可爆气体气瓶的库房，如果不在避雷装置保护区内，则必须装设避雷装置。

(8) 为了保证库内干燥、温度可控,气瓶泄漏气体能够排出,储存仓库和储存间应有良好的通风、降温等设施,其能力必须足以保证库内温度不超过气瓶储存要求温度,并保证可燃气体或毒性气体的浓度不致达到危险界限。

(9) 应保证库内地面平坦,且粗糙防滑。储存可燃性气体气瓶的库房,其地面材料应保证不易产生火星。

(10) 气瓶储存库一般都不装设取暖设施,如需采暖则只能装设中央水暖式或中央低压汽暖式的取暖设施。严禁使用煤炉、电热器及其他明火取暖设备。

二、仓储安全

储存气瓶的单位应当制定相应的气瓶储存安全管理制度和事故应急救援预案,库房和相关场所应设专人管理,管理人员须具有专业知识,并定期对气瓶储存管理人员进行气瓶安全技术教育。

1. 入库储存前的检查

气瓶入库储存前应认真做好检查验收工作。气瓶的检查验收人员应仔细检查包括空瓶在内的每一个准备入库的气瓶。检查内容如下:

(1) 气瓶的漆色、字样及其他标记是否与入库单据相符。

(2) 安全附件是否完整,有无影响气瓶安全使用的缺陷,如瓶体变形、机械操作或严重的腐蚀等。

(3) 瓶阀有无泄漏、受损或型号不符。

(4) 氧气瓶和氧化性气体气瓶在瓶体和瓶阀上是否沾染油脂。

在检查中发现来历不明的气瓶,不论其情况如何,绝对不准入库储存,应报告有关单位追究其来历。

检查气瓶过程中发现的一切缺陷,都应随时用粉笔写在瓶体上,以便事后分别处理。对检查验收合格的气瓶,应逐只准确地登记在登记簿上。对储存多种气体的储存库，应按气体种类分别建立登记簿。

2. 储存管理

气瓶的入库储存应符合下列要求：

（1）气瓶的储存应由专人负责管理。管理人员、操作人员、消防人员应经过安全技术培训，掌握气瓶、气体的安全知识。

（2）储存气瓶应专库专用，仓库内严禁设置员工宿舍或为他用，周围及内部应设置"危险""严禁烟火"等相应的安全警示标志。库房外围应挂有"库房重地，请勿靠近""谢绝参观"等警示语牌。

（3）盛装易燃气体、不燃气体和有毒气体气瓶应分别专库储存。

（4）盛装易起聚合反应或分解反应气体的气瓶在存放期间，特别是在夏季，应定时检测库内的温度和湿度，并做好记录工作。根据气体的性质控制仓库内的最高温度，库房的相对湿度应控制在80%以下。

（5）对于光气、溴甲烷、二氧化硫等限期储存的气体及氯乙烯、氯化氢、甲醚等不宜长期储存的气体均应根据其气体性质规定储存期限，并予以注明。注意到期后的及时处理。

（6）盛装易起聚合反应或分解反应气体的气瓶储存时应避开放射线源。

（7）库内的空瓶与实瓶应分开放置，并有明显标志加以区分。

（8）毒性气体气瓶和瓶内气体相互接触能引起燃烧、爆炸、产生毒物的气瓶，应分室存放，并在附近设置防毒用具或灭火器材。例如盛装可燃性气体的气瓶不能与氧化性气体气瓶同库存放；氯、氧、氯化氢、氯甲烷、氧化氮、二氧化硫等气瓶不得与氨瓶同库存放;甲烷、氟化硼等气瓶不得与氯气瓶同库储存;氢、氨、环氧乙烷、乙炔气瓶不得与一氧化二氮气瓶同库储存;磷烷、硫化氢气瓶,不得与甲胺类气瓶同库储存等。

(9) 毒性气体或可燃性气体气瓶入库后,要连续 2~3 天定时测定库内空气中毒性或可燃性气体的浓度。如果浓度有可能达到危险值,则应强制换气,并查出库内危险气体浓度增高的原因,予以彻底的解决。如果测定结果表明无危险时,则以后检查可以改为定期检查。

(10) 发现气瓶漏气,应先根据气体性质做好相应的人体保护,在保证安全的前提下,关闭阀门。如果瓶阀失控或漏气不在瓶阀上,必须采取紧急处理措施。

(11) 气瓶入库后应放置整齐,配戴好瓶帽。数量、单位的标志要明显。要留有适当宽度的通道。

(12) 气瓶立放时,要妥善固定,以防气瓶倾倒;横放时,也应注意固定,以防气瓶滚动;如需堆放,其堆放层数不应超过 5 层,且头部应朝同一方向;堆放气瓶时,如果气瓶上无防振圈,则必须在上下两层气瓶间垫上双槽垫木或特别橡胶槽带 2 根。

(13) 为使先入库或临近定期检验日期的气瓶优先发放,应尽量将这些气瓶存放在一起,并在栅栏的牌子上注明入库或定期检验日期。

(14) 定期对库房内外的用电设备和库房通风设备,以及气瓶搬运工具和栅栏的牢固性进行检查,发现问题及时修理。对库房用的防火和防毒器具也应定期进行检查。

(15) 气瓶的储存单位应建立并执行气瓶进出库制度,气瓶发放时,库房管理人员必须认真填写气瓶发放登记表(见表 5—2),做到瓶库账目清楚、数量准确、按时盘点、账物相符。

表 5—2　　　　　　　气瓶发放登记表

气体名称_____

序号	瓶号	回收日期	发放日期	检验日期	使用单位	使用者姓名	发放者姓名	备注

3. 气瓶计算机管理

应用计算机管理气瓶有利于：

（1）杜绝气体的错装、超装。

（2）杜绝充装站充装非自有产权气瓶和技术档案不在本充装站的气瓶。

（3）便于充装站自有产权气瓶打标记，技术档案输入计算机。

（4）杜绝充装过期瓶和报废瓶。

（5）解决由于气瓶数量较大，充装站和检验站管理混乱及丢失气瓶的现象。

（6）便于检验站与充装站及气瓶监察部门的沟通，杜绝过期瓶、报废瓶流入社会，能使气瓶管理走入正轨。

第六章 气瓶定期检验

第一节 气瓶检验概述

气瓶在各种不同的环境下承压运行，其安全状况会有改变。为保证气瓶使用安全，必须对在役的各种气瓶作定期的技术检验与评定，早期发现气瓶上存在的缺陷，使它们在还没有危及气瓶安全之前即被消除或采取适当措施进行特殊监护，以防气瓶在运行和使用中发生事故。气瓶检验包括对各个承压部件、附件和安全装置进行检查，进行必要的试验。

气瓶的检验单位可以单独设置，也可以是造气单位的一个车间，或一个工段，甚至是一个班组。从事气瓶定期技术检验工作的单位称为气瓶检验站，根据不同瓶种，分为钢质无缝气瓶定期检验站、焊接气瓶定期检验站、液化石油气瓶定期检验站、溶解乙炔气瓶定期检验站、车用气瓶检验站、长管拖车气瓶检验站等。气瓶检验站职责：①对气瓶进行定期检验，出具检验报告，并对其正确性负责；②对气瓶附件进行更换；③进行气瓶表面的涂敷；④对报废气瓶进行破坏性处理。

钢质无缝气瓶、铝合金无缝气瓶、钢质焊接气瓶、液化石油气钢瓶、汽车用压缩天然气钢瓶、汽车用压缩天然气金属内胆纤维环向缠绕气瓶等气瓶定期检验项目与检验周期在《气瓶安全监察规程》《溶解乙炔气瓶安全监察规程》规范中均作了明确的规定。

一、检验项目

各类气瓶检验项目见表6—1。

表6—1　　　　各类气瓶定期检验项目

气瓶种类	定期检验项目
钢质无缝气瓶	外观检查、音响检查、内部检查、瓶口螺纹检查、质量与容积测定、水压实验、瓶阀检验和气密性实验
钢质焊接气瓶	外观检查、焊缝检查、阀座与塞座检查、内部检查、容积测定、水压实验、瓶阀及卸压阀检验和气密性实验
铝合金无缝气瓶	外观检查、硬度测定、瓶口螺纹检查、内部检查、质量与容积测定、水压实验、内部干燥、瓶阀检验和气密性实验
液化石油气钢瓶	外观检查、壁厚测定、容积测定、水压实验或残余变形率测定、瓶阀检验、气密性实验
机动车用液化石油气钢瓶	外观检查、无损探伤、壁厚测定、容积测定、水压实验、组合部件检验、附件及保护盒检验、气密性实验
溶解乙炔气瓶	外观检查、瓶阀塞座检查、填料检查、附件检查和气压实验
汽车用压缩天然气（CNG）钢瓶	外观检查、音响检查、瓶口螺纹检查、内部检查、无损检测、质量与容积测定、水压实验、内部干燥、瓶阀检验和气密性实验
汽车用压缩天然气（CNG）金属内胆纤维环向缠绕气瓶	外观检查、瓶口螺纹检查、水压实验、瓶阀检验、气密性实验

气瓶的定期检验项目，必须逐瓶逐项进行全面技术检验，严禁采用定期抽检或定期分项检查，因为这种做法不能确保全部气瓶安全使用，还会给管理工作带来极大的困难。

二、定期检验周期

各类气瓶的定期检验周期见表 6—2。

表 6—2　　　　各类气瓶的定期检验周期

气瓶种类		定期检验周期	
钢质无缝气瓶	盛装惰性气体气瓶	5 年	
	盛装腐蚀性气体	2 年	
	潜水气瓶以及常与海水接触的气瓶	2 年	
	盛装一般性气体的气瓶	3 年	
钢质焊接气瓶	盛装腐蚀性气体的气瓶	2 年	
	盛装其他气体的气瓶	3 年	
铝合金无缝气瓶	盛装惰性气体的气瓶	5 年	
	盛装腐蚀性气体的气瓶或在腐蚀性介质（如海水等）环境中使用的气瓶	2 年	
	盛装其他气体的气瓶	3 年	
液化石油气钢瓶	YSP-0.5 型、YSP-2.0 型、YSP-5.0 型、YSP-10 型和 YSP-15 型钢瓶	第 1 次至第 3 次	4 年
		第 4 次	3 年
	YSP-50 型钢瓶	3 年	
机动车用液化石油气钢瓶	气瓶	5 年	
	组合部件	1 年	
溶解乙炔气瓶		3 年	

续表

气瓶种类		定期检验周期	
汽车用压缩天然气钢瓶	出租车	2年，第2次检验有效期为1年	
	其他车辆	第1次、第2次	3年
		第2次检验后	2年
汽车用压缩天然气金属内胆纤维环向缠绕气瓶		3年	
低温绝热气瓶		3年	

以上检验周期均是指气瓶在正常条件与环境下的年限。如果在使用过程中发现气瓶有严重腐蚀、损伤以及其他可能影响安全使用的缺陷时，或在使用过程中对其安全可靠性有怀疑时，应提前进行检验。在发生交通事故中受到损伤的汽车所用的钢瓶和附件，如需重新使用，应对钢瓶进行检验，检验合格后方可重新使用。

三、检验前的准备

1. 送检气瓶的检查登记

逐只检查登记气瓶制造标志和检验标志。登记内容包括国别、制造厂名称代号、出厂编号、出厂年月、公称工作压力、水压实验压力、实际容积、实际质量、上次检验日期。

属于拟改装的气瓶，不宜改装的应退回，宜于改装的做好记号，另存放在指定场所。

符合下列条件的气瓶登记后不予检验，应予以报废：

（1）未经国家特种设备安全监督管理部门认可的厂商制造的气瓶。

（2）制造标志不符合制造标准和气瓶规程要求的规定、制造标志模糊不清或关键项目不全而又无据可查的气瓶。

（3）有关政府文件规定不准再用的气瓶。

（4）超期服役的气瓶。

各类气瓶的服役年限见表6—3。

表6—3　　　　各类气瓶的服役年限

气瓶种类		检验周期
钢质无缝气瓶		30年
钢质焊接气瓶	盛装腐蚀性气体的气瓶	12年
	盛装其他气体的气瓶	20年
铝合金无缝气瓶		20年
液化石油气钢瓶		15年
机动车用液化石油气钢瓶		15年
溶解乙炔气瓶		30年
汽车用压缩天然气钢瓶	出租车	5年，或与车同时报废
	其他车辆	10年，或与车同时报废
汽车用压缩天然气金属内胆纤维环向缠绕气瓶		15年，或与车同时报废

2．瓶内介质处理

（1）对于瓶内介质不明、瓶阀无法开启的铝瓶，应与待检瓶分别存放，以待另行妥善处理。

（2）确认瓶内介质后，根据介质的不同性质，在保证安全、卫生和不污染环境的条件下采用与瓶内介质相适应的方法将气体排出。对于盛装毒性气体的气瓶，在排放瓶内气体后还必须采取有效措施进行瓶内解毒处理。采取瓶内解毒方法时应考虑到解毒方法是否有化学反应及该化学反应的生成物是否对瓶壁有腐蚀作用。

待检乙炔瓶必须进行余压检查和释放，释放时间不能低于 8 h，释放后要求在检验场所温度下，测试乙炔瓶余气压力不超过 0.01 MPa。

3. 拆卸瓶阀

确认瓶内压力与大气压力一致时，用不损伤瓶壁金属的器械卸下瓶阀和防振圈，同时卸下泄压阀和盲塞。

4. 清理气瓶的内外表面

用不损伤瓶体金属的适当方法将气瓶内外表面的污垢、腐蚀产物、沾染物等有碍表面检查的杂物以及外表面的疏松漆膜清除干净。

5. 登记气瓶的原始标记

第二节 定期检验

一、无缝气瓶

无缝气瓶在使用过程中可能产生的缺陷有：裂纹、鼓包、剥层、凹陷等机械性损伤；弧疤、焊迹或明火烧烤等热损伤；整体或局部变形等缺陷；瓶壁腐蚀；瓶阀缺陷等。

1. 直观检查

应逐只对气瓶进行直观检查。检查瓶体外表面有无裂纹、鼓包、剥层、凹陷等机械性损伤；有无弧疤、焊迹或明火烧烤等热损伤；有无整体或局部变形等缺陷；瓶壁有无腐蚀及其腐蚀程度如何等。

发现有下列缺陷的气瓶应予以报废：

（1）瓶体存在裂纹、鼓包、剥层等机械性损伤。

（2）瓶体有磕伤、划伤、凹坑等缺陷，缺陷处（或经修磨并圆滑过渡后）的剩余壁厚小于设计壁厚90%。

（3）瓶体凹陷深度超过 2.0 mm 或大于凹陷短径的 1/30 的气瓶。

(4) 瓶体凹陷中带有划伤或磕伤缺陷，且缺陷深度达到上述 2、3 条的规定；或其缺陷虽未达到上述规定，但其磕伤或划伤长度等于或大于凹陷短径，且凹陷深度超过 1.5 mm 或凹陷深度大于凹陷短径的 1/35。

(5) 瓶体存在弧疤、焊迹或明火烧烤等热损伤而使金属受损的气瓶。

(6) 瓶体上孤立点腐蚀处的剩余壁厚小于设计壁厚 2/3 的气瓶。

(7) 瓶体线腐蚀或面腐蚀处的剩余壁厚小于设计壁厚 90% 的气瓶。

(8) 颈圈松动无法加固的气瓶，或颈圈损伤且无法更换的气瓶。

(9) 底座松动、倾斜、破裂、磨损或其支撑面与瓶底最低点之间距离小于 10 mm 的气瓶。

(10) 有下列情况之一的气瓶应报废：

1) 筒体圆度超过 2.0%。

2) 筒体直线度允差超过瓶体长度 4‰，且弯曲深度大于 5 mm。

3) 瓶体垂直度允差超过瓶体长度 8‰。

2. 音响检查

外观检查合格的气瓶，应逐只进行音响检查。

音响检查是无缝气瓶特有的检验项目，其目的是凭借敲击瓶体发出的声音来判断气瓶有无裂纹、严重锈蚀等缺陷。

音响检查是气瓶在没有附加物或其他妨碍瓶体振动的情况下，用木锤或质量约 250 g 的小铜锤轻击瓶壁，如发出的音响清脆有力，余韵轻而且有韵律感，则此项检验合格。

音响十分混浊低沉，余韵重而短并伴有破壳音响的气瓶应报废。

3. 瓶口螺纹检查

(1) 用直观或低倍放大镜逐只检查螺纹有无裂纹、变形、腐蚀或其他机械性损伤。

(2) 瓶口螺纹不得有裂纹性缺陷，但允许瓶口螺纹有不影响使用的轻微损伤。对高压气瓶允许有不超过 2 牙的缺口；对低压气瓶容许有不超过 3 牙的缺口，且缺口长度不超过圆周的 1/6，缺口深度不超过牙高的 1/3。

(3) 瓶口螺纹的轻度腐蚀、磨损或其他损伤可用丝锥修复。修复后用量规检验，检验结果不合格则该气瓶报废。

4. 内部检查

(1) 应用内窥镜或电压不超过 24 V、具有足够亮度的安全灯对气瓶逐只进行内部检查。

(2) 对盛装氧化性介质的气瓶，要特别注意检查瓶内有无被油脂沾污。发现有油脂沾污时，必须进行脱脂处理。

(3) 内表面有裂纹、结疤、皱折、剥层或凹坑的气瓶应报废。

(4) 内表面存在腐蚀缺陷时，参照本节 1. 中 (6) 条评定。

5. 重量与容积测定

(1) 气瓶必须逐只进行重量与容积测定。

(2) 重量与容积测定用的衡器应保持准确，其最大称量值应为常用称量值的 1.5~3.0 倍。衡器的校验周期不得超过 3 个月。

(3) 气瓶现重量与制造标志重量的差值大于 5% 时，应测定瓶壁最小壁厚。除点腐蚀外，最小壁厚小于设计壁厚 90% 的气瓶应报废。

(4) 现容积值小于制造标称容积值的盛装高压或低压液化气体的气瓶，必须根据容积测定记录将原制造标称容积值改大为现容积值。现容积值大于制造标称容积值 10% 的气瓶应报废。

6. 水压实验

（1）气瓶必须逐只进行水压实验。气瓶水压实验压力为标称工作压力的 1.5 倍（按《汽车用压缩天然气钢瓶》的规定，该类气瓶的水压实验压力为标称工作压力的 5/3 倍）。

（2）气瓶在水压实验压力下保持压力的时间不少于 2 min。

（3）水压实验时，瓶体出现渗漏、明显变形或保持压力期间的压力有回降现象（非因实验装置或瓶口泄漏）的气瓶应报废。

（4）高压气瓶在水压实验时，应同时测定容积剩余变形率。容积剩余变形率超过 6% 时，应测定瓶体的最小壁厚，其最小壁厚小于设计壁厚的 90% 应报废；容积剩余变形率超过 10% 的气瓶应报废。

（5）在高压气瓶进行水压实验过程中，当压力升至实验压力的 90% 或 90% 以上时，如因故无法继续进行实验的，均可采取提高实验压力的方法对实验无效的受试瓶再次进行实验。

7. 内部干燥

（1）经水压实验合格的气瓶，必须逐只进行内部一般干燥。对盛装介质露点有特殊要求的气瓶，充装单位应在检验站进行一般干燥的基础上，根据充装介质对露点的具体要求再对气瓶进行特殊干燥。

（2）气瓶经水压实验合格后，将瓶口朝下倒立一段时间，待瓶内残留的水沥净，采用内加温或外加温方法进行内部一般干燥。

（3）内部一般干燥的温度通常控制在 70~80℃，干燥时间不得少于 20 min。

（4）从干燥装置上卸下气瓶后，借助内窥镜或小灯泡观察瓶内干燥状况。如内壁已全面呈干燥状态便可安装瓶阀。

8. 瓶阀检验与装配

（1）瓶阀应逐只进行解体检验、清洗和更换损坏的零部件，保证开闭自如、不泄漏。

（2）阀体和其他部件不得有严重变形，螺纹不得有严重损伤。

（3）更换瓶阀或密封材料时，必须根据盛装介质的性质选用合适的瓶阀和材料。在装配瓶阀之前，必须对瓶阀进行气密性实验。

（4）瓶阀应装配牢固，并应保证其与瓶口连接的有效螺纹牙数和密封性能，其外露螺纹不得少于 1~2 牙。

9. 气密性实验

（1）气瓶水压实验合格后，必须逐只进行气密性实验。实验压力应等于气瓶标称工作压力。

（2）盛装可燃气体或毒性气体的气瓶以及盛装高纯度气体或混合气体的气瓶，应用浸水法进行气密性实验。气瓶浸水保持压力的时间不少于 2 min，保持压力期间不得有泄漏或压力回降现象。

盛装其他气体的气瓶可在定期检验后首次充装结束时，用涂液法进行气密性实验。气瓶带液保持压力的时间不少于 1 min，不允许有气泡连续逸出。

（3）气瓶进行气密性实验时，在实验压力下气体泄漏的气瓶应报废。

（4）实验过程中，若实验装置或瓶阀产生泄漏，应立即停止实验，待维修或重新装配后再实验。

10. 检验后工作

（1）定期检验合格的气瓶应按《气瓶安全监察规程》的规定打上或压印检验标志、喷涂检验色。检验人员必须将气瓶检验与评定结果填入气瓶定期检验与评定记录中。

（2）报废气瓶由检验单位负责销毁，销毁方式为压扁或锯切并按《气瓶安全监察规程》附录4的规定填写气瓶判废通知书，通知气瓶产权单位。

（3）检验合格的气瓶必须重新喷涂气瓶颜色标记。

二、钢质焊接气瓶

钢质焊接气瓶可能存在的缺陷有：瓶体凹陷、凹坑、鼓包、磕伤、划伤、裂纹、夹层、皱折、腐蚀、热损伤以及焊缝缺陷；瓶阀阀座或塞座及其螺纹裂纹、变形、腐蚀或其他机械性损伤等。

1. 瓶体外观检查

应逐只对瓶体外表面直观检查。检查其外表面及其焊缝是否存在凹陷、凹坑、鼓包、磕伤、划伤、裂纹、夹层、皱褶、腐蚀、热损伤以及焊缝缺陷。

存在下列缺陷的气瓶应予以报废：

（1）瓶体存在裂纹、鼓包、结疤、皱褶或夹杂等缺陷。

（2）瓶体磕伤、划伤、凹坑处的剩余壁厚小于设计壁厚的90%。

对未达到判定报废条件的缺陷，特别是线性缺陷或尖锐的机械性损伤应进行修磨，使其边缘圆滑过渡，但修磨后的壁厚应大于设计壁厚的90%。

（3）瓶体凹陷深度超过6 mm或大于凹陷短径的1/10的气瓶。

（4）瓶体凹陷深度小于6 mm，凹陷内划伤或磕伤处剩余壁厚小于气瓶设计壁厚的。

（5）瓶体存在弧疤、焊迹或明火烧烤等热损伤而使金属受损的。

（6）瓶体上孤立点腐蚀处的剩余壁厚小于设计壁厚2/3的。

(7) 瓶体线腐蚀或面腐蚀处的剩余壁厚小于设计壁厚 90% 的。

(8) 护罩或底座破裂、脱焊、磨损而失去作用或底座支撑面与瓶底最低点之间距离小于 10 mm 的。

(9) 主体焊缝不符合下列规定的气瓶应报废:

1) 焊缝不允许咬边,焊缝和热影响区表面不得有裂纹、气孔、弧坑、凹陷和不规则的突变。

2) 主体焊缝上的划伤或磕伤经修磨后,焊缝高度不得低于母材。

3) 主体焊缝热影响区的划伤或磕伤处修磨后剩余壁厚不得小于设计壁厚。

4) 主体焊缝及其热影响区的凹陷最大深度不得大于 6 mm。

在检查中,对有怀疑的部分应使用 10 倍放大镜检查,必要时进行无损探伤。

2. 阀座、塞座检查

(1) 用直观或低倍放大镜逐只检查阀座或塞座及其螺纹有无裂纹、变形、腐蚀或其他机械性损伤。

(2) 阀座或塞座有裂纹、倾斜、塌陷的气瓶应报废。

(3) 阀座或塞座螺纹不得有裂纹或裂纹性缺陷,但允许有轻微不影响使用的损伤,允许不超过 3 牙的缺口,缺口长度不超过圆周的 1/6,缺口深度不超过牙高的 1/3。

(4) 螺纹的轻度腐蚀、磨损或其他损伤可用丝锥修复。修复后用量规检验,检验结果不合格的气瓶应报废。

3. 内部检查

(1) 应用内窥镜或电压不超过 24 V、具有足够亮度的安全灯逐只对气瓶进行内部检查。

(2) 对盛装氧化性介质的气瓶,要特别注意检查瓶内有无被油脂沾污。发现有油脂沾污时,必须进行脱脂处理。

(3) 内表面有裂纹、结疤、皱褶、夹杂或凹坑等缺陷的气瓶应报废。

(4) 内表面存在腐蚀缺陷时，参照本节1．中（6）（7）条评定。

4．壁厚测定

(1) 对气瓶除进行有缺陷部位的局部测厚外，还必须逐只进行定点测厚。

(2) 测厚仪的误差应不大于±0.1 mm。

(3) 对内外表面腐蚀程度轻微的气瓶，至少在上封头、筒体和下封头的3个部位上各测定1点；对腐蚀程度严重的气瓶，至少在上封头测定2点、筒体上测定4点、下封头测定2点。上述各测点应选在腐蚀最深处。

(4) 在上封头、筒体和下封头3个部位上，无论选定多少测点，只要有一点的剩余壁厚小于设计壁厚的90%，则该气瓶报废。

5．容积测定

(1) 定期检验应逐只测定气瓶的实际容积。

(2) 容积测定用的衡器最大称量值为常用称量值的1.5~3.0倍。衡器的校验周期不得超过3个月。

(3) 实测容积值小于制造标称容积值时，表明气瓶变形或气瓶产品不符合要求，该气瓶报废。

6．水压实验

(1) 气瓶应逐只进行水压实验。水压实验压力为标称工作压力的1.5倍。

(2) 气瓶在水压实验中保持压力的时间不少于3 min。

(3) 水压实验时，瓶体（包括主焊缝）出现渗漏、整体变形或保持压力期间的压力有回降现象（非因实验装置、瓶口、卸压阀口或盲塞口泄漏）的气瓶应报废。

7. 内部干燥

（1）经水压实验合格的气瓶，必须逐只进行内部一般干燥。对盛装介质露点有特殊要求的气瓶，充装单位应在检验站进行一般干燥的基础上，根据充装介质对露点的具体要求再对气瓶进行特殊干燥。

（2）气瓶经水压实验合格后，将瓶口或塞口朝下倒立一段时间，待瓶内残留的水沥净，采用内加温或外加温方法进行内部一般干燥。

（3）内部一般干燥的温度通常控制在 70～80℃；干燥时间不得少于 20 min。

（4）从干燥装置上卸下气瓶后，借助内窥镜或小灯泡观察瓶内干燥状况。如内壁已全面呈干燥状态，便可安装瓶阀。

8. 瓶阀、泄压阀及盲塞检验

（1）气瓶定期检验时，应逐只对气瓶的瓶阀和泄压阀进行解剖检验、清洗和更换损伤的零部件，保证开闭自如，严密不泄漏。

（2）阀体及其零部件不得有严重变形，螺纹不得有严重损伤。

（3）更换瓶阀、泄压阀、盲塞或密封材料时，必须根据盛装介质的性质选用合适的瓶阀和材料。在装配瓶阀、泄压阀之前，必须对瓶阀、泄压阀的气密性进行实验。

（4）瓶阀、泄压阀及盲塞应装配牢固，并应保证其与阀座或塞座连接的有效螺纹牙数和密封性能，其外露螺纹数不得少于 1～2 牙。

9. 气密性实验

（1）气瓶水压实验合格后，必须逐只进行气密性实验。实验压力应等于气瓶标称工作压力。

（2）盛装可燃气体或毒性气体的气瓶以及盛装高纯度气体或

混合气体的气瓶,应用浸水法进行气密性实验。气瓶浸水保持压力的时间不少于 2 min,保持压力期间不得有泄漏或压力回降现象。

盛装其他气体的气瓶可在定期检验后首次充装结束时,用涂液法进行气密性实验。气瓶带液保持压力的时间不少于 1 min,不允许有气泡连续逸出。

(3) 气瓶在进行气密性实验时,在实验压力下瓶体泄漏的气瓶应报废。

(4) 实验过程中,若实验装置或瓶阀、泄压阀及盲塞产生泄漏应立即停止实验,待维修或重新装配后再实验。

10. 检验后工作

(1) 定期检验合格的气瓶应按《气瓶安全监察规程》的规定打上或压印检验标志、喷涂检验色。检验人员必须将气瓶检验与评定结果填入气瓶定期检验与评定记录中。

(2) 报废气瓶由检验单位负责销毁,销毁方式为压扁或锯切并按《气瓶安全监察规程》附录 4 的规定填写气瓶判废通知书,通知气瓶产权单位。

(3) 检验合格的气瓶必须重新喷涂气瓶颜色标记。

三、液化石油气钢瓶

液化石油气钢瓶可能存在的缺陷有:磕伤、划伤、凹坑、凹陷、裂纹、明火烧伤、电弧损伤和变形;耳片、护罩脱落或其焊缝断裂以及主焊缝出现裂纹;瓶体腐蚀;底座脱落、变形、腐蚀、破裂、磨损以及其他影响直立的缺陷;瓶阀阀座或塞座及其螺纹裂纹、变形、腐蚀或其他机械性损伤等。

1. 外观初检与评定

应逐只目测检查和用测量工具初检易于发现和评定的外观缺陷,凡属下列情况之一的受检瓶按报废处理:

(1) 无任何制造标志的钢瓶。

(2) 有纵向焊缝或螺旋焊缝的钢瓶。

(3) 耳片、护罩脱落或其焊缝断裂以及主焊缝出现裂纹的钢瓶。

(4) 因底座脱落、变形、腐蚀、破裂、磨损以及其他缺陷影响直立的钢瓶。

(5) 底座支撑面与瓶底中心的间距小于表6—4规定尺寸的钢瓶。

表6—4　　　　底座支撑面与瓶底中心的间距

型号	间距/mm
YSP-0.5，YSP-2.0，YSP-5.0	4
YSP-10，YSP-15	6
YSP-50	8

(6) 局部或全面遭受火焰或电弧（制造焊缝除外）烧伤的钢瓶。

(7) 磕伤、划伤或凹坑的剩余壁厚小于设计壁厚90%的钢瓶，或腐蚀部位的剩余壁厚小于设计壁厚90%的气瓶。

(8) 主焊缝上及其两边各50 mm范围内凹陷深度在6 mm以上或其他部位凹陷深度超过10 mm或大于凹陷短径的1/10气瓶。

(9) 深度小于6 mm的凹陷内，其磕伤或划伤深度大于0.4 mm。

(10) 深度大于或等于6 mm的凹陷内存在磕伤或划伤缺陷的钢瓶。

(11) 瓶体倾斜、变形或封头直边存在纵向皱褶深度大于钢瓶外径0.25%的钢瓶。

2. 残液残气回收与蒸气吹扫

(1) 在保证不泄漏、不污染环境、不影响操作人员健康的前提下,采取适当密闭方法逐只回收瓶内残液和残气。

(2) 外观初检报废的钢瓶也必须逐只回收瓶内残液和残气,并按条款(4)和(5)要求进行蒸气吹扫。

(3) 确认瓶内压力与大气压力一致时,将瓶阀卸掉并做上记号以备装回原钢瓶。在卸瓶阀时,一般不应卸掉可拆式护罩;如需要拆卸,则必须做上记号以备装回原钢瓶。

(4) 将钢瓶倒置于蒸气吹扫装置上,利用蒸气吹扫瓶内残气和残留物。蒸气压力和吹扫时间按工艺参数确定,在一般情况下,蒸气压力应大于等于 0.2 MPa,吹扫时间应大于等于 3 min。

(5) 用可燃气体检测器测定瓶内吹扫后的残气浓度,凡浓度高于 0.4%(体积)的钢瓶必须重新进行蒸气吹扫。

3. 外观复检与评定

(1) 准备。

1) 将钢瓶制造标志和阀座螺纹加以妥善保护免于受损。

2) 采用不损伤瓶体的除锈装置,逐只清除钢瓶外表面的锈蚀物和涂敷物等。

(2) 检查。

1) 阀座。

①用目视或低倍放大镜逐只检查阀座状况,对阀座存在裂纹或陷入瓶体的受检瓶按报废处理。

②螺纹不允许存在裂纹或裂纹性缺陷,但在有效螺纹中允许有不超过 3 牙的缺口,且缺口长度不超过圆周的 1/6,缺口深度不超过牙高的 1/3。

③螺纹存在轻度腐蚀、磨损或其他损伤,可用丝锥修复,修复后需用量规检验。检验结果不合格的钢瓶按报废处理。

2) 外观。

①瓶体上不允许有裂纹、明火烧伤、电弧损伤和肉眼可见的容积变形等缺陷。

②同一截面最大、最小直径差不大于 $0.01D_i$（钢瓶内直径）。

③瓶体磕伤、划伤、凹坑处的剩余壁厚小于设计壁厚90%的钢瓶应报废。对未达到报废条件的缺陷，特别是线性缺陷或尖锐的机械损伤应进行修磨，使其边缘圆滑过渡，但修磨后的壁厚应大于设计壁厚的90%。

④瓶体凹陷深度超过 10 mm 或大于凹陷短径的 1/10 的气瓶应报废。

⑤深度小于 6 mm 的凹陷内，其磕伤或划伤深度大于 0.4 mm，以及深度大于或等于 6 mm 的凹陷内存在磕伤或划伤缺陷的钢瓶应报废。

⑥瓶体上孤立的点腐蚀处的剩余壁厚小于设计壁厚 2/3 的气瓶应报废。

⑦瓶体线腐蚀或面腐蚀处的剩余壁厚小于设计壁厚 90% 的气瓶应报废。

3）焊缝。

①焊缝外观检查必须逐只进行，凡存在下列缺陷之一者按报废处理：

a. 焊缝及其热影响区存在裂纹、气孔、弧坑、夹渣或未熔合等缺陷。

b. 主体焊缝或零部件焊缝在瓶体一侧存在咬边缺陷。

c. 焊缝表面存在凹陷或不规则的突变。

d. 主焊缝及其两边各 50 mm 范围内，存在深度大于 0.5 mm 的划痕或深度大于 6 mm 的凹陷口。

②对于 118 L 钢瓶的纵焊缝和纵焊缝与环焊缝交接处的外观质量，应作重点检验。

③焊缝超高、焊缝两侧飞溅物或其他超高缺陷，可进行修磨并圆滑过渡至母材。

④对焊缝缺陷的类型和严重性有疑问时,应采用其他无损探伤方法逐只复验,其探伤率应不小于20%。Ⅲ级为合格。

4. 壁厚测定

钢瓶必须逐只进行壁厚测定。测厚仪的误差不小于±0.1 mm。

测厚点应在上下封头圆弧过渡区各选择一点,筒体部分应选择在距环焊缝两侧50 mm处各一点;对腐蚀严重的钢瓶,应在上下封头圆弧过渡区内各选择两点。筒体部分应选择三点;对118 L钢瓶,筒体下部和下封头圆弧过渡区内应增测两点。经测定确认剩余壁厚小于设计壁厚90%的钢瓶应报废。

5. 容积测定

钢瓶必须逐只进行容积测定。

(1) 容积测定用的衡器应保持准确,其最大称量值应为常用称量的1.5~3.0倍。衡器的校验期限不得超过3个月。

(2) 容积测定采用水容积测定法。

(3) 现容积小于标准规定值的钢瓶报废。

6. 水压实验或容积剩余变形率测定

钢瓶必须逐只进行水压实验或进行容积剩余变形率测定。

(1) 水压实验压力为3.2 MPa,保压时间不得少于1 min。

(2) 在水压实验过程中,瓶体出现渗漏、明显变形或保压期间压力下降现象(非因实验装置、瓶阀或瓶口泄漏)的钢瓶报废。

(3) 采用内测法或外测法测定容积剩余变形率时,其容积剩余变形率超过10%的钢瓶报废。

(4) 对水压实验合格的钢瓶,应将其瓶口朝下倒立一段时间,使瓶内残留水流净。

7. 瓶阀检验与装配

(1) 瓶阀必须逐只解体检验、清洗和更换损坏的部件,保证开闭自如不泄漏。

（2）阀体和其他部件不得有严重变形，螺纹不得有严重损伤。

（3）更换瓶阀或密封材料。

（4）瓶阀应装配牢固并保证其与阀座连接的有效螺纹牙数和密封性能。装配后其外露螺纹数应不少1~2牙。

（5）经检验、清洗和更换部件的瓶阀组装后逐只进行关闭状态、启闭过程和全开启状态的气密性实验，实验压力为2.1 MPa，保压时间不少1 min，不允许有泄漏。

8. 气密性实验

待试瓶必须是经过外观复检和水压实验或剩余变形率测定合格的钢瓶，否则严禁进行气密性实验。

气密性实验所用压缩空气不得含油水，所用的氮气纯度应不低于Ⅰ类二级指标。

凡以空气为介质进行气密性实验的钢瓶，试验前必须逐只测定瓶内残留物释放的燃气浓度。对于浓度大于0.4%（体积）的钢瓶，必须进行二次蒸气吹扫，浓度符合要求后将检验合格的瓶阀严密地装到待试瓶上，方可用空气进行实验。

钢瓶气密性实验采用浸水实验。气密性实验压力为2.1 MPa，保压时间不得少于1 min。在保压过程中，压力表不允许有回降现象；对瓶体泄漏或变形的钢瓶，按报废处理。因瓶阀装配不当产生泄漏的钢瓶，允许重新装配后再进行实验。

四、溶解乙炔气瓶

溶解乙炔气瓶在使用过程中可能出现的缺陷有：凹坑、凹陷、鼓包、磕伤、划伤、裂纹、夹层、皱褶、腐蚀、热损伤及焊缝缺陷；瓶阀阀座或塞座及其螺纹裂纹、变形、腐蚀或其他机械性损伤等；填料的质量等。

1. 瓶体外观

应逐只对乙炔瓶的瓶体外观进行检验。

(1）金属机械损伤检查。

1）瓶体存在裂纹、鼓包、结疤、皱褶或夹杂等缺陷的乙炔瓶。

2）对瓶体存在磕伤、划伤、凹坑的乙炔气瓶，应测量瓶体磕伤、划伤、凹坑的深度，利用超声波测厚仪等工具测量瓶体在该部位的实际壁厚，减去瓶体磕伤、划伤、凹坑处的深度，得到该处的剩余壁厚，剩余壁厚小于设计壁厚的气瓶报废。

3）对未达到报废条件的缺陷，特别是线性缺陷或尖锐的机械损伤应进行修磨，使其边缘圆滑过渡，但修复后剩余壁厚不得小于设计壁厚。

(2）热损伤的检查。

瓶体存在弧痕或有明显火焰严重烧伤迹象，造成瓶阀和易熔塞的易熔合金熔化泄漏的溶解乙炔瓶应报废。

(3）腐蚀的检查。

1）瓶体上孤立的点腐蚀、线状腐蚀、局部腐蚀及普遍腐蚀处的剩余壁厚小于设计壁厚的乙炔瓶应报废。

2）因腐蚀严重，无法判断腐蚀深度的溶解乙炔气瓶报废。

(4）底座的检查。

底座破裂、脱焊、严重变形，造成瓶体站立不稳或底座支撑面与瓶底最低点的间距小于 10 mm 的溶解乙炔气瓶报废。

(5）目测溶解乙炔气瓶整体有明显变形的应报废。

(6）对钢质焊接式溶解乙炔气瓶还应进行以下外观检查：

1）凹陷检查。

①瓶体凹陷深度超过 6 mm 或大于凹陷短径 1/10 的溶解乙炔气瓶应报废。

②瓶体凹陷深度小于 6 mm，凹陷中带有划伤或磕伤缺陷时，若其缺陷深度处的壁厚小于设计壁厚的气瓶应报废。

2）焊缝检查。

①焊缝不允许咬边,焊缝和热影响区表面不得有裂纹、气孔、弧坑、凹陷和不规则的突变。

②主体焊缝上的划伤或磕伤经修磨后,焊缝高度不得低于母材。

③主体焊缝热影响区的划伤或磕伤处修磨后剩余壁厚不得小于设计壁厚。

④主体焊缝及其热影响区的凹陷最大深度不得大于6 mm。

⑤对检查中有怀疑的部位使用10倍放大镜检查,必要时可进行表面无损检测。

(7) 对钢质无缝式溶解乙炔气瓶还应进行凹陷的检查。

①瓶体凹陷深度超过2 mm或大于凹陷短径1/30溶解的乙炔气瓶应报废。

②瓶体中凹陷中带有划伤或磕伤缺陷时,若其缺陷处的壁厚小于设计壁厚的气瓶应报废;或缺陷处的壁厚不小于设计壁厚和瓶体凹陷深度不超过2 mm或不大于凹陷短径1/30的溶解乙炔气瓶,但其划伤或磕伤长度大于凹陷短径,且凹陷深度超过1.5 mm或凹陷深度大于凹陷短径的1/35,则该溶解乙炔气瓶报废。

2. 阀座、塞座检查

(1) 目测或用低倍放大镜逐只检查阀座及其螺纹有无裂纹、变形、腐蚀或其他机械损伤。

(2) 阀座或塞座有裂纹、倾斜、塌陷的溶解乙炔气瓶应报废。

(3) 阀座或塞座螺纹不得有裂纹或裂纹型缺陷,但允许有轻微不影响使用的损伤,即允许有不超过3牙的缺口,缺口长度不超过圆周的1/6,缺口深度不超过牙高的1/3。

(4) 螺纹的轻度腐蚀、磨损和其他损伤可用丝锥修复,修复后用量规检验。螺纹量规中径轴向偏差大于1.5 mm的溶解乙炔气瓶应报废,上阀后余扣少于2扣的溶解乙炔气瓶应报废。

3. 填料检查

(1) 填料表面检查。

逐只卸下瓶阀,取出导流孔中的填充物。对填料进行外观检查。

1) 用目测和手感方法,若发现填料表面溃散、疏散、柔软或变质(颜色呈深色)、粉化,该瓶应报废。

2) 因回火造成填料表面烧焦的溶解乙炔气瓶应报废。

(2) 瓶壳与填料的间隙测定。

1) 用专用塞尺在瓶口平面角互成120°的三点上测量瓶肩部的轴向间隙,最大间隙不应超过填料长度的0.3%且不超过3 mm。

2) 填料与气瓶壳的径向间隙超过填料直径的0.4%的溶解乙炔气瓶应报废。

4. 瓶体壁厚测定

(1) 对溶解乙炔气瓶除进行有缺陷部位的局部测厚外,还必须进行定点测厚。

(2) 测厚仪的误差应不大于±0.1 mm。

(3) 对外表面腐蚀程度轻微的溶解乙炔气瓶,若为钢质焊接式,则至少在上封头、筒体和下封头三个部位上各测定1点;若为钢质无缝式,则在瓶体上测定3点。对腐蚀严重的溶解乙炔气瓶,若为钢质焊接式,则至少在上封头测定2点,筒体上测定4点,下封头测定2点;若为钢质无缝式,则在瓶体上测定6点。上述各个测点应选在腐蚀最深处。

(4) 剩余壁厚小于设计壁厚的溶解乙炔气瓶应报废。

5. 附件检查

(1) 瓶阀。

瓶阀应逐只进行检查。因瓶阀部件磨损，需更换并组装的瓶阀，必须进行气密性实验，合格后应在瓶体上打上检验标志。

1）应逐只对瓶阀进行检验和清洗，保证开闭自如、不泄漏。

2）阀体和其他部件不得有严重变形，螺纹不得有严重损伤。

3）当瓶阀损坏时，一般情况下应更换新的瓶阀。

（2）易熔塞。

易熔塞可不拆下检查，若发现有下列情况之一，应更换：

1）气密试验时，塞体有泄漏情况。

2）易熔合金表面有明显下陷。

3）外六角严重磨损。

（3）瓶帽。

瓶帽整体无碎裂缺陷，装卸方便，不影响充、放气接头的装、卡。否则，应予以更换。

6. 气压实验

气压实验是指检验溶解乙炔气瓶瓶体的静压强度和致密性，以氮气为加压介质进行的超压工作压力的实验。

（1）经上述检验合格的气瓶应逐只进行气压实验。

（2）实验前，除胶圈和瓶帽外，所有附件应在完好状态下按要求装配在溶解乙炔气瓶上。

（3）溶解乙炔气瓶的气压实验压力为 3.5 MPa。保压时间应不低于 3 min，期间不得有泄漏，压力表无回降现象。

（4）经气压实验合格的溶解乙炔气瓶，应保留 0.05 ~ 1.0 MPa 余压的氮气。

（5）若发现溶解乙炔气瓶瓶体渗漏或有明显变形，则该气瓶应报废。

附录 A

特种设备安全监察条例

(2009 年修订)

国务院令第 549 号

第一章 总 则

第一条 为了加强特种设备的安全监察，防止和减少事故，保障人民群众生命和财产安全，促进经济发展，制定本条例。

第二条 本条例所称特种设备是指涉及生命安全、危险性较大的锅炉、压力容器（含气瓶，下同）、压力管道、电梯、起重机械、客运索道、大型游乐设施和场（厂）内专用机动车辆。

前款特种设备的目录由国务院负责特种设备安全监督管理的部门（以下简称国务院特种设备安全监督管理部门）制定，报国务院批准后执行。

第三条 特种设备的生产（含设计、制造、安装、改造、维修，下同）、使用、检验检测及其监督检查，应当遵守本条例，但本条例另有规定的除外。

军事装备、核设施、航空航天器、铁路机车、海上设施和船舶以及矿山井下使用的特种设备、民用机场专用设备的安全监察不适用本条例。

房屋建筑工地和市政工程工地用起重机械、场（厂）内专用机动车辆的安装、使用的监督管理，由建设行政主管部门依照有关法律、法规的规定执行。

第四条 国务院特种设备安全监督管理部门负责全国特种设

备的安全监察工作，县以上地方负责特种设备安全监督管理的部门对本行政区域内特种设备实施安全监察（以下统称特种设备安全监督管理部门）。

  第五条 特种设备生产、使用单位应当建立健全特种设备安全、节能管理制度和岗位安全、节能责任制度。

  特种设备生产、使用单位的主要负责人应当对本单位特种设备的安全和节能全面负责。

  特种设备生产、使用单位和特种设备检验检测机构，应当接受特种设备安全监督管理部门依法进行的特种设备安全监察。

  第六条 特种设备检验检测机构，应当依照本条例规定，进行检验检测工作，对其检验检测结果、鉴定结论承担法律责任。

  第七条 县级以上地方人民政府应当督促、支持特种设备安全监督管理部门依法履行安全监察职责，对特种设备安全监察中存在的重大问题及时予以协调、解决。

  第八条 国家鼓励推行科学的管理方法，采用先进技术，提高特种设备安全性能和管理水平，增强特种设备生产、使用单位防范事故的能力，对取得显著成绩的单位和个人，给予奖励。

  国家鼓励特种设备节能技术的研究、开发、示范和推广，促进特种设备节能技术创新和应用。

  特种设备生产、使用单位和特种设备检验检测机构，应当保证必要的安全和节能投入。

  国家鼓励实行特种设备责任保险制度，提高事故赔付能力。

  第九条 任何单位和个人对违反本条例规定的行为，有权向特种设备安全监督管理部门和行政监察等有关部门举报。

  特种设备安全监督管理部门应当建立特种设备安全监察举报制度，公布举报电话、信箱或者电子邮件地址，受理对特种设备生产、使用和检验检测违法行为的举报，并及时予以处理。

  特种设备安全监督管理部门和行政监察等有关部门应当为举

报人保密,并按照国家有关规定给予奖励。

第二章 特种设备的生产

第十条 特种设备生产单位,应当依照本条例规定以及国务院特种设备安全监督管理部门制定并公布的安全技术规范(以下简称安全技术规范)的要求,进行生产活动。

特种设备生产单位对其生产的特种设备的安全性能和能效指标负责,不得生产不符合安全性能要求和能效指标的特种设备,不得生产国家产业政策明令淘汰的特种设备。

第十一条 压力容器的设计单位应当经国务院特种设备安全监督管理部门许可,方可从事压力容器的设计活动。

压力容器的设计单位应当具备下列条件:

(一)有与压力容器设计相适应的设计人员、设计审核人员;

(二)有与压力容器设计相适应的场所和设备;

(三)有与压力容器设计相适应的健全的管理制度和责任制度。

第十二条 锅炉、压力容器中的气瓶(以下简称气瓶)、氧舱和客运索道、大型游乐设施以及高耗能特种设备的设计文件,应当经国务院特种设备安全监督管理部门核准的检验检测机构鉴定,方可用于制造。

第十三条 按照安全技术规范的要求,应当进行型式试验的特种设备产品、部件或者试制特种设备新产品、新部件、新材料,必须进行型式试验和能效测试。

第十四条 锅炉、压力容器、电梯、起重机械、客运索道、大型游乐设施及其安全附件、安全保护装置的制造、安装、改造单位,以及压力管道用管子、管件、阀门、法兰、补偿器、安全保护装置等(以下简称压力管道元件)的制造单位和场(厂)

内专用机动车辆的制造、改造单位，应当经国务院特种设备安全监督管理部门许可，方可从事相应的活动。

前款特种设备的制造、安装、改造单位应当具备下列条件：

（一）有与特种设备制造、安装、改造相适应的专业技术人员和技术工人；

（二）有与特种设备制造、安装、改造相适应的生产条件和检测手段；

（三）有健全的质量管理制度和责任制度。

第十五条 特种设备出厂时，应当附有安全技术规范要求的设计文件、产品质量合格证明、安装及使用维修说明、监督检验证明等文件。

第十六条 锅炉、压力容器、电梯、起重机械、客运索道、大型游乐设施、场（厂）内专用机动车辆的维修单位，应当有与特种设备维修相适应的专业技术人员和技术工人以及必要的检测手段，并经省、自治区、直辖市特种设备安全监督管理部门许可，方可从事相应的维修活动。

第十七条 锅炉、压力容器、起重机械、客运索道、大型游乐设施的安装、改造、维修以及场（厂）内专用机动车辆的改造、维修，必须由依照本条例取得许可的单位进行。

电梯的安装、改造、维修，必须由电梯制造单位或者其通过合同委托、同意的依照本条例取得许可的单位进行。电梯制造单位对电梯质量以及安全运行涉及的质量问题负责。

特种设备安装、改造、维修的施工单位应当在施工前将拟进行的特种设备安装、改造、维修情况书面告知直辖市或者设区的市的特种设备安全监督管理部门，告知后即可施工。

第十八条 电梯井道的土建工程必须符合建筑工程质量要求。

电梯安装施工过程中，电梯安装单位应当遵守施工现场的安全生产要求，落实现场安全防护措施。电梯安装施工过程中，施工现场的安全生产监督，由有关部门依照有关法律、行政法规的规定执行。

电梯安装施工过程中，电梯安装单位应当服从建筑施工总承包单位对施工现场的安全生产管理，并订立合同，明确各自的安全责任。

第十九条 电梯的制造、安装、改造和维修活动，必须严格遵守安全技术规范的要求。电梯制造单位委托或者同意其他单位进行电梯安装、改造、维修活动的，应当对其安装、改造、维修活动进行安全指导和监控。电梯的安装、改造、维修活动结束后，电梯制造单位应当按照安全技术规范的要求对电梯进行校验和调试，并对校验和调试的结果负责。

第二十条 锅炉、压力容器、电梯、起重机械、客运索道、大型游乐设施的安装、改造、维修以及场（厂）内专用机动车辆的改造、维修竣工后，安装、改造、维修的施工单位应当在验收后30日内将有关技术资料移交使用单位，高耗能特种设备还应当按照安全技术规范的要求提交能效测试报告。使用单位应当将其存入该特种设备的安全技术档案。

第二十一条 锅炉、压力容器、压力管道元件、起重机械、大型游乐设施的制造过程和锅炉、压力容器、电梯、起重机械、客运索道、大型游乐设施的安装、改造、重大维修过程，必须经国务院特种设备安全监督管理部门核准的检验检测机构按照安全技术规范的要求进行监督检验；未经监督检验合格的不得出厂或者交付使用。

第二十二条 移动式压力容器、气瓶充装单位应当经省、自治区、直辖市的特种设备安全监督管理部门许可，方可从事充装活动。

充装单位应当具备下列条件：

（一）有与充装和管理相适应的管理人员和技术人员；

（二）有与充装和管理相适应的充装设备、检测手段、场地厂房、器具、安全设施；

（三）有健全的充装管理制度、责任制度、紧急处理措施。

气瓶充装单位应当向气体使用者提供符合安全技术规范要求的气瓶，对使用者进行气瓶安全使用指导，并按照安全技术规范的要求办理气瓶使用登记，提出气瓶的定期检验要求。

第三章 特种设备的使用

第二十三条 特种设备使用单位，应当严格执行本条例和有关安全生产的法律、行政法规的规定，保证特种设备的安全使用。

第二十四条 特种设备使用单位应当使用符合安全技术规范要求的特种设备。特种设备投入使用前，使用单位应当核对其是否附有本条例第十五条规定的相关文件。

第二十五条 特种设备在投入使用前或者投入使用后30日内，特种设备使用单位应当向直辖市或者设区的市的特种设备安全监督管理部门登记。登记标志应当置于或者附着于该特种设备的显著位置。

第二十六条 特种设备使用单位应当建立特种设备安全技术档案。安全技术档案应当包括以下内容：

（一）特种设备的设计文件、制造单位、产品质量合格证明、使用维护说明等文件以及安装技术文件和资料；

（二）特种设备的定期检验和定期自行检查的记录；

（三）特种设备的日常使用状况记录；

（四）特种设备及其安全附件、安全保护装置、测量调控装置及有关附属仪器仪表的日常维护保养记录；

（五）特种设备运行故障和事故记录；

（六）高耗能特种设备的能效测试报告、能耗状况记录以及节能改造技术资料。

第二十七条 特种设备使用单位应当对在用特种设备进行经常性日常维护保养，并定期自行检查。

特种设备使用单位对在用特种设备应当至少每月进行一次自行检查，并作出记录。特种设备使用单位在对在用特种设备进行自行检查和日常维护保养时发现异常情况的，应当及时处理。

特种设备使用单位应当对在用特种设备的安全附件、安全保护装置、测量调控装置及有关附属仪器仪表进行定期校验、检修，并作出记录。

锅炉使用单位应当按照安全技术规范的要求进行锅炉水（介）质处理，并接受特种设备检验检测机构实施的水（介）质处理定期检验。

从事锅炉清洗的单位，应当按照安全技术规范的要求进行锅炉清洗，并接受特种设备检验检测机构实施的锅炉清洗过程监督检验。

第二十八条 特种设备使用单位应当按照安全技术规范的定期检验要求，在安全检验合格有效期届满前1个月向特种设备检验检测机构提出定期检验要求。

检验检测机构接到定期检验要求后，应当按照安全技术规范的要求及时进行安全性能检验和能效测试。

未经定期检验或者检验不合格的特种设备，不得继续使用。

第二十九条 特种设备出现故障或者发生异常情况，使用单位应当对其进行全面检查，消除事故隐患后，方可重新投入使用。

特种设备不符合能效指标的，特种设备使用单位应当采取相应措施进行整改。

第三十条 特种设备存在严重事故隐患，无改造、维修价值，或者超过安全技术规范规定使用年限，特种设备使用单位应当及时予以报废，并应当向原登记的特种设备安全监督管理部门办理注销。

第三十一条　电梯的日常维护保养必须由依照本条例取得许可的安装、改造、维修单位或者电梯制造单位进行。

电梯应当至少每15日进行一次清洁、润滑、调整和检查。

第三十二条　电梯的日常维护保养单位应当在维护保养中严格执行国家安全技术规范的要求，保证其维护保养的电梯的安全技术性能，并负责落实现场安全防护措施，保证施工安全。

电梯的日常维护保养单位，应当对其维护保养的电梯的安全性能负责。接到故障通知后，应当立即赶赴现场，并采取必要的应急救援措施。

第三十三条　电梯、客运索道、大型游乐设施等为公众提供服务的特种设备运营使用单位，应当设置特种设备安全管理机构或者配备专职的安全管理人员；其他特种设备使用单位，应当根据情况设置特种设备安全管理机构或者配备专职、兼职的安全管理人员。

特种设备的安全管理人员应当对特种设备使用状况进行经常性检查，发现问题的应当立即处理；情况紧急时，可以决定停止使用特种设备并及时报告本单位有关负责人。

第三十四条　客运索道、大型游乐设施的运营使用单位在客运索道、大型游乐设施每日投入使用前，应当进行试运行和例行安全检查，并对安全装置进行检查确认。

电梯、客运索道、大型游乐设施的运营使用单位应当将电梯、客运索道、大型游乐设施的安全注意事项和警示标志置于易于为乘客注意的显著位置。

第三十五条　客运索道、大型游乐设施的运营使用单位的主要负责人应当熟悉客运索道、大型游乐设施的相关安全知识，并全面负责客运索道、大型游乐设施的安全使用。

客运索道、大型游乐设施的运营使用单位的主要负责人至少应当每月召开一次会议，督促、检查客运索道、大型游乐设施的安全使用工作。

客运索道、大型游乐设施的运营使用单位，应当结合本单位的实际情况，配备相应数量的营救装备和急救物品。

第三十六条　电梯、客运索道、大型游乐设施的乘客应当遵守使用安全注意事项的要求，服从有关工作人员的指挥。

第三十七条　电梯投入使用后，电梯制造单位应当对其制造的电梯的安全运行情况进行跟踪调查和了解，对电梯的日常维护保养单位或者电梯的使用单位在安全运行方面存在的问题，提出改进建议，并提供必要的技术帮助。发现电梯存在严重事故隐患的，应当及时向特种设备安全监督管理部门报告。电梯制造单位对调查和了解的情况，应当作出记录。

第三十八条　锅炉、压力容器、电梯、起重机械、客运索道、大型游乐设施、场（厂）内专用机动车辆的作业人员及其相关管理人员（以下统称特种设备作业人员），应当按照国家有关规定经特种设备安全监督管理部门考核合格，取得国家统一格式的特种作业人员证书，方可从事相应的作业或者管理工作。

第三十九条　特种设备使用单位应当对特种设备作业人员进行特种设备安全、节能教育和培训，保证特种设备作业人员具备必要的特种设备安全、节能知识。

特种设备作业人员在作业中应当严格执行特种设备的操作规程和有关的安全规章制度。

第四十条　特种设备作业人员在作业过程中发现事故隐患或者其他不安全因素，应当立即向现场安全管理人员和单位有关负责人报告。

第四章 检验检测

第四十一条 从事本条例规定的监督检验、定期检验、型式试验以及专门为特种设备生产、使用、检验检测提供无损检测服务的特种设备检验检测机构，应当经国务院特种设备安全监督管理部门核准。

特种设备使用单位设立的特种设备检验检测机构，经国务院特种设备安全监督管理部门核准，负责本单位核准范围内的特种设备定期检验工作。

第四十二条 特种设备检验检测机构，应当具备下列条件：

（一）有与所从事的检验检测工作相适应的检验检测人员；

（二）有与所从事的检验检测工作相适应的检验检测仪器和设备；

（三）有健全的检验检测管理制度、检验检测责任制度。

第四十三条 特种设备的监督检验、定期检验、型式试验和无损检测应当由依照本条例经核准的特种设备检验检测机构进行。

特种设备检验检测工作应当符合安全技术规范的要求。

第四十四条 从事本条例规定的监督检验、定期检验、型式试验和无损检测的特种设备检验检测人员应当经国务院特种设备安全监督管理部门组织考核合格，取得检验检测人员证书，方可从事检验检测工作。

检验检测人员从事检验检测工作，必须在特种设备检验检测机构执业，但不得同时在两个以上检验检测机构中执业。

第四十五条 特种设备检验检测机构和检验检测人员进行特种设备检验检测，应当遵循诚信原则和方便企业的原则，为特种设备生产、使用单位提供可靠、便捷的检验检测服务。

特种设备检验检测机构和检验检测人员对涉及的被检验检测

单位的商业秘密，负有保密义务。

第四十六条 特种设备检验检测机构和检验检测人员应当客观、公正、及时地出具检验检测结果、鉴定结论。检验检测结果、鉴定结论经检验检测人员签字后，由检验检测机构负责人签署。

特种设备检验检测机构和检验检测人员对检验检测结果、鉴定结论负责。

国务院特种设备安全监督管理部门应当组织对特种设备检验检测机构的检验检测结果、鉴定结论进行监督抽查。县以上地方负责特种设备安全监督管理的部门在本行政区域内也可以组织监督抽查，但是要防止重复抽查。监督抽查结果应当向社会公布。

第四十七条 特种设备检验检测机构和检验检测人员不得从事特种设备的生产、销售，不得以其名义推荐或者监制、监销特种设备。

第四十八条 特种设备检验检测机构进行特种设备检验检测，发现严重事故隐患或者能耗严重超标的，应当及时告知特种设备使用单位，并立即向特种设备安全监督管理部门报告。

第四十九条 特种设备检验检测机构和检验检测人员利用检验检测工作故意刁难特种设备生产、使用单位，特种设备生产、使用单位有权向特种设备安全监督管理部门投诉，接到投诉的特种设备安全监督管理部门应当及时进行调查处理。

第五章 监督检查

第五十条 特种设备安全监督管理部门依照本条例规定，对特种设备生产、使用单位和检验检测机构实施安全监察。

对学校、幼儿园以及车站、客运码头、商场、体育场馆、展览馆、公园等公众聚集场所的特种设备，特种设备安全监督管理部门应当实施重点安全监察。

第五十一条 特种设备安全监督管理部门根据举报或者取得的涉嫌违法证据,对涉嫌违反本条例规定的行为进行查处时,可以行使下列职权:

(一)向特种设备生产、使用单位和检验检测机构的法定代表人、主要负责人和其他有关人员调查、了解与涉嫌从事违反本条例的生产、使用、检验检测有关的情况;

(二)查阅、复制特种设备生产、使用单位和检验检测机构的有关合同、发票、账簿以及其他有关资料;

(三)对有证据表明不符合安全技术规范要求的或者有其他严重事故隐患、能耗严重超标的特种设备,予以查封或者扣押。

第五十二条 依照本条例规定实施许可、核准、登记的特种设备安全监督管理部门,应当严格依照本条例规定条件和安全技术规范要求对有关事项进行审查;不符合本条例规定条件和安全技术规范要求的,不得许可、核准、登记;在申请办理许可、核准期间,特种设备安全监督管理部门发现申请人未经许可从事特种设备相应活动或者伪造许可、核准证书的,不予受理或者不予许可、核准,并在1年内不再受理其新的许可、核准申请。

未依法取得许可、核准、登记的单位擅自从事特种设备的生产、使用或者检验检测活动的,特种设备安全监督管理部门应当依法予以处理。

违反本条例规定,被依法撤销许可的,自撤销许可之日起3年内,特种设备安全监督管理部门不予受理其新的许可申请。

第五十三条 特种设备安全监督管理部门在办理本条例规定的有关行政审批事项时,其受理、审查、许可、核准的程序必须公开,并应当自受理申请之日起30日内,作出许可、核准或者不予许可、核准的决定;不予许可、核准的,应当书面向申请人说明理由。

第五十四条 地方各级特种设备安全监督管理部门不得以任

何形式进行地方保护和地区封锁，不得对已经依照本条例规定在其他地方取得许可的特种设备生产单位重复进行许可审批事项，也不得要求对依照本条例规定在其他地方检验检测合格的特种设备，重复进行检验检测。

第五十五条 特种设备安全监督管理部门的安全监察人员（以下简称特种设备安全监察人员）应当熟悉相关法律、法规、规章和安全技术规范，具有相应的专业知识和工作经验，并经国务院特种设备安全监督管理部门考核，取得特种设备安全监察人员证书。

特种设备安全监察人员应当忠于职守、坚持原则、秉公执法。

第五十六条 特种设备安全监督管理部门对特种设备生产、使用单位和检验检测机构实施安全监察时，应当有两名以上特种设备安全监察人员参加，并出示有效的特种设备安全监察人员证件。

第五十七条 特种设备安全监督管理部门对特种设备生产、使用单位和检验检测机构实施安全监察，应当对每次安全监察的内容、发现的问题及处理情况，作出记录，并由参加安全监察的特种设备安全监察人员和被检查单位的有关负责人签字后归档。被检查单位的有关负责人拒绝签字的，特种设备安全监察人员应当将情况记录在案。

第五十八条 特种设备安全监督管理部门对特种设备生产、使用单位和检验检测机构进行安全监察时，发现有违反本条例规定和安全技术规范要求的行为或者在用的特种设备存在事故隐患、不符合能效指标的，应当以书面形式发出特种设备安全监察指令，责令有关单位及时采取措施，予以改正或者消除事故隐患。紧急情况下需要采取紧急处置措施的，应当随后补发书面通知。

第五十九条　特种设备安全监督管理部门对特种设备生产、使用单位和检验检测机构进行安全监察，发现重大违法行为或者严重事故隐患时，应当在采取必要措施的同时，及时向上级特种设备安全监督管理部门报告。接到报告的特种设备安全监督管理部门应当采取必要措施，及时予以处理。

对违法行为、严重事故隐患或者不符合能效指标的处理需要当地人民政府和有关部门的支持、配合时，特种设备安全监督管理部门应当报告当地人民政府，并通知其他有关部门。当地人民政府和其他有关部门应当采取必要措施，及时予以处理。

第六十条　国务院特种设备安全监督管理部门和省、自治区、直辖市特种设备安全监督管理部门应当定期向社会公布特种设备安全以及能效状况。

公布特种设备安全以及能效状况，应当包括下列内容：

（一）特种设备质量安全状况；

（二）特种设备事故的情况、特点、原因分析、防范对策；

（三）特种设备能效状况；

（四）其他需要公布的情况。

第六章　事故预防和调查处理

第六十一条　有下列情形之一的，为特别重大事故：

（一）特种设备事故造成30人以上死亡，或者100人以上重伤（包括急性工业中毒，下同），或者1亿元以上直接经济损失的；

（二）600兆瓦以上锅炉爆炸的；

（三）压力容器、压力管道有毒介质泄漏，造成15万人以上转移的；

（四）客运索道、大型游乐设施高空滞留100人以上并且时间在48小时以上的。

第六十二条　有下列情形之一的,为重大事故:

(一)特种设备事故造成10人以上30人以下死亡,或者50人以上100人以下重伤,或者5 000万元以上1亿元以下直接经济损失的;

(二)600兆瓦以上锅炉因安全故障中断运行240小时以上的;

(三)压力容器、压力管道有毒介质泄漏,造成5万人以上15万人以下转移的;

(四)客运索道、大型游乐设施高空滞留100人以上并且时间在24小时以上48小时以下的。

第六十三条　有下列情形之一的,为较大事故:

(一)特种设备事故造成3人以上10人以下死亡,或者10人以上50人以下重伤,或者1 000万元以上5 000万元以下直接经济损失的;

(二)锅炉、压力容器、压力管道爆炸的;

(三)压力容器、压力管道有毒介质泄漏,造成1万人以上5万人以下转移的;

(四)起重机械整体倾覆的;

(五)客运索道、大型游乐设施高空滞留人员12小时以上的。

第六十四条　有下列情形之一的,为一般事故:

(一)特种设备事故造成3人以下死亡,或者10人以下重伤,或者1万元以上1 000万元以下直接经济损失的;

(二)压力容器、压力管道有毒介质泄漏,造成500人以上1万人以下转移的;

(三)电梯轿厢滞留人员2小时以上的;

(四)起重机械主要受力结构件折断或者起升机构坠落的;

(五)客运索道高空滞留人员3.5小时以上12小时以

下的；

（六）大型游乐设施高空滞留人员1小时以上12小时以下的。

除前款规定外，国务院特种设备安全监督管理部门可以对一般事故的其他情形做出补充规定。

第六十五条 特种设备安全监督管理部门应当制定特种设备应急预案。特种设备使用单位应当制定事故应急专项预案，并定期进行事故应急演练。

压力容器、压力管道发生爆炸或者泄漏，在抢险救援时应当区分介质特性，严格按照相关预案规定程序处理，防止二次爆炸。

第六十六条 特种设备事故发生后，事故发生单位应当立即启动事故应急预案，组织抢救，防止事故扩大，减少人员伤亡和财产损失，并及时向事故发生地县以上特种设备安全监督管理部门和有关部门报告。

县以上特种设备安全监督管理部门接到事故报告，应当尽快核实有关情况，立即向所在地人民政府报告，并逐级上报事故情况。必要时，特种设备安全监督管理部门可以越级上报事故情况。对特别重大事故、重大事故，国务院特种设备安全监督管理部门应当立即报告国务院并通报国务院安全生产监督管理部门等有关部门。

第六十七条 特别重大事故由国务院或者国务院授权有关部门组织事故调查组进行调查。

重大事故由国务院特种设备安全监督管理部门会同有关部门组织事故调查组进行调查。

较大事故由省、自治区、直辖市特种设备安全监督管理部门会同有关部门组织事故调查组进行调查。

一般事故由设区的市的特种设备安全监督管理部门会同有

关部门组织事故调查组进行调查。

第六十八条 事故调查报告应当由负责组织事故调查的特种设备安全监督管理部门的所在地人民政府批复,并报上一级特种设备安全监督管理部门备案。

有关机关应当按照批复,依照法律、行政法规规定的权限和程序,对事故责任单位和有关人员进行行政处罚,对负有事故责任的国家工作人员进行处分。

第六十九条 特种设备安全监督管理部门应当在有关地方人民政府的领导下,组织开展特种设备事故调查处理工作。

有关地方人民政府应当支持、配合上级人民政府或者特种设备安全监督管理部门的事故调查处理工作,并提供必要的便利条件。

第七十条 特种设备安全监督管理部门应当对发生事故的原因进行分析,并根据特种设备的管理和技术特点、事故情况对相关安全技术规范进行评估;需要制定或者修订相关安全技术规范的,应当及时制定或者修订。

第七十一条 本章所称的"以上"包括本数,所称的"以下"不包括本数。

第七章 法律责任

第七十二条 未经许可,擅自从事压力容器设计活动的,由特种设备安全监督管理部门予以取缔,处5万元以上20万元以下罚款;有违法所得的,没收违法所得;触犯刑律的,对负有责任的主管人员和其他直接责任人员依照刑法关于非法经营罪或者其他罪的规定,依法追究刑事责任。

第七十三条 锅炉、气瓶、氧舱和客运索道、大型游乐设施以及高耗能特种设备的设计文件,未经国务院特种设备安全监督管理部门核准的检验检测机构鉴定,擅自用于制造的,由特种设备安全监督管理部门责令改正，没收非法制造的产品，处5万元以上20万元以下罚款；触犯刑律的，对负有责任的主管人员和其他直接责任人员依照刑法关于生产、销售伪劣产品罪、非法经营罪或者其他罪的规定，依法追究刑事责任。

第七十四条 按照安全技术规范的要求应当进行型式试验的特种设备产品、部件或者试制特种设备新产品、新部件，未进行整机或者部件型式试验的，由特种设备安全监督管理部门责令限期改正；逾期未改正的，处2万元以上10万元以下罚款。

第七十五条 未经许可，擅自从事锅炉、压力容器、电梯、起重机械、客运索道、大型游乐设施、场（厂）内专用机动车辆及其安全附件、安全保护装置的制造、安装、改造以及压力管道元件的制造活动的，由特种设备安全监督管理部门予以取缔，没收非法制造的产品，已经实施安装、改造的，责令恢复原状或者责令限期由取得许可的单位重新安装、改造，处10万元以上50万元以下罚款；触犯刑律的，对负有责任的主管人员和其他直接责任人员依照刑法关于生产、销售伪劣产品罪、非法经营罪、重大责任事故罪或者其他罪的规定，依法追究刑事责任。

第七十六条 特种设备出厂时，未按照安全技术规范的要求附有设计文件、产品质量合格证明、安装及使用维修说明、监督检验证明等文件的，由特种设备安全监督管理部门责令改正；情节严重的，责令停止生产、销售，处违法生产、销售货值金额30%以下罚款；有违法所得的，没收违法所得。

第七十七条 未经许可，擅自从事锅炉、压力容器、电梯、起重机械、客运索道、大型游乐设施、场（厂）内专用机动车辆的维修或者日常维护保养的，由特种设备安全监督管理部门予以取缔，处1万元以上5万元以下罚款；有违法所得的，没收违法所得；触犯刑律的，对负有责任的主管人员和其他直接责任人员依照刑法关于非法经营罪、重大责任事故罪或者其他罪的规定，依法追究刑事责任。

第七十八条 锅炉、压力容器、电梯、起重机械、客运索道、大型游乐设施的安装、改造、维修的施工单位以及场（厂）内专用机动车辆的改造、维修单位，在施工前未将拟进行的特种设备安装、改造、维修情况书面告知直辖市或者设区的市的特种设备安全监督管理部门即行施工的，或者在验收后30日内未将有关技术资料移交锅炉、压力容器、电梯、起重机械、客运索道、大型游乐设施的使用单位的，由特种设备安全监督管理部门责令限期改正；逾期未改正的，处2 000元以上1万元以下罚款。

第七十九条 锅炉、压力容器、压力管道元件、起重机械、大型游乐设施的制造过程和锅炉、压力容器、电梯、起重机械、客运索道、大型游乐设施的安装、改造、重大维修过程，以及锅炉清洗过程，未经国务院特种设备安全监督管理部门核准的检验检测机构按照安全技术规范的要求进行监督检验的，由特种设备安全监督管理部门责令改正，已经出厂的，没收违法生产、销售的产品，已经实施安装、改造、重大维修或者清洗的，责令限期进行监督检验，处5万元以上20万元以下罚款；有违法所得的，没收违法所得；情节严重的，撤销制造、安装、改造或者维修单位已经取得的许可，并由工商行政管理部门吊销其营业执照；触犯刑律的，对负有责任的主管人员和其他直接责任人员依照刑法关于生产、销售伪劣产品罪或者其他罪的规定，依法追究刑事责任。

第八十条 未经许可，擅自从事移动式压力容器或者气瓶充装活动的，由特种设备安全监督管理部门予以取缔，没收违法充装的气瓶，处10万元以上50万元以下罚款；有违法所得的，没收违法所得；触犯刑律的，对负有责任的主管人员和其他直接责任人员依照刑法关于非法经营罪或者其他罪的规定，依法追究刑事责任。

移动式压力容器、气瓶充装单位未按照安全技术规范的要求进行充装活动的，由特种设备安全监督管理部门责令改正，处2万元以上10万元以下罚款；情节严重的，撤销其充装资格。

第八十一条 电梯制造单位有下列情形之一的，由特种设备安全监督管理部门责令限期改正；逾期未改正的，予以通报批评：

（一）未依照本条例第十九条的规定对电梯进行校验、调试的；

（二）对电梯的安全运行情况进行跟踪调查和了解时，发现存在严重事故隐患，未及时向特种设备安全监督管理部门报告的。

第八十二条 已经取得许可、核准的特种设备生产单位、检验检测机构有下列行为之一的，由特种设备安全监督管理部门责令改正，处2万元以上10万元以下罚款；情节严重的，撤销其相应资格：

（一）未按照安全技术规范的要求办理许可证变更手续的；

（二）不再符合本条例规定或者安全技术规范要求的条件，继续从事特种设备生产、检验检测的；

（三）未依照本条例规定或者安全技术规范要求进行特种设备生产、检验检测的；

（四）伪造、变造、出租、出借、转让许可证书或者监督检验报告的。

第八十三条 特种设备使用单位有下列情形之一的，由特种设备安全监督管理部门责令限期改正；逾期未改正的，处2 000元以上2万元以下罚款；情节严重的，责令停止使用或者停产停业整顿：

（一）特种设备投入使用前或者投入使用后30日内，未向特种设备安全监督管理部门登记，擅自将其投入使用的；

（二）未依照本条例第二十六条的规定，建立特种设备安全技术档案的；

（三）未依照本条例第二十七条的规定，对在用特种设备进行经常性日常维护保养和定期自行检查的，或者对在用特种设备的安全附件、安全保护装置、测量调控装置及有关附属仪器仪表进行定期校验、检修，并作出记录的；

（四）未按照安全技术规范的定期检验要求，在安全检验合格有效期届满前1个月向特种设备检验检测机构提出定期检验要求的；

（五）使用未经定期检验或者检验不合格的特种设备的；

（六）特种设备出现故障或者发生异常情况，未对其进行全面检查、消除事故隐患，继续投入使用的；

（七）未制定特种设备事故应急专项预案的；

（八）未依照本条例第三十一条第二款的规定，对电梯进行清洁、润滑、调整和检查的；

（九）未按照安全技术规范要求进行锅炉水（介）质处理的；

（十）特种设备不符合能效指标，未及时采取相应措施进行整改的。

特种设备使用单位使用未取得生产许可的单位生产的特种设备或者将非承压锅炉、非压力容器作为承压锅炉、压力容器使用的，由特种设备安全监督管理部门责令停止使用，予以没收，处2万元以上10万元以下罚款。

第八十四条　特种设备存在严重事故隐患，无改造、维修价值，或者超过安全技术规范规定的使用年限，特种设备使用单位未予以报废，并向原登记的特种设备安全监督管理部门办理注销的，由特种设备安全监督管理部门责令限期改正；逾期未改正的，处 5 万元以上 20 万元以下罚款。

第八十五条　电梯、客运索道、大型游乐设施的运营使用单位有下列情形之一的，由特种设备安全监督管理部门责令限期改正；逾期未改正的，责令停止使用或者停产停业整顿，处 1 万元以上 5 万元以下罚款：

（一）客运索道、大型游乐设施每日投入使用前，未进行试运行和例行安全检查，并对安全装置进行检查确认的；

（二）未将电梯、客运索道、大型游乐设施的安全注意事项和警示标志置于易于为乘客注意的显著位置的。

第八十六条　特种设备使用单位有下列情形之一的，由特种设备安全监督管理部门责令限期改正；逾期未改正的，责令停止使用或者停产停业整顿，处 2 000 元以上 2 万元以下罚款：

（一）未依照本条例规定设置特种设备安全管理机构或者配备专职、兼职的安全管理人员的；

（二）从事特种设备作业的人员，未取得相应特种作业人员证书，上岗作业的；

（三）未对特种设备作业人员进行特种设备安全教育和培训的。

第八十七条　发生特种设备事故，有下列情形之一的，对单位，由特种设备安全监督管理部门处 5 万元以上 20 万元以下罚款；对主要负责人，由特种设备安全监督管理部门处 4 000 元以上 2 万元以下罚款；属于国家工作人员的，依法给予处分；触犯刑律的，依照刑法关于重大责任事故罪或者其他罪的规定，依法追究刑事责任：

（一）特种设备使用单位的主要负责人在本单位发生特种设备事故时，不立即组织抢救或者在事故调查处理期间擅离职守或者逃匿的；

（二）特种设备使用单位的主要负责人对特种设备事故隐瞒

不报、谎报或者拖延不报的。

第八十八条 对事故发生负有责任的单位,由特种设备安全监督管理部门依照下列规定处以罚款:

（一）发生一般事故的,处10万元以上20万元以下罚款;

（二）发生较大事故的,处20万元以上50万元以下罚款;

（三）发生重大事故的,处50万元以上200万元以下罚款。

第八十九条 对事故发生负有责任的单位的主要负责人未依法履行职责,导致事故发生的,由特种设备安全监督管理部门依照下列规定处以罚款;属于国家工作人员的,并依法给予处分;触犯刑律的,依照刑法关于重大责任事故罪或者其他罪的规定,依法追究刑事责任:

（一）发生一般事故的,处上一年年收入30%的罚款;

（二）发生较大事故的,处上一年年收入40%的罚款;

（三）发生重大事故的,处上一年年收入60%的罚款。

第九十条 特种设备作业人员违反特种设备的操作规程和有关的安全规章制度操作,或者在作业过程中发现事故隐患或者其他不安全因素,未立即向现场安全管理人员和单位有关负责人报告的,由特种设备使用单位给予批评教育、处分;情节严重的,撤销特种设备作业人员资格;触犯刑律的,依照刑法关于重大责任事故罪或者其他罪的规定,依法追究刑事责任。

第九十一条 未经核准,擅自从事本条例所规定的监督检验、定期检验、型式试验以及无损检测等检验检测活动的,由特种设备安全监督管理部门予以取缔,处5万元以上20万元以下罚款;有违法所得的,没收违法所得;触犯刑律的,对负有责任的主管人员和其他直接责任人员依照刑法关于非法经营罪或者其他罪的规定,依法追究刑事责任。

第九十二条 特种设备检验检测机构,有下列情形之一的,由特种设备安全监督管理部门处2万元以上10万元以下罚款;

情节严重的，撤销其检验检测资格：

（一）聘用未经特种设备安全监督管理部门组织考核合格并取得检验检测人员证书的人员，从事相关检验检测工作的；

（二）在进行特种设备检验检测中，发现严重事故隐患或者能耗严重超标，未及时告知特种设备使用单位，并立即向特种设备安全监督管理部门报告的。

第九十三条 特种设备检验检测机构和检验检测人员，出具虚假的检验检测结果、鉴定结论或者检验检测结果、鉴定结论严重失实的，由特种设备安全监督管理部门对检验检测机构没收违法所得，处5万元以上20万元以下罚款，情节严重的，撤销其检验检测资格；对检验检测人员处5 000元以上5万元以下罚款，情节严重的，撤销其检验检测资格，触犯刑律的，依照刑法关于中介组织人员提供虚假证明文件罪、中介组织人员出具证明文件重大失实罪或者其他罪的规定，依法追究刑事责任。

特种设备检验检测机构和检验检测人员，出具虚假的检验检测结果、鉴定结论或者检验检测结果、鉴定结论严重失实，造成损害的，应当承担赔偿责任。

第九十四条 特种设备检验检测机构或者检验检测人员从事特种设备的生产、销售，或者以其名义推荐或者监制、监销特种设备的，由特种设备安全监督管理部门撤销特种设备检验检测机构和检验检测人员的资格，处5万元以上20万元以下罚款；有违法所得的，没收违法所得。

第九十五条 特种设备检验检测机构和检验检测人员利用检验检测工作故意刁难特种设备生产、使用单位，由特种设备安全监督管理部门责令改正；拒不改正的，撤销其检验检测资格。

第九十六条 检验检测人员，从事检验检测工作，不在特种设备检验检测机构执业或者同时在两个以上检验检测机构中执业的，由特种设备安全监督管理部门责令改正，情节严重的，给予停止执业 6 个月以上 2 年以下的处罚；有违法所得的，没收违法所得。

第九十七条 特种设备安全监督管理部门及其特种设备安全监察人员，有下列违法行为之一的，对直接负责的主管人员和其他直接责任人员，依法给予降级或者撤职的处分；触犯刑律的，依照刑法关于受贿罪、滥用职权罪、玩忽职守罪或者其他罪的规定，依法追究刑事责任：

（一）不按照本条例规定的条件和安全技术规范要求，实施许可、核准、登记的；

（二）发现未经许可、核准、登记擅自从事特种设备的生产、使用或者检验检测活动不予取缔或者不依法予以处理的；

（三）发现特种设备生产、使用单位不再具备本条例规定的条件而不撤销其原许可，或者发现特种设备生产、使用违法行为不予查处的；

（四）发现特种设备检验检测机构不再具备本条例规定的条件而不撤销其原核准，或者对其出具虚假的检验检测结果、鉴定结论或者检验检测结果、鉴定结论严重失实的行为不予查处的；

（五）对依照本条例规定在其他地方取得许可的特种设备生产单位重复进行许可审批事项，或者对依照本条例规定在其他地方检验检测合格的特种设备，重复进行检验检测的；

（六）发现有违反本条例和安全技术规范的行为或者在用的特种设备存在严重事故隐患，不立即处理的；

（七）发现重大的违法行为或者严重事故隐患，未及时向上级特种设备安全监督管理部门报告，或者接到报告的特种设备安全监督管理部门不立即处理的；

（八）迟报、漏报、瞒报或者谎报事故的；

（九）妨碍事故救援或者事故调查处理的。

第九十八条　特种设备的生产、使用单位或者检验检测机构，拒不接受特种设备安全监督管理部门依法实施的安全监察的，由特种设备安全监督管理部门责令限期改正；逾期未改正的，责令停产停业整顿，处2万元以上10万元以下罚款；触犯刑律的，依照刑法关于妨害公务罪或者其他罪的规定，依法追究刑事责任。

特种设备生产、使用单位擅自动用、调换、转移、损毁被查封、扣押的特种设备或者其主要部件的，由特种设备安全监督管理部门责令改正，处5万元以上20万元以下罚款；情节严重的，撤销其相应资格。

第八章　附　则

第九十九条　本条例下列用语的含义是：

（一）锅炉，是指利用各种燃料、电或者其他能源，将所盛装的液体加热到一定的参数，并对外输出热能的设备，其范围规定为容积大于或者等于30 L的承压蒸气锅炉；出口水压大于或者等于0.1 MPa（表压），且额定功率大于或者等于0.1 MW的承压热水锅炉；有机热载体锅炉。

（二）压力容器，是指盛装气体或者液体，承载一定压力的密闭设备，其范围规定为最高工作压力大于或者等于0.1 MPa（表压），且压力与容积的乘积大于或者等于2.5 MPa·L的气体、液化气体和最高工作温度高于或者等于标准沸点的液体的固定式容器和移动式容器；盛装公称工作压力大于或者等于0.2 MPa（表压），且压力与容积的乘积大于或者等于1.0 MPa·L的气体、液化气体和标准沸点等于或者低于60℃液体的气瓶、氧舱等。

（三）压力管道，是指利用一定的压力，用于输送气体或者液体的管状设备，其范围规定为最高工作压力大于或者等于0.1

MPa（表压）的气体、液化气体、蒸气介质或者可燃、易爆、有毒、有腐蚀性、最高工作温度高于或者等于标准沸点的液体介质，且公称直径大于 25 mm 的管道。

（四）电梯，是指动力驱动，利用沿刚性导轨运行的箱体或者沿固定线路运行的梯级（踏步），进行升降或者平行运送人、货物的机电设备，包括载人（货）电梯、自动扶梯、自动人行道等。

（五）起重机械，是指用于垂直升降或者垂直升降并水平移动重物的机电设备，其范围规定为额定起重量大于或者等于 0.5 t 的升降机；额定起重量大于或者等于 1 t，且提升高度大于或者等于 2 m 的起重机和承重形式固定的电动葫芦等。

（六）客运索道，是指动力驱动，利用柔性绳索牵引箱体等运载工具运送人员的机电设备，包括客运架空索道、客运缆车、客运拖牵索道等。

（七）大型游乐设施，是指用于经营目的，承载乘客游乐的设施，其范围规定为设计最大运行线速度大于或者等于 2 m/s，或者运行高度距地面高于或者等于 2 m 的载人大型游乐设施。

（八）场（厂）内专用机动车辆，是指除道路交通、农用车辆以外仅在工厂厂区、旅游景区、游乐场所等特定区域使用的专用机动车辆。

特种设备包括其所用的材料、附属的安全附件、安全保护装置和与安全保护装置相关的设施。

第一百条 压力管道设计、安装、使用的安全监督管理办法由国务院另行制定。

第一百零一条 国务院特种设备安全监督管理部门可以授权省、自治区、直辖市特种设备安全监督管理部门负责本条例规定的特种设备行政许可工作，具体办法由国务院特种设备安全监督管理部门制定。

第一百零二条 特种设备行政许可、检验检测，应当按照国家有关规定收取费用。

第一百零三条 本条例自 2009 年 6 月 1 日起施行。1982 年 2 月 6 日国务院发布的《锅炉压力容器安全监察暂行条例》同时废止。

附录 B

气瓶安全监察规程

质技监局锅发 [2000] 250 号

第一章 总 则

第1条 为了加强气瓶的安全监察，保证气瓶安全使用，促进国民经济的发展，保护人身和财产安全，根据《产品质量法》《锅炉压力容器安全监察暂行条例》的规定，制定本规程。

第2条 本规程适用于正常环境温度（-40℃～60℃）下使用的、公称工作压力为 1.0～30 MPa（表压，下同）、公称容积为 0.4～3 000 L、盛装永久气体、液化气体或混合气体的无缝、焊接和特种气瓶（"特种气瓶"指车用气瓶、低温绝热气瓶、纤维缠绕气瓶和非重复充装气瓶等，其中低温绝热气瓶的公称工作压力的下限为 0.2 MPa）。

本规程不适用于盛装溶解气体、吸附气体的气瓶，以及机器设备上附属的瓶式压力容器。

第3条 本规程的规定是对气瓶安全的基本要求。气瓶的设计、制造、充装、运输、储存、经销、使用和检验等，均应符合本规程的规定。

各有关部门和单位，必须认真贯彻执行本规程，各级质量技术监督行政部门负责监督检查。

第4条 气瓶产品应符合相应国家标准的规定。标准中应包括产品型式试验的内容和要求。暂时没有国家标准的产品，由制造企业采用或参照国际标准或国外先进标准制定企业标准。企业标准需经全国气瓶标准化技术委员会评审备案。

第5条 研制、开发气瓶及其附件新产品,应在试验研究并取得成果的基础上进行产品试制。试制品应符合产品标准的要求,并按本规程附件3《气瓶型式试验技术评定的内容和要求》,由原国家质量技术监督局锅炉压力容器安全监察局授权的单位组织专家进行技术评定。经型式试验技术评定合格的气瓶,允许在省级锅炉压力容器安全监察机构指定的范围和规定时间内试用。试用期满后,按程序办理制造资格认可手续。

第6条 进口气瓶的管理按《进口锅炉压力容器安全质量许可制度实施办法》和《进出口锅炉压力容器监督管理办法》执行。向我国出口气瓶及其附件的境外制造企业,必须取得中华人民共和国原国家质量技术监督局颁发的安全质量许可证书。

第二章 一 般 规 定

第7条 瓶装气体的分类按 GB 16163《瓶装压缩气体分类》规定。按其临界温度可划分为三类:

1. 临界温度小于 -10℃的为永久气体;
2. 临界温度大于或等于 -10℃,且小于或等于70℃的为高压液化气体;
3. 临界温度大于70℃的为低压液化气体。

第8条 气瓶的压力系列见表 B—1 规定。气瓶的水压试验压力,一般应为公称工作压力的 1.5 倍;特殊情况者,按相应国家标准的具体规定。

表 B—1   气瓶的压力系列   MPa

压力类别	高压					低压			
公称工作压力	30	20	15	12.5	8	5	3	2	1
水压试验压力	45	30	22.5	18.8	12	7.5	4.5	3	1.5

附录 B　气瓶安全监察规程

第 9 条　气瓶的公称工作压力，对于盛装永久气体的气瓶，系指在基准温度时（一般为 20℃），所盛装气体的限定充装压力；对于盛装液化气体的气瓶，系指温度为 60℃ 时瓶内气体压力的上限值。

盛装高压液化气体的气瓶，其公称工作压力不得小于 8 MPa。盛装有毒和剧毒危害的液化气体的气瓶，其公称工作压力的选用应适当提高。

常用气体气瓶的公称工作压力见表 B—2 规定。

表 B—2　　常用气体气瓶的公称工作压力

气体类别		公称工作压力/MPa	常用气体
永久气体 $T_C < -10℃$		30	空气、氧、氢、氮、氩、氦、氖、甲烷、煤气、天然气、氟等
		20	
		15	空气、氧、氢、氮、氩、氦、氖、甲烷、煤气、三氟化硼、四氟甲烷（R-14）、一氧化碳、一氧化氮、氘（重氢）、氪等
		20	二氧化碳、一氧化二氮（氧化亚氮）、乙烷、乙烯、硅烷、磷烷、乙硼烷等
		15	
液化气体 $T_C \geqslant -10℃$	高压液化气体 $-10℃ \leqslant T_C \leqslant 70℃$	12.5	氙、一氧化二氮（氧化亚氮）、六氟化硫、氯化氢、乙烷、乙烯、三氟氯甲烷（R-13）、三氟甲烷（R-23）、六氟乙烷（R-116）、1.1 二氟乙烯（偏二氟乙烯）（R-1132a）、氟乙烯（R-1141）、三氟溴甲烷（R-13B1）等
		8	六氟化硫、三氟氯甲烷（R-13）、1.1 二氟乙烯（偏二氟乙烯）（R-1132a）、六氟乙烷（R-116）、氟乙烯（R-1141）、三氟溴甲烷（R-13B1）等

续表

气体类别		公称工作压力/MPa	常用气体
液化气体 $T_C \geqslant -10℃$	低压液化气体 $T_C > 70℃$	5	溴化氢、硫化氢、碳酰二氯（光气）、硫酰氟等
		3	氨、二氟氯甲烷（R-22）、1,1,1-三氟乙烷（R-143a）等
		2	氯、二氧化硫、环丙烷、六氟丙烯、二氟二氯甲烷（R-12）、1,1-二氟乙烷（R-152a）、氯甲烷、二甲醚、二氧化氮、三氟氯乙烯（R-1113）、溴甲烷、氟化氢、五氟氯乙烷（R-115）等
		1	正丁烷、异丁烷、异丁烯、1-丁烯、1,3-丁二烯、一氟二氯甲烷（R-21）、四氟二氯乙烷（R-114）、二氟氯乙烷（R-142b）、二氟溴氯甲烷（R-12B1）、氯乙烷、氯乙烯、溴乙烯、甲胺、二甲胺、三甲胺、乙胺、乙烯基甲醚、环氧乙烷、八氟环丁烷（R-C318）、（顺）2-丁烯、（反）2-丁烯、三氯化硼（氯化硼）、甲硫醇（硫氢甲烷）、三氟氯乙烷（R-133a）等

注：T_C——临界温度，℃。

盛装混合气体或未列入表 B—2 的其他气体的气瓶，其公称工作压力可按相应国家标准的规定，或参照本规程第 5 条办理。

第 10 条 气瓶的公称容积系列，应在相应的标准中规定。一般情况下，12 L（含 12 L）以下为小容积，12 L 以上至 100 L（含 100 L）为中容积，100 L 以上为大容积。

第 11 条 盛装毒性程度为有毒或剧毒的气体的气瓶上，禁止装配易熔合金塞、爆破片及其他泄压装置。

第 12 条 气瓶的钢印标记是识别气瓶的依据。钢印标记必须准确、清晰、完整,以永久标记的形式打印在瓶肩或不可卸附件上。应尽量采用机械方法打印钢印标记。钢印的位置和内容,应符合本规程附件 1《气瓶的钢印标记和检验色标》的规定。纤维缠绕气瓶、低温绝热气瓶和高强度钢气瓶的制造钢印标记按相应国家标准的规定。特殊原因不能在规定位置上打钢印的,必须按锅炉压力容器安全监察局核准的方法和内容进行标注。

气瓶制造企业的代号和气瓶注册商标必须在制造许可证批准机构备案。

第 13 条 气瓶外表面的颜色、字样和色环,必须符合 GB 7144《气瓶颜色标志》的规定,并在瓶体上以明显字样注明产权单位和充装单位。盛装未列入国家标准规定的气体和混合气体的气瓶,其外表面的颜色、字样和色环均须符合锅炉压力容器安全监察局核准的方案。

第 14 条 气瓶警示标签的式样、制作方法及应用应符合 GB 16804《气瓶警示标签》的规定。

第 15 条 气瓶的充装单位对自有气瓶和托管气瓶的安全使用以及按期检验负责,并应建立气瓶档案。气瓶档案包括合格证、产品质量证明书、气瓶检验记录等。气瓶的档案应保存到气瓶报废为止。

气瓶充装单位应按规定向所在地地市级以上(含地市级)质量技术监督行政部门锅炉压力容器安全监察机构报告自有气瓶和托管气瓶的种类和数量。

第 16 条 从本规程实施之日起,新投入使用的气瓶的产权应为气瓶充装单位所有。已投入使用的气瓶的产权如不属于气瓶充装单位,宜将气瓶产权转为气瓶充装单位,或者由气瓶产权人与气瓶充装单位办理托管手续。

第 17 条 气瓶必须专用。只允许充装与钢印标记一致的介质，不得改装使用。

第 18 条 进口气瓶的安全性能应依据强制性国家标准进行检验，其中涉及气瓶安全质量的关键项目，如环境温度、水压试验压力、瓶体力学性能、无损检测、水压爆破试验和各项型式试验均不得低于相应国家标准的规定。暂时没有国家标准的气瓶产品，按锅炉压力容器安全监察局标准的要求检验。

第 19 条 进口气瓶检验合格后，由检验单位逐只打检验钢印，涂检验色标。气瓶表面的颜色、字样和色环应符合国家标准 GB 7144《气瓶颜色标记》的规定。

第三章 材 料

第 20 条 制造气瓶的主体材料应符合相应国家标准的规定，还应符合相关气瓶产品标准对材料的要求。材料生产单位必须保证材料质量合格，并提供质量证明书原件，质量证明书的内容必须填写齐全，并经质量检验部门盖章确认。材料生产单位应在材料规定部位作出清晰、牢固的标志。气瓶制造单位从非材料生产单位购进气瓶用材料时，应同时取得材料生产单位的质量证明书原件或加盖供材单位检验公章和经办人章的有效复印件。气瓶制造单位应对所购得的气瓶用材料及材料质量证明书的真实性与一致性负责。

瓶体材料还应满足与所装气体相容性的要求。

第 21 条 钢质气瓶瓶体材料及缠绕气瓶钢质内胆材料，必须是电炉或氧气转炉冶炼的镇静钢。制造无缝气瓶的优质碳素钢或合金钢坯料，应适合压力加工；制造焊接气瓶的瓶体材料，必须具有良好的压延和焊接性能。

寒冷地区（见本规程附件 2《寒冷地区的划分》）使用的钢质气瓶的瓶体材料，应具有良好的低温冲击性能，其低温冲击试验方法和合格指标，应符合相应标准的规定。

第 22 条 制造铝合金气瓶瓶体及纤维缠绕气瓶铝合金内胆的材料，应具有良好的抗晶间腐蚀性能。

第 23 条 采用气瓶国家标准规定之外的材料或新研制的材料试制气瓶，材料生产企业应按照在锅炉压力容器安全监察局备案的企标或供货技术条件供货。气瓶制造厂在向原国家质量技术监督局锅炉压力容器安全监察局提出试用申请后，按核准的数量试制气瓶。

第 24 条 采用国外材料制造气瓶瓶体，应符合下列规定：

（1）材料牌号应是国外压力容器或气瓶用材标准所列牌号，有相应的技术要求、性能数据和工艺资料；

（2）技术要求和性能数据应不低于本规程和我国相应气瓶国家标准的规定；

（3）使用国外材料制造气瓶之前，企业应先进行冷热加工工艺试验、焊接及热处理工艺评定，并制定出相应的工艺文件。

第 25 条 气瓶制造单位，必须按炉罐号对制造气瓶瓶体的金属材料进行化学成分验证分析，按批号进行力学性能验证检验，按相应标准的规定进行无损检测、低倍组织验证检查。

对盛装有应力腐蚀倾向气体的钢质气瓶，应控制材料的实际抗拉强度不超过 880 MPa，实际屈强比不超过 0.90。原材料无缝钢管表面应采用超声波进行无损检测，瓶体表面不应有折叠、分层、裂纹等缺陷存在。

第四章 设 计

第 26 条 气瓶的设计，实行设计文件审批制度。气瓶制造所采用的设计文件必须经审核批准。

无缝气瓶、焊接气瓶和特种气瓶的设计文件，由原国家质量技术监督局锅炉压力容器安全监察局审批；液化石油气瓶制定全国通用的设计文件，由原国家质量技术监督局锅炉压力容器安全监察局审批。经审查批准的设计文件，在总图和瓶体部件图上盖审批标记。审批标记如下：

```
┌─────────────────────────────┐
│       国家质量技术监督局       │
│     锅炉压力容器安全监察局     │
│     气瓶设计审查批准专用章     │
├─────────────────────────────┤
│     质技监锅局审字第×××号     │
├─────────────────────────────┤
│          年  月  日           │
└─────────────────────────────┘
```

第 27 条 气瓶制造单位向审批机构提出审批申请时，应同时提交完整的设计文件和产品型式试验报告。设计文件包括：

（1）设计任务书，应给出使用介质、工作温度、工作压力、容积、主要技术要求等；

（2）设计图样，应包括设计总图、零部件图、主要技术参数、技术要求；

（3）设计计算书，应有容积计算、强度计算、必要的刚度校核、设计壁厚的确定等内容；

（4）设计说明书，应包括设计参数选择与依据、材料的选择、安全附件的选择、主要生产工艺要求、检验要求等；

（5）标准化审查报告；

（6）使用说明书，应包括充装和使用要求以及安全操作要点等。

第 28 条 确定气瓶瓶体厚度采用的设计公式和设计选用的厚度值，应符合相应国家标准或经核准备案的企业标准的规定。纤维缠绕气瓶的瓶体设计应采用应力分析设计方法。

设计时，瓶体金属材料的屈服强度和抗拉强度，应选用材料标准规定的下限或热处理保证值。屈服强度的设计选用值与抗拉强度的比值，一般应不大于表 B—3 的规定。特殊情况按相应标准的规定。

表 B—3　　　　　瓶体金属材料的屈强比

结构型式	热处理方式		屈服强度/抗拉强度
无缝结构	钢质	正火或正火+回火	0.75
		淬火+回火	0.85
	铝合金	固溶处理	0.85
焊接结构	正火或退火		0.80

第 29 条　煤气、一氧化碳气体一般应选用铝合金气瓶盛装。

第 30 条　高压气瓶的瓶体，必须采用无缝结构。

第 31 条　无缝气瓶瓶体与不可拆附件的连接，不得采用焊接。

第 32 条　无缝气瓶的底部结构，应符合以下要求：
（1）结构型式和尺寸，应符合有关国家标准的规定；
（2）凸形底与筒体的连接部位应圆滑过渡，其厚度不得小于筒体设计厚度值；
（3）凹形底的环壳与筒体之间应有过渡段，过渡段与筒体的连接应圆滑过渡。

第 33 条　焊接气瓶瓶体结构应为：纵向焊缝不多于一条，环向焊缝不多于二条。

第 34 条　焊接气瓶瓶体焊缝（包括纵向和环向焊缝）应采用全焊透对接接头。

第 35 条　盛装可燃气体的纤维缠绕气瓶应选用金属材料内胆（钢质或铝合金）。缠绕纤维可选用玻璃纤维、芳纶纤维或碳纤维，可采用环向缠绕或全缠绕。

第 36 条　公称容积大于等于 5 L 的气瓶，应配有固定瓶帽或保护罩；瓶底不能自行直立的，应配有底座（呼吸器及采用固定支架或集装框架的气瓶除外）。

第37条 符合下列情况之一者，为改变原设计，应重新办理设计审批：

（1）改变气瓶瓶体材料牌号；

（2）改变设计壁厚；

（3）改变瓶体结构、形状。

第五章 制　　造

第38条 气瓶制造单位必须持有质量技术监督行政部门颁发的制造许可证，并按批准的项目和审批的设计文件制造气瓶。

第39条 气瓶正式投产前，应按有关标准进行型式试验，型式试验的内容和要求还应符合本规程附件3《气瓶型式试验技术评定的内容和要求》的规定。

第40条 符合下列情况之一者，应按照本规程附件3《气瓶型式试验技术评定的内容和要求》，重新进行型式试验：

（1）改变原设计；

（2）中断生产超过六个月；

（3）改变冷热加工、焊接、热处理等主要制造工艺。

第41条 气瓶应按批组织生产，气瓶的分批和批量，应符合下列规定：

（1）无缝气瓶应按同一设计、同一炉罐号材料，同一制造工艺以及按同一热处理规范连续进行热处理的条件分批。

（2）焊接气瓶应按同一设计、同一材料牌号、同一焊接工艺以及按同一热处理规范连续进行热处理的条件分批。

（3）纤维缠绕气瓶的金属内胆的分批，与本条第（1）款相同；成品瓶按同一规格、同一设计、同一制造工艺以及连续生产为条件分批。

(4) 低温绝热气瓶应按同一设计、同一材料牌号、同一焊接工艺、同一绝热工艺为条件分批。

(5) 小容积气瓶的批量不得小于 202 只；中容积气瓶的批量不得大于 502 只；大容积气瓶批量不得大于 50 只。特殊情况按产品标准的规定。

第 42 条 无缝气瓶制造单位应在有关技术文件中，对气瓶冲压、拉拔的冲头，旋压或模压收口的模板或模具，做出投入使用前的工艺验证、定期检查、修理和更换的规定。

第 43 条 焊接气瓶瓶体的纵、环焊缝，必须采用自动焊。瓶阀阀座与瓶体的焊接，应尽量采用自动焊。

制造单位必须进行焊接工艺评定，并制定出焊接工艺规程和焊缝返修工艺要求，且应符合相应标准的规定。

第 44 条 焊接气瓶的施焊焊工，必须按《锅炉压力容器压力管道焊工考试规则》考试合格，取得相应的焊接资格证书。

第 45 条 气瓶的焊接工作，应在相对湿度不大于 90%，温度不低于 0℃的室内进行。

第 46 条 气瓶的热处理，必须采用整体热处理。经整体热处理的焊接气瓶，不得再进行焊接工作，如再施焊，必须重新进行热处理。

第 47 条 气瓶制造质量的检验和检测项目及要求，应符合相应的国家标准或经评审备案的企业标准的规定。水压爆破试验宜采用自动记录装置，绘制出压力—进水量曲线。

第 48 条 从事气瓶无损检测工作的人员，必须按《锅炉压力容器无损检测人员资格考核规则》进行考核，并取得资格证书。所承担的无损检测工作，应与资格证书中的探伤方法和等级相一致。

第 49 条 气瓶出厂时，制造单位应逐只出具产品合格证，按批出具批量检验质量证明书。产品合格证和批量检验质量证明书的内容,应符合相应的产品标准的规定。同时必须在产品合格证的明显位置上,注明制造单位的制造许可证编号。

第六章 气 瓶 附 件

第 50 条 气瓶附件包括气瓶专用爆破片、安全阀、易熔合金塞、瓶阀、瓶帽、液位计、防振圈、紧急切断和充装限位装置等。根据原国家质量技术监督局公布的目录,列入制造许可证范围的安全附件需取得原国家质量技术监督局颁发的制造许可证,未列入制造许可证范围的安全附件,除瓶帽和防振圈外,需在锅炉压力容器安全监察局办理安全注册。

第 51 条 气瓶附件制造企业应保证其产品至少安全使用到下一个检验日期。

第 52 条 瓶阀应满足下列要求:

(1) 瓶阀材料应符合相应标准的规定,所用材料既不与瓶内盛装气体发生化学反应,也不影响气体的质量。

(2) 瓶阀上与气瓶连接的螺纹,必须与瓶口内螺纹匹配,并符合相应标准的规定。瓶阀出气口的结构,应有效地防止气体错装、错用。

(3) 氧气和强氧化性气体气瓶的瓶阀密封材料,必须采用无油的阻燃材料。

(4) 液化石油气瓶阀的手轮材料,应具有阻燃性能。

(5) 瓶阀阀体上如装有爆破片,其公称爆破压力应为气瓶的水压试验压力。

(6) 同一规格、型号的瓶阀,质重允差不超过5%。

(7) 非重复充装瓶阀必须采用不可拆卸方式与非重复充装气瓶装配。

(8) 瓶阀出厂时,应逐只出具合格证。

第 53 条 易熔合金塞应满足下列要求:

（1）易熔合金不与瓶内气体发生化学反应，也不影响气体的质量。

（2）易熔合金的流动温度准确。

（3）易熔合金塞座与瓶体连接的螺纹应保证密封性。

第54条 瓶帽应满足下列要求：

（1）有良好的抗撞击性。

（2）不得用灰口铸铁制造。

（3）无特殊要求的，应佩戴固定式瓶帽，同一工厂制造的同一规格的固定式瓶帽，质重允差不超过5%。

第55条 防振圈的质重允差应不超过5%。

第七章 充 装

第56条 气瓶充装单位应向省级质量技术监督行政部门锅炉压力容器安全监察机构提出注册登记书面申请。经审查，确认符合条件者，由省级质量技术监督行政部门锅炉压力容器安全监察机构办理注册登记。未办理注册登记的、不得从事气瓶充装工作。气瓶充装站应具备的规模要求由省级质量技术监督行政部门根据地方经济情况确定。

气瓶充装注册登记有效期为五年，有效期满前三个月，气瓶充装单位应向原注册单位提出办理换发注册登记申请。逾期不申请者，视为自动放弃，不得再从事气瓶充装。办理和换发注册登记时的具体检查工作由有条件的中介机构或事业单位进行。

省级质量技术监督行政部门锅炉压力容器安全监察机构，应每年汇总本辖区气瓶充装单位注册登记情况，报国家质量技术监督局锅炉压力容器安全监察局备案。

第57条 充装单位应符合相应的充装站安全技术条件国家标准的要求，严格执行气瓶充装有关规定，确保不错装、不超装、不混装和充装质量的可追踪检查。

充装单位必须对充装人员和充装前检查人员进行有关气体性质、气瓶的基本知识、潜在危险和应急处理措施等内容的培训。

第 58 条 气瓶充装实行年审制度。地、市级质量技术监督行政部门安全监察机构应每年对气瓶充装站进行一次年审。年审时，应对充装站充装工作的质量进行综合评价。对年审不合格的充装站应警告或暂停充装进行整顿，整顿合格后方可恢复充装。对整顿不合格的，报请省级质量技术监督行政部门取消充装资格。充装站换发注册登记以年审为依据，对每年年审均合格的充装站，可免予检查直接换证。

第 59 条 气瓶实行固定充装单位充装制度，气瓶充装单位只充装自有气瓶和托管气瓶，不得为任何其他单位和个人充装气瓶（车用气瓶除外）。气瓶充装前，充装单位应有专人对气瓶逐只进行充装前的检查，确认瓶内气体并做好记录。无制造许可证单位制造的气瓶和未经安全监察机构批准认可的进口气瓶不准充装，严禁充装超期未检气瓶和改装气瓶。

第 60 条 气瓶充装单位必须在每只充气气瓶上粘贴符合国家标准 GB 16804《气瓶警示标签》的警示标签和充装标签。

第 61 条 属于下列情况之一的气瓶，应先进行处理，否则严禁充装：

（1）钢印标记、颜色标记不符合规定，对瓶内介质未确认的；

（2）附件损坏、不全或不符合规定的；

（3）瓶内无剩余压力的；

（4）超过检验期限的；

（5）经外观检查，存在明显损伤，需进一步检验的；

（6）氧化或强氧化性气体气瓶沾有油脂的；

（7）易燃气体气瓶的首次充装或定期检验后的首次充装，未经置换或抽真空处理的。

第 62 条 永久气体的充装装置，必须防止可燃气体与助燃气体的错装和防止不相容气体的错装。充气后在 20℃ 时的压力，不得超过气瓶的公称工作压力。

第 63 条 采用电解法制取氢、氧气的充装单位，应制定严格的定时测定氢、氧纯度的制度，宜设置自动测定氢、氧浓度和超标报警的装置。当氢气中含氧或氧气中含氢超过 0.5%（体积比）时，严禁充装，同时应查明原因。

第 64 条 液化气体的允装系数，必须分别符合表 B—4 或表 B—5 的规定。

表 B—4　　高压液化气体的充装系数

序号	气体名称	化学式	气瓶在不同公称工作压力（MPa）下的充装系数 kg/L 不大于			
			20.0	15.0	12.5	8.0
1	氙	Xe			1.23	
2	二氧化碳	CO_2	0.74	0.60		
3	一氧化二氮（笑气）	N_2O		0.62	0.52	
4	六氟化硫	SF_6			1.33	1.17
5	氯化氢	HCl			0.57	
6	乙烷	$C_2H_6\ [CH_3CH_3]$	0.37	0.34	0.31	
7	乙烯	$C_2H_4\ [CH_2{=}CH_2]$	0.34	0.28	0.24	
8	三氟氯甲烷 [R-13]	CF_3Cl			0.94	0.73
9	三氟甲烷 [R-23]	CHF_3			0.76	
10	六氟乙烷 [R-116]	$C_2F_6\ [CF_3CF_3]$			1.06	0.83
11	1,1-二氟乙烯 [R-1132a]	$C_2H_2F_2\ [CH_2{=}CF_2]$			0.66	0.46
12	氟乙烯（乙烯基氟） [R-1141]	$C_2H_3F\ [CH_2{=}CHF]$			0.54	0.47

续表

序号	气体名称	化学式	气瓶在不同公称工作压力（MPa）下的充装系数 kg/L 不大于			
			20.0	15.0	12.5	8.0
13	三氟溴甲烷（乙烯基氟）(R-13B1)	CF_3Br			1.45	1.33
14	硅烷	SiH_4	0.3			
15	磷烷	PH_3	0.2			
16	乙硼烷	B_2H_6	0.035			

表 B—5　　低压液化气体的充装系数

序号	气体名称	化学式	充装系数 kg/L 不大于
1	氨	NH_3	0.53
2	氯	Cl_2	1.25
3	溴化氢	HBr	1.19
4	硫化氢	H_2S	0.66
5	二氧化硫	SO_2	1.23
6	四氧化二氮	N_2O_4	1.30
7	碳酰二氯（光气）	$COCl_2\ [O=C(Cl)Cl]$	1.25
8	氟化氢	HF	0.83
9	丙烷	$C_3H_8\ [CH_3CH_2CH_3]$	0.41
10	环丙烷	$C_3H_6\ [CH_2\text{-}CH_2\text{-}CH_2]$	0.53

附录 B 气瓶安全监察规程

续表

序号	气体名称	化学式	充装系数 kg/L 不大于
11	正丁烷	正 $-C_4H_{10}$ $[CH_3CH_2CH_2CH_3]$	0.51
12	异丁烷	异 $-C_4H_{10}$ $\begin{bmatrix} CH_3CHCH_3 \\ \| \\ CH_3 \end{bmatrix}$	0.49
13	丙烯	C_3H_6 $[CH_2=CHCH_3]$	0.42
14	异丁烯(2-甲基丙烯)	异 $-C_4H_8$ $\begin{bmatrix} CH_2=C-CH_3 \\ \| \\ CH_3 \end{bmatrix}$	0.53
15	1-丁烯	$C_4H_8-[1]$ $[CH_2=CHCH_2CH_3]$	0.53
16	1,3-丁二烯	$C_4H_6-[1,3]$ $[CH_2=CHCH=CH_2]$	0.55
17	六氟丙烯(R-1216)	C_3F_6 $[CF_2=CFCF_3]$	1.06
18	二氯二氟甲烷(R-12)	CF_2Cl_2	1.14
19	一氟二氯甲烷(R-21)	$CHFCl_2$	1.25
20	二氟氯甲烷(R-22)	CHF_2Cl	1.02
21	四氟二氯乙烷(R-114)	$C_2F_4Cl_2$ $[CF_2Cl-CF_2Cl]$	1.31
22	二氟氯乙烷(R-142b)	$C_2H_3F_2Cl$ $[CH_3CF_2Cl]$	0.99
23	1,1,1-三氟乙烷(R-143b)	$C_2H_3F_3$ $[CH_3CF_3]$	0.66
24	1,1-二氟乙烷(R-152a)	$C_2H_4F_2$ $[CH_3CHF_2]$	0.79
25	二氟溴氯甲烷(R-12B1)	CF_2ClBr	1.62
26	三氟氯乙烯(R-1113)	C_2F_3Cl $[CF_2=CFCl]$	1.10
27	氯甲烷(甲基氯)	CH_3Cl	0.81
28	氯乙烷(乙基氯)	C_2H_5Cl $[CH_3CH_2Cl]$	0.80
29	氯乙烯(乙烯基氯)	C_2H_3Cl $[CH_2=CHCl]$	0.82
30	溴甲烷(甲基溴)	CH_3Br	1.57
31	溴乙烯(乙烯基溴)	C_2H_3Br $[CH_2=CHBr]$	1.37

续表

序号	气体名称	化学式	充装系数 kg/L 不大于
32	甲胺	CH_3NH_2	0.60
33	二甲胺	$(CH_3)_2NH \left[\begin{array}{c} CH_3 \\ \diagdown \\ NH \\ \diagup \\ CH_3 \end{array}\right]$	0.58
34	乙胺	$C_2H_5NH_2\ [CH_3CH_2NH_2]$	0.62
35	甲醚（二甲醚）	$C_2H_6O\ [CH_3OCH_3]$	0.58
36	三甲胺	$(CH_3)_2N\left[\begin{array}{c} CH_3 \\ | \\ CH_3-N-CH_3 \end{array}\right]$	0.56
37	乙烯基甲醚（甲基乙烯基醚）	$C_3H_6O\ [CH_2\!=\!CHOCH_3]$	0.67
38	环氧乙烷（氧化乙烯）	$C_2H_4O\left[\begin{array}{c} CH_2-CH_2 \\ \diagdown\ \diagup \\ O \end{array}\right]$	0.79
39	（顺）2-丁烯	C_4H_8	0.55
40	（反）2-丁烯	C_4H_8	0.54
41	五氟氯乙烷（R-115）	C_2F_5Cl	1.05
42	八氟环丁烷（RC-318）	C_4F_8	1.30
43	三氯化硼（氯化硼）	BCl_3	1.20
44	甲硫醇（硫氢甲烷）	CH_3SH	0.78
45	三氟氯乙烷（R-133a）	$C_2H_2F_3Cl$	1.18
46	砷化氢（砷烷）	AsH_3	
47	硫酰氟	SO_2F_2	1.0
48	液化石油气	混合气体（符合 GB 11174）	0.42 或按相应国家标准

未列入表 B—4 和表 B—5 的其他液化气体或混合气体的充装系数按相应国家标准的规定或按经锅炉压力容器安全监察局核准的充装系数充装。

第 65 条 充装液化气体必须遵守下列规定：

（1）实行充装重量逐瓶复验制度，严禁过量充装。充装超量的气瓶不准出厂。采用连续自动称重进行充装时，以抽检替代逐瓶复验，应有相应的抽检制度，并经充装注册机构核准；

（2）称重衡器应保持准确，其最大称量值应为常用称量的 1.5~3.0 倍。称重衡器按有关规定定期进行校验，每班应对衡器进行一次核定。称重衡器必须设有超装警报或自动切断气源的装置；

（3）严禁从液化石油气储罐或罐车直接向气瓶灌装，不允许瓶对瓶直接倒气；

（4）充装后应逐只检查气瓶，发现有泄漏或其他异常现象，应妥善处理；

（5）充装前的检查记录、充装操作记录、充装后复验和检查记录应完整，内容至少应包括：气瓶编号、气瓶容积、实际充装量、发现的异常情况、检查者、充装者和复称者姓名或代号、充装日期。记录应妥善保存、备查；

（6）操作人员应相对稳定，由企业考核后持证上岗并定期进行安全教育。

第 66 条 气瓶充装单位及其气体经销者，有责任配合气瓶事故的调查，气瓶充装单位应承担由于充装不当造成的事故的相应责任。

第八章 定期检验

第 67 条 承担气瓶定期检验的单位，应符合国家标准

《气瓶定期检验站技术条件》的规定,经省级以上(含省级)质量技术监督行政部门锅炉压力容器安全监察机构核准,取得资格证书。气瓶定期检验资格证书有效期为五年,气瓶定期检验单位有效期满当年2月底前向原发证机构提出换证申请。逾期不申请者,视为自动放弃,有效期满后不得从事气瓶定期检验。

从事气瓶定期检验工作的人员,应按《锅炉压力容器压力管道及特种设备检验人员资格考核规则》进行资格考核,并取得气瓶定期检验资格证书。

第 68 条 气瓶检验单位的主要职责是:

(1)对气瓶进行定期检验,出具检验报告,并对其正确性负责;

(2)对气瓶附件进行更换;

(3)进行气瓶表面的涂敷;

(4)对报废气瓶进行破坏性处理。

第 69 条 各类气瓶的检验周期,不得超过下列规定:

(1)盛装腐蚀性气体的气瓶、潜水气瓶以及常与海水接触的气瓶每两年检验一次。

(2)盛装一般性气体的气瓶,每三年检验一次。

(3)盛装惰性气体的气瓶,每五年检验一次。

(4)液化石油气钢瓶,按国家标准 GB 8334 的规定。

(5)低温绝热气瓶,每三年检验一次。

(6)车用液化石油气钢瓶每五年检验一次,车用压缩天然气钢瓶,每三年检验一次。汽车报废时,车用气瓶同时报废。

气瓶在使用过程中,发现有严重腐蚀、损伤或对其安全可靠性有怀疑时,应提前进行检验。

库存和停用时间超过一个检验周期的气瓶,启用前应进行检验。

发生交通事故后,应对车用气瓶、瓶阀及其他附件进行检验,检验合格后方可重新使用。

第70条 检验气瓶前,应对气瓶进行处理。达到下列要求方可检验:

(1) 确认气瓶内压力降为零后,方可卸下瓶阀。

(2) 毒性、易燃气体气瓶内的残余气体应回收,不得向大气排放。

(3) 易燃气体气瓶须经置换,液化石油气瓶需经蒸气吹扫,达到规定的要求。否则,严禁用压缩空气进行气密性试验。

第71条 气瓶定期检验必须逐只进行,各类气瓶定期检验的项目和要求,应符合相应国家标准的规定。

检验中严禁对气瓶瓶体进行挖补、焊接修理等。

检验合格的气瓶,应按本规程附件1的规定打检验钢印,涂检验色标。

气瓶检验单位应保证检验合格的气瓶能够安全使用一个检验周期,不能安全使用一个检验周期的气瓶应判废。

第72条 气瓶的报废处理应包括:

(1) 由气瓶检验员填写《气瓶判废通知书》(见附件4),并通知气瓶充装单位。

(2) 由气瓶检验单位对报废气瓶进行破坏性处理,报废气瓶的破坏性处理为压扁或将瓶体解剖。经地、市级质量技术监督行政部门锅炉压力容器安全监察机构同意,可指定检验单位,集中进行破坏性处理。

第73条 气瓶检验员应认真填写检验记录,内容至少包括:气瓶制造厂名称或代号、瓶号、定期检验标准号、检验项目和检验结论。

第74条 气瓶检验单位应按照省级质量技术监督行政部门锅炉压力容器安全监察机构的要求,报告当年气瓶检验工作情况和气瓶的安全技术状况。

第九章 运输、储存、经销和使用

第 75 条 运输、储存、经销和使用气瓶的单位应加强对运输、储存、经销和使用气瓶的安全管理：
（1）由掌握气瓶安全知识的专人负责气瓶安全工作；
（2）根据本规程和有关规定，制定相应的安全管理制度；
（3）制定事故应急处理措施，配备必要的防护用品；
（4）定期对气瓶的运输（含装卸）、储存、经销和使用人员进行安全技术教育。

第 76 条 运输和装卸气瓶时，应遵守下列要求：
（1）运输工具上应有明显的安全标志；
（2）必须配戴好瓶帽（有防护罩的气瓶除外）、防振圈（集装气瓶除外），轻装轻卸，严禁抛、滑、滚、碰；
（3）吊装时，严禁使用电磁起重机和金属链绳；
（4）瓶内气体相互接触可引起燃烧、爆炸、产生毒物的气瓶，不得同车（厢）运输；易燃、易爆、腐蚀性物品或与瓶内气体起化学反应的物品，不得与气瓶一起运输；
（5）采用车辆运输时，气瓶应妥善固定。立放时，车厢高度应在瓶高的 2/3 以上，卧放时，瓶阀端应朝向一方，垛高不得超过五层且不得超过车厢高度；
（6）夏季运输应有遮阳设施，避免曝晒；在城市的繁华地区应避免白天运输；
（7）运输可燃气体气瓶时，严禁烟火。运输工具上应备有灭火器材；
（8）运输气瓶的车、船不得在繁华市区、人员密集的学校、剧场、大商店等附近停靠；车、船停靠时，驾驶与押运人员不得同时离开；

（9）装有液化石油气的气瓶，严禁运输距离超过 50 km；

（10）充气气瓶的运输应严格遵守危险品运输条例的规定；

（11）运输企业应制定事故应急处理措施，驾驶员和押运员应会正确处理。

第 77 条 储存气瓶时，应遵守下列要求：

（1）应置于专用仓库储存，气瓶仓库应符合《建筑设计防火规范》的有关规定；

（2）仓库内不得有地沟、暗道，严禁明火和其他热源，仓库内应通风、干燥，避免阳光直射；

（3）盛装易起聚合反应或分解反应气体的气瓶，必须根据气体的性质控制仓库内的最高温度、规定储存期限，并应避开放射线源；

（4）空瓶与实瓶应分开放置，并有明显标志，毒性气体气瓶和瓶内气体相互接触能引起燃烧、爆炸、产生毒物的气瓶，应分室存放，并在附近设置防毒用具或灭火器材；

（5）气瓶放置应整齐，配戴好瓶帽。立放时，要妥善固定；横放时，头部朝同一方向。

第 78 条 气瓶和瓶装气体的经销，应遵守以下要求：

（1）经销有制造许可证企业的合格气瓶和气体，不得经销无证企业的产品或不合格气瓶及不合格气体；

（2）瓶装气体和气瓶经销单位必须取得工商管理部门颁发的营业执照，还应在地、市级以上（含地、市级）质量技术监督行政部门锅炉压力容器安全监察机构办理安全注册，否则不得经销；

（3）气体充装单位负责瓶装气体经销单位的安全管理，可以是直接管理，也可以通过签订合同或协议进行管理。

第 79 条 使用气瓶应遵守下列规定：

（1）采购和使用有制造许可证的企业的合格产品，不使用超期未检的气瓶；

（2）使用者必须到已办理充装注册的单位或经销注册的单位购气；

（3）气瓶使用前应进行安全状况检查，对盛装气体进行确认，不符合安全技术要求的气瓶严禁入库和使用；使用时必须严格按照使用说明书的要求使用气瓶；

（4）气瓶的放置地点，不得靠近热源和明火，应保证气瓶瓶体干燥。盛装易起聚合反应或分解反应的气体的气瓶，应避开放射性线源；

（5）气瓶立放时，应采取防止倾倒的措施；

（6）夏季应防止曝晒；

（7）严禁敲击、碰撞；

（8）严禁在气瓶上进行电焊引弧；

（9）严禁用温度超过40℃的热源对气瓶加热；

（10）瓶内气体不得用尽，必须留有剩余压力或剩余气体，永久气体气瓶的剩余压力应不小于 0.05 MPa；液化气体气瓶应留有不少于 0.5%~1.0% 规定充装量的剩余气体；

（11）在可能造成回流的使用场合，使用设备上必须配置防止倒灌的装置，如单向阀、止回阀、缓冲罐等；

（12）液化石油气瓶用户及经销者，严禁将气瓶内的气体向其他气瓶倒装，严禁自行处理气瓶内的残液；

（13）气瓶投入使用后，不得对瓶体进行挖补、焊接修理；

（14）严禁擅自更改气瓶的钢印和颜色标记。

第十章 附 则

第80条 气瓶发生事故时，发生事故单位必须按照锅炉压力容器压力管道及特种设备事故处理规定及时报告和处理。

第81条 违反本规程规定者，由质量技术监督行政部门按有关规定追究其责任,并按有关规定进行处罚。

第82条 各省、自治区、直辖市质量技术监督行政部门,可结合本地区的实际情况,制订实施办法,并报原国家质量技术监督局备案。

第83条 本规程由原国家质量技术监督局负责解释。

附件1

气瓶的钢印标记和检验色标

1. 气瓶的钢印标记包括制造钢印标记和检验钢印标记。
2. 气瓶的钢印标记应符合下列规定

(1) 钢印标记打在瓶肩上时,其位置如图 B—1 所示,打在护罩上时,如图 B—2 所示。

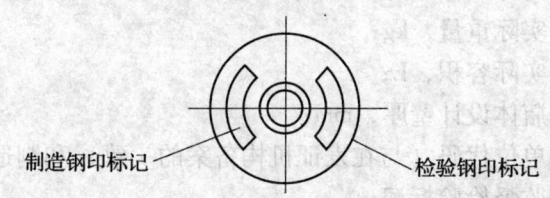

图 B—1 瓶肩上钢印标记

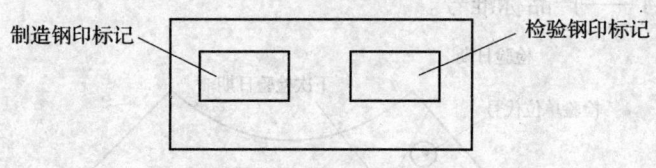

图 B—2 护罩上钢印标记

(2) 钢印标记的项目和排列,如图 B—3 和图 B—4 所示。

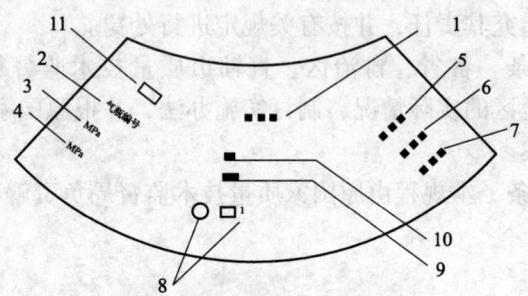

图 B—3　钢印标记的项目和排列

图中标记含义：
1——充装气体名称或化学分子式；
2——气瓶编号；
3——水压试验压力，MPa；
4——公称工作压力，MPa；
5——实际重量，kg；
6——实际容积，L；
7——瓶体设计壁厚，mm；
8——单位代码（与在发证机构备案的一致）和制造年月；
9——监督检验标记；
10——气瓶制造单位许可证编号；
11——产品标准号。

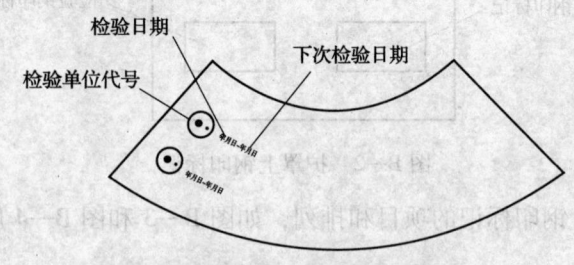

图 B—4　检验钢印标记

(3) 制造钢印标记,也可在瓶肩部沿一条圆周线排列。各项目的排列应以图 B—3 中的指引号为顺序,即:

(1)	(2)	(3)	(4)	(5)	(6)
ABC	12345	TP22.5	WP15	W52.3	V40.2

(7)	(8)	(9)	(10)	(11)
S6.0	0.11	RZZXXX	GBXXXX	

(4) 检验钢印标记,也可打在金属检验标记环上,如图 B—5 所示。

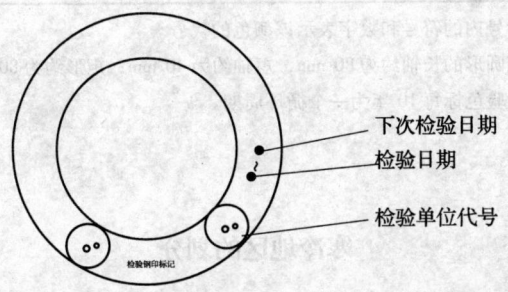

图 B—5　金属检验标记环上的检验钢印标记

3. 钢印标记应排列整齐、清晰。钢印字体高度应为 5～10 mm,深度为 0.5 mm。

4. 检验钢印标记上,还应按检验年份涂检验色标。检验色标的颜色和形状见表 B—6。

表 B—6　　　　检验色标

检验年份	颜色	形状
2000	粉红色(RP01)	椭圆形
2001	铁红色(R01)	椭圆形
2002	铁黄色(Y09)	椭圆形

续表

检验年份	颜色	形状
2003	淡紫色（P01）	椭圆形
2004	深绿色（G05）	椭圆形
2005	粉红色（RP01）	矩形
2006	铁红色（R01）	矩形
2007	铁黄色（Y09）	矩形
2008	淡紫色（P01）	矩形
2009	深绿色（G05）	矩形
2010	粉红色（PR01）	椭圆形

注：1. 括号内的符号和数字表示该颜色的代号。
 2. 椭圆形的长轴约为 80 mm，短轴约为 40 mm；矩形约为 80 mm×40 mm；
 3. 检验色标每 10 年为一个循环周期。

附件 2

寒冷地区的划分

1. 凡月平均温度最低值气温低于等于 -20℃ 的地区，为本规程确定的寒冷地区。

2. 根据国家气象局提供的 1971 至 1988 年，全国气象台站月平均最低气温等值图线和有关资料，以县级行政区划分为单位，画出月平均最低气温等值线。低于或等于 -20℃ 的地区，包括：

（1）新疆维吾尔自治区、西藏自治区、青海省、内蒙古自治区、黑龙江省、吉林省；

（2）下列省中所列县和省直辖行政单位

山西省——雁北地区的天镇、大同、怀仁、平鲁、右玉、阳高、左云等县，忻州地区的偏关和河曲县；

河北省——张家口地区的怀安、万全、崇礼、赤城、康保、沽源等县，承德地区的丰宁、隆化、围场、平泉等县；

辽宁省——朝阳市的凌源、喀喇沁左翼、朝阳等县，锦州市的北镇、义县、黑山等县，沈阳市的新民县、抚顺市的抚顺、清原、新宾等县，阜新市的彰武、阜新县、铁岭市和铁岭、开原县、铁法市、北票市。

附件3

气瓶型式试验技术评定的内容和要求

1. 技术评定的内容应包括：

(1) 审查气瓶设计文件（待办理审批）；

(2) 审查主要生产工艺和技术参数；

(3) 考查生产设备、检测能力对批量生产的适应性和稳定性；

(4) 检测产品质量。

2. 评定时用于检测产品质量的气瓶，由评定组从试制的产品中抽取，抽取数量不得少于20只。

3. 产品质量的检测项目和检测的数量，按有关产品标准的规定。检测的方法和结果的评判，应符合相应的国家标准要求。对于标准中未明确型式试验具体项目和数量时，可由技术评定组提出方案报锅炉压力容器安全监察局核准。

4. 技术评定组由全国气瓶标准化技术委员会负责组织有关专家组成。

5. 型式试验关键项目在有资格的试验基地进行。

6. 各项检测和试验结果应有完整记录，型式试验技术评定组应做出书面的评定结论。

附件4

气瓶判废通知书

（　　）字第　　号

_____：

根据《气瓶安全监察规程》和国家标准（GB _____）的规定，经检验，你单位_____气瓶共_____只已判废，对其中的_____只已做破坏性处理。特此通知。

检验员：（签字或盖章）

单位技术负责人：（签字或盖章）（检验单位章）

年　月　日

瓶　号	制造单位	公称容积	判废原因	处理结果

注：本表一式两份，检验单位存档一份，气瓶产权单位或所有者一份。

附录 C

永久气体气瓶充装规定

GB 14194—2006

Rules for filling of permanent gas cylinders

1 范围

本标准规定了永久气体气瓶充装的基本原则和安全技术要求。

本标准适用于工业用永久气体气瓶的充装,也适用于低温液化永久气体汽化后的气瓶充装。

其他特殊用途的永久气体气瓶的充装,如医用氧亦可参照使用。

本标准不适用于汽车用压缩天然气气瓶的充装。

2 规范性引用文件

下列文件中的条款通过本标准的引用而成为本标准的条款。凡是注日期的引用文件,其随后所有的修改单(不包括勘误的内容)或修订版均不适用于本标准,然而,鼓励根据本标准达成协议的各方研究是否可使用这些文件的最新版本。凡是不注日期的引用文件,其最新版本适用于本部分。

GB 5099 钢质无缝气瓶

GB 7144 气瓶颜色标志

GB 15383 气瓶阀出气口连接型式和尺寸

GB 16804 气瓶警示标签

3 术语和定义

下列术语和定义适用于本标准。

3.1 低温液化永久气体（low temperature liquefied permanent gas）

指临界温度低于 -10℃ 的气体经低温处理后所形成的汽、液两相共存的介质。如：液氧、液氮、液氩。

3.2 充装温度（filling temperature）

气瓶充装气体结束时瓶内气体的实际温度。

3.3 充装压力（filling pressure）

气瓶充装气体结束时瓶内气体的压强。

3.4 剩余压力（remaining pressure）

气瓶充装前瓶内所剩余的气体压强。

4 充装前的检查与处理

4.1 充装前的气瓶应由专人负责，逐只进行检查，检查内容至少应包括：

（1）国产气瓶是否由具有"气瓶制造许可证"的单位生产的，并有监督检验标记；

（2）进口气瓶是否经安全监察机构批准的；

（3）将要充装的气体是否与气瓶制造钢印标记中充装气体名称或化学分子式相一致；

（4）根据 GB 16804 规定制作的警示标签上印有的瓶装气体的名称及化学分子式是否与气瓶制造钢印标记中的相一致。

（5）将要充装的气瓶是否本充装站的自有产权气瓶和托管气瓶；

（6）气瓶外表面的颜色标记是否与所装气体的规定标记相符；

（7）气瓶瓶阀的出气口螺纹型式是否符合 GB 15383 的规定，即可燃气体用的瓶阀，出气口螺纹应是内螺纹（左旋），其他气体用的瓶阀，出气口螺纹应是外螺纹（右旋）；

（8）气瓶内有无剩余压力。当气瓶无剩余压力或有不明剩余气体时，应按4.3条款和4.4条款进行处理；

（9）气瓶外表面有无裂纹、严重腐蚀、明显变形及其他严重外部损伤缺陷；

（10）气瓶是否在规定的检验期限内；

（11）气瓶的安全附件是否齐全和符合安全要求；

（12）盛装氧气或强氧化性气体的气瓶，其瓶体、瓶阀是否粘染油脂或其他可燃物。

4.2 具有下列情况之一的气瓶，禁止充装：

（1）不具有"气瓶制造许可证"的单位生产的；

（2）进口气瓶未经安全监察机构批准认可的；

（3）将要充装的气体与气瓶制造钢印标记中充装气体名称或化学分子式不一致的；

（4）警示标签上印有的瓶装气体名称及化学分子式与气瓶制造钢印标记中不一致的；

（5）将要充装的气瓶不是本充装站自有产权的，气瓶技术档案不在本充装单位的；

（6）原始标记不符合规定，或钢印标志模糊不清的、无法辨认的；

（7）颜色标记不符合 GB 7144 气瓶颜色标志的规定，或者严重污损、脱落、难以辨认的；

（8）气瓶使用年限超过30年的；

（9）超过检验期限的；

（10）附件不全、损坏或不符合规定的；

（11）氧气瓶或强氧化性气体气瓶瓶体或瓶阀粘有油脂的；

（12）气瓶生产国的政府已宣布报废的气瓶；

（13）经过改装的气瓶。

4.3 颜色或其他标记以及瓶阀出口螺纹与所装气体的规定不相符及有不明剩余气体的气瓶，除不予充气外，还应查明原因，报告上级主管部门和安全监察机构，进行处理。

4.4 无剩余压力的气瓶，充装前应充入氮气置换后抽真空，之后如发现瓶阀出口处有污迹和油迹，应卸下瓶阀，进行内部检查或脱脂。确认瓶内无异物，按4.5条款的规定检查合格方可充气。

4.5 新投入使用或经内部检验后首次充气的气瓶，充气前都应按规定先置换，除去瓶内的空气及水分，经分析合格后方能充气。

4.6 在检验有效期限内的气瓶，如外观检查发现有重大缺陷或对内部状况有怀疑的气瓶、发生交通事故后，车上运输的气瓶、瓶阀及其他附件，应先送检验机构，按规定进行技术检验与评定，检验合格后方可重新使用。库存和停用时间超过一个检验周期的气瓶，启用前应进行检验。

4.7 国外进口的气瓶，外国飞机、火车、轮船上使用的气瓶，要求在我国境内充气时，应先由安全监察机构认可和检验机构进行检验。

4.8 发现氧气瓶内有积水时，充气前应将气瓶倒置，轻轻开启瓶阀，完全排除积水后方可充气。

4.9 经检查不合格（包括待处理）的气瓶应与合格气瓶隔离存放，并作出明显标记，以防止相互混淆。

4.10 气瓶水压试验有效期前1个月应向气瓶检验机构提出定期检验要求。

5 充装

5.1 气瓶充装系统用压力表，精度不应低于1.5级，表盘直径不应小于150 mm。校验周期不应大于半年。

5.2 瓶装气中的杂质含量应符合相应气体标准的要求，下列气体禁止装瓶：

（1）氧气中的乙炔、乙烯及氢的总含量达到或超过2%（体

积分数,下同)或易燃性气体的总含量达到或超过4%者;

(2) 氢气中的氧含量达到或超过0.5%者;

(3) 其他易燃性气体中的氧含量达到或超过4%者。

5.3 气瓶充装气体时,必须严格遵守下列各项规定:

(1) 充气前必须检查确认气瓶是经过检查合格(应有记录)或妥善处理(应有记录)的;

(2) 使用防错装接头进行充装时,应认真检查瓶阀出气口的螺纹与所充装气体所规定的螺纹型式是否相符,防错装接头零部件是否灵活好用;

(3) 开启瓶阀时应缓慢操作,并应注意监听瓶内有无异常音响;

(4) 充装易燃气体的操作过程中,禁止用扳手等金属器具敲击瓶阀和管道;

(5) 在瓶内气体压力达到 7 MPa 以前应逐只检查气瓶的瓶体温度是否大体一致,在瓶内气体压力达到 10 MPa 时应检查瓶阀的密封是否良好。发现异常时应及时妥善处理;

(6) 气瓶的充装流量,不得大于 8 m^3/h(标准状态气体)且充装时间不得小于 30 min;

(7) 用充气汇流排充装气瓶时,在瓶组压力达到充装压力的 10% 以后,禁止再插入空瓶进行充装。

5.4 气瓶的充装量应严格控制,确保气瓶在最高使用温度(国内使用的,定为60℃)下,瓶内气体的压力不超过气瓶的许用压力。根据 GB 5099 的规定,国产钢瓶的许用压力为水压试验压力的 0.8 倍。

5.5 用国产气瓶充装的各种常用永久气体,气瓶的最高充装压力(表压)不得超过表 C—1 的规定。

其他永久气体(包括有两种以上的永久气体组成的混合气体)气瓶的充装压力不得超过由式 C—1 计算的压力值。

表 C—1　　常用永久气体在不同充装温度下气瓶的最高充装压力

气体名称	充装温度/℃	在不同公称工作压力（MPa）下气瓶的最高充装压力/MPa	
		15 MPa	20 MPa
氧气	5	14.0	18.2
	10	14.3	18.7
	15	14.7	19.2
	20	15.1	19.8
	25	15.4	20.3
	30	15.8	20.8
	35	16.1	21.3
	40	16.5	21.8
	45	16.9	22.4
	50	17.2	22.9
空气	5	14.1	18.5
	10	14.4	19.0
	15	14.8	19.5
	20	15.2	20.0
	25	15.5	20.5
	30	15.8	21.0
	35	16.1	21.5
	40	16.4	22.0
	45	16.7	22.5
	50	17.0	23.0
氮气	5	14.1	18.6
	10	14.5	19.0

附录C 永久气体气瓶充装规定

续表

气体名称	充装温度/℃	在不同公称工作压力（MPa）下气瓶的最高充装压力/MPa	
		15 MPa	20 MPa
氮气	15	14.8	19.5
	20	15.2	19.9
	25	15.5	20.5
	30	15.9	21.0
	35	16.2	21.5
	40	16.5	21.9
	45	16.9	22.4
	50	17.2	22.9
氢气	5	14.7	19.7
	10	15.0	20.1
	15	15.3	20.4
	20	15.6	20.8
	25	15.9	21.2
	30	16.2	21.6
	35	16.5	22.0
	40	16.8	22.4
	45	17.1	22.8
	50	17.4	23.2
甲烷	5	12.9	16.5
	10	13.3	17.2
	15	13.8	17.8
	20	14.2	18.5
	25	14.7	19.2

续表

气体名称	充装温度/℃	在不同公称工作压力（MPa）下气瓶的最高充装压力/MPa	
		15 MPa	20 MPa
甲烷	30	15.2	19.9
	35	15.6	20.5
	40	16.0	21.2
	45	16.5	21.8
	50	17.0	22.5
一氧化碳	5	14.0	18.3
	10	14.3	18.9
	15	14.7	19.4
	20	15.0	19.9
	25	15.4	20.4
	30	15.7	20.8
	35	16.1	21.3
	40	16.4	21.8
	45	16.8	22.3
	50	17.2	22.8
氩气	5	14.0	18.3
	10	14.4	18.8
	15	14.8	19.4
	20	15.1	19.9
	25	15.5	20.4
	30	15.8	20.9
	35	16.2	21.4
	40	16.5	21.9
	45	16.9	22.4
	50	17.2	22.8

附录C 永久气体气瓶充装规定

$$P \leqslant \frac{P_0 TZ}{T_0 Z_0} \quad (C—1)$$

式中 P——气瓶的最高充装压力(绝对),单位为兆帕(MPa);

T——气瓶的充装温度,单位为开尔文(K);

Z——在压力为 P、温度为 T 时气体的压缩系数;

P_0——气瓶的许用压力(绝对),单位为兆帕(MPa);

T_0——气瓶的最高使用温度,单位为开尔文(K);

Z_0——在压力为 P_0、温度为 T_0 时气体的压缩系数。

5.6 充装温度应按下列方法确定

取充气车间的环境室温加上充气温差(指在测温试验时实际测定得出的气体充装温度与室温之差)作为气瓶的充装温度。充气温差应在规定的充气速度下,由实验测定。实验结果应挂贴上墙。

5.7 低温液化永久气体汽化后的气瓶充装过程中还应遵守以下规定:

(1)充装前,应检查低温液体汽化器气体出口温度、压力控制装置是否处于正常状态;

(2)低温液体泵开启前,要有冷泵过程(冷泵时间参照泵的使用说明书定);

(3)气瓶充装过程中,低温液体汽化器出口温度不得低于0℃,若出现上述现象应及时妥善处理;

(4)低温液体加压气化充瓶装置中,低温泵排液量与汽化器的换热面积及充装量应匹配,应使每瓶气的充装时间不得小于 30 min;汽化器的出口温度低于 0℃ 及超压时应有系统报警及联锁停泵装置;

(5)低温液体充装站的操作人员应配戴可靠的防冻伤的劳保用品。

5.8 充装后的气瓶，应有专人负责，逐只进行检查。不符合要求时，应进行妥善处理，检查内容包括：

（1）瓶内压力（充装量）及质量是否符合安全技术规范及相关标准的要求；

（2）瓶阀及其与瓶口连接的密封是否良好；

（3）气瓶充装后是否出现鼓包变形或泄漏等严重缺陷；

（4）瓶体的温度是否有异常升高的迹象；

（5）气瓶的瓶帽、防振圈、充装标签和警示标签是否完整。

6 充装记录

6.1 充气单位应有专人负责填写气瓶充装记录，记录的内容至少应包括充气日期、瓶号、室温、充装压力、充装起止时间、充装人、气瓶充装前剩余气体是否与将要充装的气体相同、不明剩余气体的气瓶是如何处理的、有无发现异常情况等。

6.2 充气单位应负责妥善保管气瓶充装记录，保存时间不应少于2年。

附录 D

液化气体气瓶充装规定

GB 14193—2009

Rules for filling of liquefied gas cylinders

1 范围

本标准规定了液化气体气瓶(以下简称气瓶)充装的基本原则和安全技术要求。

本标准适用于高压液化气体气瓶和在最高使用温度下饱和蒸气压力不小于 0.1 MPa(表压,下同)的低压液化气体气瓶的充装。

本标准不适用于机动车用液化石油气钢瓶的充装。

2 规范性引用文件

下列文件中的条款通过本标准的引用而成为本标准的条款。凡是注日期的引用文件,其随后所有的修改单(不包括勘误的内容)或修订版均不适用于本标准,然而,鼓励根据本标准达成协议的各方研究是否可使用这些文件的最新版本。凡是不注日期的引用文件,其最新版本适用于本标准。

GB 7144 气瓶颜色标志

GB/T 13005 气瓶术语

GB 15383 气瓶阀出气口连接型式和尺寸

GB 16804 气瓶警示标签(GB/T 16804—1997,等同于 ISO 7225:1994)

3 术语和定义

GB/T 13005 确立的以及下列术语和定义适用于本标准。

3.1 充装系数（filling ratio）
气瓶单位容积内充装液化气体的质量。

3.2 剩余压力（remaining pressure）
气瓶充装前瓶内所剩余的气体压强。

4 充装前的检查与处理

4.1 充装操作人员应熟悉所装介质的特性（燃、毒及腐蚀）、安全防护措施及其与气瓶材料（包括瓶体及瓶阀等附件）的相容性。

4.2 常用液化气体的特性及其与金属材料的相容性可参考附件1。

4.3 充装前的气瓶应由专人负责，逐只进行检查，检查内容至少应包括：

（1）国产气瓶是否是由具有"气瓶制造许可证"的单位生产，并有监督检验标记的；

（2）进口的气瓶是否经安全监察机构批准，并经产品安全性能检验合格的；

（3）将要充装的气体是否与气瓶制造钢印标记中充装气体名称或化学分子式相一致；

（4）警示标签上所印的气体名称及化学分子式是否与气瓶制造钢印标记中的相一致；

（5）气瓶是否是本充装站的自有气瓶；

（6）气瓶外表面的颜色标志是否与所装气体的规定标志相符；

（7）气瓶瓶阀的出气口螺纹型式是否符合 GB 15383 的规定，即可燃气体用的瓶阀，出口螺纹应是内螺纹（左旋），其他气体用的瓶阀，出口螺纹应是外螺纹（右旋）；

（8）气瓶内有无剩余压力，如有剩余压力，应进行定性鉴别；

(9) 气瓶外表面有无裂纹、严重腐蚀、明显变形及其他严重外部损伤缺陷；

(10) 气瓶是否在规定的检验期限内；

(11) 气瓶的安全附件是否齐全和符合安全要求。

4.4 有下列情况之一的气瓶，禁止充装：

(1) 不具有"气瓶制造许可证"的单位生产的；

(2) 进口气瓶未经省级安全监察机构批准认可且具有合格证的；

(3) 将要充装的气体与气瓶制造钢印标记中充装气体名称或化学分子式不一致的；

(4) 警示标签上所印的气体名称及化学分子式与气瓶制造钢印标记中不一致的；

(5) 不是本充装站的自有产权或气瓶技术档案不在本充装单位的；

(6) 原始标记不符合规定，或钢印标记模糊不清，无法辨认的；

(7) 颜色标志不符合 GB 7144 气瓶颜色标志的规定，或严重污损脱落，难以辨认的；

(8) 使用年限超过规定的；

(9) 超过检验期限的；

(10) 经过改装的；

(11) 附件不全、损坏或不符合规定的；

(12) 瓶体或附件材料与所装介质性质不相容的；

(13) 低压液化气体气瓶的许用压力小于所装介质在气瓶最高使用温度下的饱和蒸气压的（国内的低压液化气体气瓶的最高使用温度定为 60℃。常用低压液化气体在 60℃ 时的饱和蒸气压见表 D—1）。

4.5 颜色或其他标志以及瓶阀出口螺纹与所装气体的规定

不相符的气瓶，除不予充气外，还应查明原因，报告上级主管部门和当地质监部门，进行处理。

4.6 无剩余压力的气瓶，充气前应将阀门卸下，进行内部检查，经确认瓶内无异物，并按4.7条款的规定处理后方可充气。

4.7 新投入使用或经内部检查后首次充气的气瓶，充气前应按规定先置换瓶内的空气，并经分析合格后方可充气。

4.8 检验期限已过的气瓶、外观检查发现有重大缺陷或对内部状况有怀疑的气瓶，应先送检验检测机构，按规定进行技术检验与评定。

4.9 国外进口的气瓶，外国飞机、火车、轮船上使用的气瓶，要求在我国境内充气时，应先由质监部门认可或指定的检验机构进行检验。

4.10 经检查不合格（包括待处理）的气瓶应与合格气瓶隔离存放，并做出明显标记，以防止相互混淆。

5 充装

5.1 充装计量衡器应保持准确，其最大称量值不得大于气瓶实际质量（包括气瓶质量和充液质量）的3倍，也不得小于1.5倍。衡器应按有关规定定期进行校验，并且至少在每班使用前校验一次。衡器应设置有气瓶超装报警或自动切断气源的联锁装置。

5.2 易燃液化气体中的氧含量超过2%（体积分数）时禁止充装。

5.3 气瓶充装液化气体时，必须严格遵守下列规定：

（1）充气前必须检查确认气瓶是经过检查合格的；

（2）用卡子连接代替螺纹连接进行充装时，必须认真检查确认瓶阀出气口螺纹与所装气体所规定的螺纹型式相符；

（3）开启阀门应缓慢操作，注意充装速度和充装压力，并

应注意监听瓶内有无异常音响;

(4) 充装易燃气体的操作过程中,应使用不产生火花的操作及检修工具;

(5) 在充装过程中,应随时检查气瓶各处的密封情况,瓶体温度是否正常;发现异常时应及时妥善处理。

5.4 低压液化气体充装系数的确定,应符合下列原则:

(1) 充装系数应不大于在气瓶最高使用温度下液体密度的97%;

(2) 在温度高于气瓶最高使用温度5℃时,瓶内不满液。

5.5 常用低压液化气体的充装系数不得大于表D—1的规定。

其他低压液化气体的充装系数不得大于由式(D—1)计算确定的值:

$$F_r = 0.97\rho\left(1 - \frac{C}{100}\right) \quad (D-1)$$

式中 F_r——低压、液化气体充装系数,单位为千克每升(kg/L);

ρ——低压液化气体在最高液相介质温度下的液体密度,单位为千克每升(kg/L);

C——液体密度的最大负偏差,一般情况,C 取 0~3。

表 D—1 低压液化气体的饱和蒸气压力和充装系数

序号	气体名称	分子式	60℃时的饱和蒸气压力(表压)/MPa	充装系数/(kg/L)
1	氨	NH_3	2.52	0.53
2	氯	Cl_2	1.68	1.25
3	溴化氢	HBr	4.86	1.19

续表

序号	气体名称	分子式	60℃时的饱和蒸气压力（表压）/MPa	充装系数/(kg/L)
4	硫化氢	H_2S	4.39	0.66
5	二氧化硫	SO_2	1.01	1.23
6	四氧化二氮	N_2O_4	0.41	1.30
7	碳酰二氯（光气）	$COCl_2$	0.43	1.25
8	氟化氢	HF	0.28	0.83
9	丙烷	C_3H_8	2.02	0.41
10	环丙烷	C_3H_6	1.57	0.53
11	正丁烷	C_4H_{10}	0.53	0.51
12	异丁烷	C_4H_{10}	0.76	0.49
13	丙烯	C_3H_6	2.42	0.42
14	异丁烯（2-甲基丙烯）	C_4H_8	0.67	0.53
15	1-丁烯	C_4H_8	0.66	0.53
16	1,3-丁二烯	C_4H_6	0.63	0.55
17	六氟丙烯（全氟丙烯）（R-1216）	C_3F_6	1.69	1.06
18	二氯二氟甲烷（R-12）	CF_2Cl_2	1.42	1.14
19	二氯氟甲烷（R-21）	$CHFCl_2$	0.42	1.25
20	二氟氯甲烷（R-22）	CHF_2Cl	2.32	1.02
21	二氯四氟乙烷（R-114）	$C_2F_4Cl_4$	0.49	1.31
22	二氟氯乙烷（R-142b）	$C_2H_3F_2Cl$	0.76	0.99
23	1,1,1-三氟乙烷（R-143b）	$C_2H_3F_3$	2.77	0.66
24	偏二氟乙烷（R-152a）	$C_2H_4F_2$	1.37	0.79
25	二氟溴氯甲烷（R-12B1）	CF_2ClBr	0.62	1.62
26	三氟氯乙烯（R-1113）	C_2F_3Cl	1.49	1.10

附录 D 液化气体气瓶充装规定

续表

序号	气体名称	分子式	60℃时的饱和蒸气压力（表压）/MPa	充装系数/（kg/L）
27	氯甲烷（甲基氯）	CH_3Cl	1.27	0.81
28	氯乙烷（乙基氯）	C_2H_5Cl	0.35	0.80
29	氯乙烯（乙烯基氯）	C_2H_3Cl	0.91	0.82
30	溴甲烷（甲基溴）	CH_3Br	0.52	1.50
31	溴乙烯（乙烯基溴）	C_2H_3Br	0.35	1.28
32	甲胺	CH_3NH_2	0.94	0.60
33	二甲胺	$(CH_3)_2NH$	0.51	0.58
34	三甲胺	$(CH_3)_3N$	0.49	0.56
35	乙胺	$C_2H_5NH_2$	0.34	0.62
36	二甲醚（甲醚）	C_2H_4O	1.35	0.58
37	乙烯基甲醚（甲基乙烯基醚）	C_3H_6O	0.40	0.67
38	环氧乙烷（氧化乙烯）	C_2H_4O	0.44	0.79
39	顺2-丁烯	C_4H_8	0.48	0.55
40	反2-丁烯	C_4H_8	0.52	0.54
41	五氟氯乙烷（R-115）	CF_5Cl	1.97	1.03
42	八氟环丁烷（RC-318）	C_4F_8	0.76	1.31
43	三氯化硼（氯化硼）	BCl_3	0.32	1.20
44	甲硫醇（硫氢甲烷）	CH_3SH	0.47	0.78
45	三氟氯乙烷（R-133a）	$C_2H_2F_3Cl$	0.52	1.18

5.6 由两种以上的液化气体混合组成的介质，应由试验确定其在最高使用温度下的液体密度，并按公式（1）确定充装系数的最大极限值。

5.7 高压液化气体的充装系数的确定，应符合下列原则：

常用的高压液化气体的充装系数应按表 D—2 的规定。其他高压液化气体的充装系数可按式（D—2）确定其最大极限值：

$$F_r = \frac{PM}{ZRT} \tag{D—2}$$

式中 F_r——高压液化气体充装系数，单位为千克每升（kg/L）；

　　P——气瓶许用压力（绝对），按有关标准的规定，取气瓶的公称工作压力，单位为兆帕（MPa）；

　　M——气体分子量；

　　Z——气体在压力为 P、温度为 T 时的压缩系数；

　　R——气体常数，$R = 8.314 \times 10^{-3}$ MPa·m³/(kmol·K)；

　　T——气瓶最高使用温度，单位为开尔文（K）。

表 D—2　　高压液化气体的充装系数

序号	气体名称	分子式	由气瓶公称工作压力确定的充装系数/（kg/L） ≤		
			20.0 MPa	15.0 MPa	12.5 MPa
1	氙	Xe			1.23
2	二氧化碳	CO_2	0.74	0.60	
3	氧化亚氮	N_2O		0.62	0.52
4	六氟化硫	SF_6			1.33
5	氯化氢	HCl			0.57
6	乙烷	C_2H_6	0.37	0.34	0.31
7	乙烯	C_2H_4	0.34	0.28	0.24
8	三氟氯甲烷	CF_3Cl			0.94
9	三氟甲烷	CHF_3			0.76
10	六氟乙烷	C_2F_6			1.06
11	偏二氟乙烯	$C_2H_2F_2$			0.66

附录 D　液化气体气瓶充装规定

续表

序号	气体名称	分子式	由气瓶公称工作压力确定的充装系数/（kg/L）≤		
			20.0 MPa	15.0 MPa	12.5 MPa
12	氟乙烯	C_2H_3F			0.54
13	三氟溴甲烷	CF_3Br			1.45
14	硅烷	SiH_4	0.3		
15	磷烷	PH_3	0.2		
16	乙硼烷	B_2H_6	0.035		

5.8　液化气体充装量必须精确计量，并按下列规定逐只检查核定。

（1）气瓶的充装量不得大于气瓶容积与充装系数乘积的计算值，也不得大于气瓶产品规定的充装量；

（2）充装量应包括余气在内的瓶中全部介质，即气瓶充装量应为气瓶充装后的实重与空瓶重之差值。

5.9　禁止用下列方法来确定充装量：

（1）气瓶集合充装，统一称重均分计量，或在一个汇流排中仅用一个衡器计量其中一瓶气体，其他气瓶参照该瓶数值计量；

（2）按气瓶充装前后实测的质量差计量；

（3）按气瓶充装前后储罐存液量之差计量；

（4）按气瓶容积装载率计量。

5.10　液化气体的充装量必须严格控制，发现充装过量的气瓶，必须将超装的液体妥善排出。

5.11　气瓶充装后，充装单位必须按规定在气瓶上粘贴符合国家标准 GB 16804 的警示标签和充装标签。

5.12 充装后的气瓶,应由专人负责,逐只进行检查,不符合要求时应进行妥善处理。检查内容应包括:
(1)充装量是否在规定范围内;
(2)瓶阀及其与瓶口连接的密封是否良好;
(3)瓶体是否出现鼓包变形或泄漏等严重缺陷;
(4)瓶体的温度是否有异常升高的迹象;
(5)气瓶是否粘贴警示标签和充装标签。

6 充装记录

6.1 充装单位应由专人负责填写气瓶充装记录。记录内容至少应包括:充气日期、瓶号、室温、气瓶标记容积、质量、充气后总质量、有无发现异常情况、充装者和检验者代号。

6.2 充装单位应负责妥善保管气瓶充装记录,保存时间不少于两年。

附件1

资料性附录

表 D—3 常用液化气体特性及其与金属材料的相容性

序号	气体名称	介质特性	与金属材料相容性
1	氨	可燃、毒、碱性腐蚀	不能用铜及其合金制部件
2	氯	氧化性、毒、强腐蚀的刺激性	不能用铝合金气瓶充装
3	溴化氢	不燃、毒、酸性腐蚀	不能用铝合金气瓶充装
4	硫化氢	可燃、剧毒、酸性腐蚀	
5	二氧化硫	不燃、毒、酸性腐蚀	
6	四氧化二氮	强氧化剂、剧毒	
7	碳酰二氯	不燃、剧毒、酸性腐蚀	不能用铝合金气瓶充装
8	氟化氢	不燃、毒、酸性腐蚀	不能用铝合金气瓶充装
9	丙烷	可燃、无毒气体	

附录 D 液化气体气瓶充装规定

续表

序号	气体名称	介质特性	与金属材料相容性
10	环丙烷	可燃、无毒气体	
11	正丁烷	可燃、无毒气体	
12	异丁烷	可燃、无毒气体	
13	丙烯	可燃、无毒气体	
14	异丁烯	可燃、无毒气体	
15	1-丁烯	可燃、无毒气体	
16	1,3-丁二烯	可燃、不稳定气体	
17	六氟丙烯	不燃、无毒气体	
18	二氯二氟甲烷	不燃、无毒气体	
19	二氯氟甲烷	不燃、无毒气体	
20	二氟氯甲烷	不燃、无毒气体	
21	二氯四氟乙烷	不燃、无毒气体	
22	二氟氯乙烷	可燃、无毒气体	
23	三氟乙烷	可燃、无毒气体	
24	偏二氟乙烷	可燃、无毒气体	
25	二氟溴氯甲烷	不燃、无毒气体	
26	三氟氯乙烯	可燃、不稳定气体	
27	氯甲烷	可燃、毒性气体	不能用铝合金气瓶充装
28	氯乙烷	可燃、无毒气体	
29	氯乙烯	可燃、不稳定、毒性气体	
30	溴甲烷	可燃、剧毒性气体	不能用铝合金气瓶充装
31	溴乙烯	可燃、不稳定、毒性气体	
32	甲胺	可燃、毒、碱性腐蚀	
33	二甲胺	可燃、毒、碱性腐蚀	
34	三甲胺	可燃、毒、碱性腐蚀	

续表

序号	气体名称	介质特性	与金属材料相容性
35	乙胺	可燃、毒、碱性腐蚀	
36	甲醚	可燃性气体	
37	乙烯基甲醚	可燃、不稳定性气体	
38	环氧乙烷	可燃、不稳定、毒性气体	
39	氙	不燃、无毒气体	
40	二氧化碳	不燃、窒息性气体	
41	氧化亚氮	不燃、麻醉用气体	
42	六氟化硫	不燃、无毒气体	
43	氯化氢	不燃、毒、酸性腐蚀	阀门应用耐酸不锈钢制造
44	乙烷	可燃、无毒气体	
45	乙烯	可燃、无毒气体	
46	三氟氯甲烷	不燃、无毒气体	
47	三氟甲烷	不燃、无毒气体	
48	六氟乙烷	不燃、无毒气体	
49	偏二氟乙烯	可燃、不稳定性气体	
50	氟乙烯	可燃、不稳定性气体	
51	三氟溴甲烷	不燃、无毒气体	

附录 E

溶解乙炔气瓶充装规定

GB 13591—2009

Rules for the filling of dissolved acetylene cylinders

1 范围

本标准规定了溶解乙炔气瓶（以下简称乙炔瓶）充装的基本原则和安全技术要求。

本标准适用于按 GB 11638 制造的乙炔瓶的充装。

本标准不适用于乙炔瓶组的充装。

本标准不适用于化工生产过程中盛装溶解乙炔的固定容器的充装。

注：本标准中的压力均指表压，有标注的除外。

2 规范性引用文件

下列文件中的条款通过本标准的引用而成为本标准的条款。凡是注日期的引用文件，其随后所有的修改单（不包括勘误的内容）或修订版均不适用于本标准，然而，鼓励根据本标准达成协议的各方研究是否可使用这些文件的最新版本。凡是不注日期的引用文件，其最新版本适用于本标准。

GB/T 3864 工业氮

GB/T 6026 工业丙酮（GB/T 6026—1998，等同于 ASTM D329—1995）

GB 6819 溶解乙炔（GB 6819—2004，JIS K 1902：1980(1992)、MOD）

GB 7144 气瓶颜色标志

GB 11638 溶解乙炔气瓶（GB 11638—2003，ISO 3807.2：2000，Cylinders for acetylene – Basic requirements – Part 2：Cylinders with fusible plugs，MOD）

GB/T 13005 气瓶术语

GB 13076 溶解乙炔气瓶定期检验与评定

GB 16804 气瓶警示标签（GB 16804—1997，等同于 ISO 7225：1994）

3 术语和定义

GB/T 13005 确立的以及下列术语和定义适用于本标准。

3.1 乙炔瓶皮重（tare weight）

钢瓶、填料、附件（瓶阀、固定式专用瓶帽、易熔合金塞和检验标记环）的质量与丙酮规定充装量之和。

3.2 乙炔瓶实重（actual weight）

在用乙炔瓶再次充装前或充装后的实际称量值。

3.3 剩余压力（residual pressure）

在用乙炔瓶再次充装前瓶内乙炔的压力。

3.4 最大乙炔量（maximum acetylene content）

规定的瓶内乙炔的最大限定质量。

3.5 最大限定压力（maximum permissible settled pressure）

在基准温度15℃时，充以规定丙酮量和最大乙炔量的乙炔瓶的最大允许压力。

3.6 静置后压力（settled pressure）

乙炔瓶充以规定丙酮量并充装乙炔，静置后，瓶内气体在当时均匀环境温度下的压力。

4 符号

以下符号适用于本标准：

B——乙炔在丙酮中的质量溶解度，单位为千克每千克

（kg/kg）；

G_s——乙炔瓶内剩余乙炔量，单位为千克（kg）；

m_{A1}——乙炔瓶内乙炔充装量，单位为千克（kg）；

m_A——乙炔瓶的最大乙炔量，单位为千克（kg）；

m_F——丙酮补加量，单位为千克（kg）；

T_A——乙炔瓶实重，单位为千克（kg）（T_{A1}—充装前，T_{A2}—充装后）；

T_m——乙炔瓶皮重，单位为千克（kg）；

V——钢瓶实际容积，单位为升（L）；

δ——瓶内多孔填料孔隙率,%。

5 充装前的检查

乙炔瓶充装单位应取得省级质量监督部门颁发的《气瓶充装许可证》。

操作人员应经质量监督部门考核合格，并持有特种设备作业人员证书。

5.1 乙炔瓶的检查

5.1.1 乙炔瓶充装前，充装单位应有充装前专职检查员负责，逐只检查。

5.1.2 乙炔瓶有下列情况之一的，严禁充装：

（1）无制造许可证单位生产的；

（2）未取得中国特种设备制造许可证的国外制造商生产的；

（3）不是本充装单位自有产权乙炔瓶且未办理临时充装变更手续的；

（4）瓶体腐蚀、机械损伤等表面缺陷，按 GB 13076 应报废的；

（5）易熔合金塞熔融、流失、损伤的；

（6）超过规定使用年限的；

（7）有其他影响安全充装缺陷的。

5.1.3 乙炔瓶有下列情况之一的,必须做相应处理或送乙炔瓶检验单位检验:
(1) 无产品合格证的(首次充装);
(2) 颜色标志不符合 GB 7144 规定或表面漆色脱落严重的;
(3) 钢印标志不全或不能识别的;
(4) 附件不全、损坏或不符合规定的;
(5) 首次充装或经拆装、更换瓶阀、易熔合金塞后,未进行置换的;
(6) 超过检验期限的;
(7) 瓶阀侧接嘴处积有炭黑或焦油等异物的;
(8) 对瓶内多孔填料、溶剂的质量有怀疑的;
(9) 有其他影响安全使用缺陷的。

对国外或港澳地区用户的乙炔瓶检查,除原始标志、颜色标志和附件按国外或特殊的规定检查外,其他项目仍按本条的规定进行检查。

5.2 剩余压力检查

乙炔瓶在充装前,应逐只检查瓶内是否存有压力,检查前乙炔瓶应在室内静置 8 h 以上。

5.2.1 用表盘直径不小于 100 mm,精度不低于 1.6 级的压力表测定瓶中的剩余压力。

5.2.2 根据剩余压力和测定剩余压力时乙炔瓶周围环境温度,求出瓶内剩余乙炔量。乙炔瓶内剩余乙炔量按式(E—1)计算:

$$G_s = 0.38 \cdot \delta \cdot V \cdot B \qquad (E—1)$$

乙炔在丙酮中的质量溶解度 B 按表 E—1 选取。

公称容积 10~60 L 乙炔瓶的剩余乙炔量可按表 E—2~表 E—6 选取。

5.2.3 对无剩余压力或经内部检查后首次充装的乙炔瓶,

附录 E 溶解乙炔气瓶充装规定

必须按下列规定进行置换：

(1) 用于置换的乙炔气，应符合 GB 6819 的要求。

(2) 置换时乙炔气压力宜小于 0.2 MPa。

(3) 置换后的乙炔瓶，应按 GB 6819 规定的试验方法和技术要求测定乙炔纯度。

(4) 对于混入空气或其他非乙炔气体的乙炔瓶，应先用符合 GB/T 3864 中一等品要求的氮气进行置换；置换后分析，瓶内气体中的氧气体积百分数低于 3% 时，再按本条中 (1)、(2)、(3) 的规定用乙炔气进行置换。

表 E—1　　　乙炔在丙酮中的质量溶解度 B　　　　kg/kg

温度/℃	压力/MPa（绝对压力）				
	0.1	0.2	0.3	0.4	0.5
−20	0.116 5	0.169 29	0.248 57	0.342 86	0.428 57
−15	0.096 5	0.147 86	0.221 43	0.296 43	0.371 43
−10	0.080 5	0.128 57	0.192 86	0.257 14	0.321 43
−5	0.067 5	0.114 28	0.171 43	0.221 48	0.278 58
0	0.057 24	0.108 07	0.156	0.189	0.237 85
5	0.048 06	0.094 05	0.135 21	0.174 9	0.205 28
10	0.040 56	0.081 9	0.120 4	0.155	0.179 6
15	0.033 56	0.071 06	0.105 8	0.131 5	0.158 9
20	0.027 54	0.061 6	0.093	0.118 5	0.140 44
25	0.022 1	0.052 8	0.081 13	0.104 2	0.124 9
30	0.017 67	0.045 1	0.071 6	0.088 5	0.111 52
35	0.013 9	0.038 5	0.061 5	0.081 5	0.099 5
40	0.010 26	0.032 57	0.053 3	0.073 5	0.091 3

表 E—2　10L 乙炔瓶不同温度、压力下剩余乙炔量　　　kg

温度/℃	压力/MPa（表压力）							
	0.05	0.10	0.15	0.2	0.25	0.3	0.35	0.40
-20	0.5	0.6	0.7	0.9	1.1	1.2	1.3	1.5
-15	0.4	0.5	0.6	0.8	0.9	1.1	1.1	1.3
-10	0.4	0.5	0.6	0.7	0.8	0.9	1	1.1
-5	0.3	0.4	0.5	0.6	0.7	0.8	0.9	1.0
0	0.3	0.4	0.4	0.5	0.6	0.7	0.8	0.9
5	0.2	0.3	0.4	0.5	0.5	0.6	0.7	0.8
10	0.2	0.3	0.3	0.4	0.5	0.5	0.6	0.7
15	0.2	0.2	0.3	0.4	0.4	0.5	0.5	0.6
20	0.2	0.2	0.3	0.3	0.3	0.4	0.4	0.5
25	0.1	0.2	0.2	0.3	0.3	0.4	0.4	0.4
30	0.1	0.2	0.2	0.2	0.3	0.3	0.4	0.4
35	0.1	0.1	0.2	0.2	0.2	0.3	0.3	0.3
40	0.1	0.1	0.1	0.2	0.2	0.3	0.3	0.3

表 E—3　16 L 乙炔瓶不同温度、压力下剩余乙炔量　　　kg

温度/℃	压力/MPa（表压力）							
	0.05	0.10	0.15	0.2	0.25	0.3	0.35	0.40
-20	0.8	1.0	1.1	1.4	1.7	1.9	2.1	2.4
-15	0.6	0.8	1.0	1.2	1.5	1.7	1.8	2.1
-10	0.6	0.7	0.9	1.0	1.3	1.4	1.6	1.8
-5	0.5	0.6	0.8	1.0	1.1	1.2	1.4	1.6
0	0.4	0.6	0.7	0.8	1.0	1.1	1.2	1.3
5	0.4	0.5	0.6	0.7	0.8	1.0	1.1	1.2
10	0.3	0.4	0.5	0.5	0.7	0.8	0.9	1.0

附录 E 溶解乙炔气瓶充装规定

续表

温度/℃	压力/MPa（表压力）							
	0.05	0.10	0.15	0.2	0.25	0.3	0.35	0.40
15	0.3	0.4	0.4	0.5	0.6	0.7	0.8	0.9
20	0.2	0.3	0.4	0.5	0.5	0.6	0.7	0.8
25	0.2	0.3	0.4	0.4	0.5	0.5	0.6	0.7
30	0.2	0.2	0.3	0.4	0.4	0.5	0.5	0.6
35	0.2	0.2	0.3	0.3	0.4	0.4	0.5	0.5
40	0.1	0.2	0.2	0.3	0.3	0.4	0.4	0.5

表 E—4　25 L 乙炔瓶不同温度、压力下剩余乙炔量　　　　kg

温度/℃	压力/MPa（表压力）							
	0.05	0.10	0.15	0.2	0.25	0.3	0.35	0.40
-20	1.2	1.6	1.8	2.2	2.7	3.0	3.3	3.8
-15	1.0	1.3	1.6	1.9	2.3	2.6	2.8	3.3
-10	0.9	1.1	1.4	1.7	2.0	2.3	2.6	3.0
-5	0.8	1.0	1.3	1.6	1.7	1.9	2.2	2.4
0	0.6	0.9	1.1	1.3	1.6	1.7	1.9	2.1
5	0.6	0.8	0.9	1.1	1.3	1.6	1.7	1.9
10	0.5	0.6	0.8	1.0	1.1	1.3	1.5	1.6
15	0.4	0.6	0.7	0.9	1.0	1.1	1.3	1.5
20	0.4	0.5	0.6	0.8	0.9	1.0	1.1	1.3
25	0.3	0.4	0.6	0.6	0.8	0.9	0.9	1.1
30	0.3	0.4	0.5	0.6	0.7	0.8	0.9	0.9
35	0.3	0.3	0.4	0.5	0.6	0.7	0.8	0.8
40	0.2	0.3	0.3	0.4	0.5	0.6	0.7	0.8

表 E—5　40 L 乙炔瓶不同温度、压力下剩余乙炔量　　　　kg

温度/℃	压力/MPa（表压力）							
	0.05	0.10	0.15	0.2	0.25	0.3	0.35	0.40
-20	1.9	2.5	2.8	3.5	4.3	5.0	5.2	6.0
-15	1.6	2.1	2.5	3.1	3.7	4.2	4.5	5.2
-10	1.4	1.8	2.2	2.7	3.2	3.6	4.1	4.5
-5	1.2	1.6	2.0	2.4	2.7	3.1	3.5	3.9
0	1.0	1.4	1.7	2.1	2.4	2.7	3.1	3.4
5	0.9	1.2	1.5	1.8	2.1	2.4	2.7	3.0
10	0.8	1.0	1.3	1.6	1.8	2.0	2.3	2.6
15	0.7	0.9	1.1	1.4	1.6	1.8	2.0	2.3
20	0.6	0.8	1.0	1.2	1.4	1.6	1.7	2.0
25	0.5	0.7	0.9	1.0	1.2	1.4	1.5	1.7
30	0.5	0.6	0.8	0.9	1.1	1.2	1.4	1.5
35	0.4	0.5	0.7	0.8	0.9	1.1	1.2	1.3
40	0.3	0.4	0.5	0.7	0.8	1.0	1.1	1.2

表 E—6　60 L 乙炔瓶不同温度、压力下剩余乙炔量　　　　kg

温度/℃	压力/MPa（表压力）							
	0.05	0.10	0.15	0.2	0.25	0.3	0.35	0.40
-20	2.8	3.5	4.2	5.2	6.5	7.2	8.0	9.0
-15	2.4	3.1	3.7	4.6	5.6	6.3	6.7	7.8
-10	2.1	2.7	3.3	4.1	4.8	5.4	6.2	6.8
-5	1.8	2.4	3.0	3.6	4.1	4.7	5.3	5.9
0	1.5	2.1	2.6	3.1	3.6	4.1	4.7	5.1

续表

温度/℃	压力/MPa（表压力）							
	0.05	0.10	0.15	0.2	0.25	0.3	0.35	0.40
5	1.4	1.8	2.3	2.7	3.2	3.6	4.1	4.5
10	1.2	1.5	2.0	2.4	2.7	3.0	3.5	3.9
15	1.1	1.4	1.7	2.1	2.4	2.7	3.0	3.5
20	0.9	1.2	1.5	1.8	2.1	2.4	2.6	3.0
25	0.8	1.1	1.3	1.5	1.8	2.1	2.3	2.6
30	0.7	0.9	1.2	1.4	1.6	1.8	2.1	2.3
35	0.6	0.8	1.0	1.2	1.4	1.6	1.8	2.0
40	0.5	0.6	0.8	1.1	1.2	1.5	1.6	1.8

5.3 丙酮的充装

乙炔瓶补加丙酮前，应逐只称量乙炔瓶实重。称量结果，保留一位小数。

5.3.1 称量衡器的最大称量值应为乙炔瓶充装后质量的（1.5~3）倍。衡器应经常保持准确，其检验周期不超过3个月，并每天用四等砝码至少校正一次。电子衡器应符合乙炔的防爆要求。

5.3.2 丙酮的品质应符合GB/T 6026一等品的要求。

5.3.3 丙酮规定充装量按GB 11638的规定执行。

5.3.4 丙酮补加量按式（E—2）计算：

$$m_F = T_m + G_s - T_{A1} \qquad (E—2)$$

5.3.5 对公称容积大于等于40 L的乙炔瓶，如实重减去剩余乙炔量后，其值大于乙炔瓶皮重0.5 kg或小于乙炔瓶皮重1.5 kg时，则该瓶应做处理，否则严禁充装。

5.3.6 对首次充装丙酮的乙炔瓶，应先抽真空。然后充装规定的丙酮量,经复核后,再按5.2.3中(1)、(2)、(3)的规定用乙炔气置换。

5.3.7 补加丙酮后,必须对丙酮充装量进行复核,其允许偏差值应符合表E—7的规定。超差的必须做处理,否则严禁充装乙炔。

表E—7　　　　　　丙酮充装量允许偏差值

乙炔瓶公称容积 V/L	≤10	16	25	40	60
丙酮充装量允许偏差 $\Delta m_F/kg$	+0.10	+0.20	+0.20	+0.40	+0.50

5.3.8 充装丙酮时的压力应小于0.8 MPa。采用氮气直接压装丙酮时,氮气应符合GB/T 3864中一等品要求。

6 乙炔的充装

6.1 充装前必须保证

6.1.1 待充装的乙炔瓶是经过充装前检查,符合充装要求的。

6.1.2 充装管路、阀门、安全装置及各连接部位均处于完好、无泄漏状态。充装系统用的压力表,精度应不低于1.6级,直径应不小于100 mm。压力表应按有关规定,6个月校验一次。

6.1.3 充装管路中乙炔质量应符合GB 6819的要求。

6.1.4 确保乙炔瓶充装的容积流速小于0.015 $m^3/(h \cdot L)$,采用强制冷却快速充装的除外。

注:容积指钢瓶容积。

6.1.5 充装场所的安全设施完好。充装中应注意的安全事项和安全措施,按有关规定执行。

6.2 充装中的检查

6.2.1 检查喷淋冷却水,水量应均匀、稳定喷淋在乙炔瓶上。

6.2.2 检查瓶壁温度不超过40℃。超温时，必须停止该瓶的充装，移至安全地点检查处理。

6.2.3 检查瓶阀有无堵塞现象，应保证充装顺畅。

6.2.4 充装中随时巡检，发现泄漏及时处理。

6.2.5 分次充装时，每次充装后的静置时间不小于8 h，并应关闭瓶阀。

6.2.6 因故中断充装的乙炔瓶需要继续充装时，必须保证充装主管内乙炔气压力大于等于乙炔瓶内压力时，才可开启瓶阀和支管切换阀。

6.2.7 乙炔瓶的充装压力，任何情况下不得大于2.5 MPa。

7 充装后的检查

7.1 充装结束关闭瓶阀后，应通过乙炔回收系统将充装主管和支管内的乙炔回收。关闭瓶阀和管路阀时应轻缓，严而不紧，防止用力过度。

7.2 充装结束后，应用肥皂水或其他合适的方法检查瓶阀、易熔塞的密封部位及它们与钢瓶的连接部位的气密性，以保证无泄漏。对于发现有泄漏的气瓶，应用安全的方法将瓶内乙炔排空，送有检验资质单位处理，在泄漏未完全排除之前，严禁重新充装。

7.3 充装后的乙炔瓶，应逐只置于符合5.3.1要求的衡器上称重，测定瓶内乙炔充装量。乙炔瓶内乙炔充装量按式（E—3）计算：

$$m_{A1} = T_{A2} - T_m \qquad (E—3)$$

7.4 乙炔瓶内乙炔充装量应小于等于该瓶的最大乙炔量。乙炔瓶的最大乙炔量按式（E—4）计算：

$$m_A = 0.02 \cdot \delta \cdot V \qquad (E—4)$$

注：保留一位小数。

7.5 乙炔充装量超过最大乙炔量时，应将乙炔瓶内超装的乙炔回收到符合 7.4 的要求，否则严禁出厂。

7.6 在正常充装条件下，乙炔瓶单位容积充装量，若低于 0.12 kg/L 时，将瓶内乙炔回收后，把乙炔瓶送至有检验资质单位处理。

7.7 乙炔瓶充装后，应按 GB 6819 规定的验收规则、试验方法、技术要求分析瓶内乙炔质量并验收。不合格的应妥善处理，严禁出厂。

7.8 乙炔瓶充装后，应静置 8 h 以上，然后从同一批中抽取 10% 的瓶（不少于两只），测定其静置后压力。静置后压力不应超过表 E—8 的规定。发现有一只气瓶超过表 E—8 的规定值时，同一批乙炔瓶应逐只测定。对于超过表 E—8 规定的乙炔瓶，应及时妥善处理，否则严禁出厂。

表 E—8　　　　　乙炔瓶的静置后压力

环境温度/℃	-20	-15	-10	-5	0	5	10	15	20	25	30	35	40
静置后压力/MPa	0.50	0.6	0.70	0.80	0.90	1.05	1.20	1.40	1.60	1.80	2.00	2.25	2.50

注1：如果静置后压力太高，而乙炔充装量是正确的。这可能表明：
（1）溶剂量不足；
（2）溶剂被污染，例如被水取代；
（3）乙炔中杂质气体浓度较高。

注2：如果静置后压力太低，则可能表明：
（1）溶剂量过多；
（2）乙炔气被污染，例如被水取代。

7.9 出厂成品，应粘贴符合国家安全技术规范及 GB 16804 规定的警示标签。

8 记录

8.1 充装单位应认真填写充装前检查记录,其内容至少包括:日期、乙炔瓶制造厂代号、乙炔瓶编号、乙炔瓶缺陷、处理措施和检查人员签章等。记录至少保存两年。

8.2 充装单位应认真填写充装和充装后检查记录。其内容至少包括:充装日期、充装间环境温度、乙炔瓶制造厂代号、乙炔瓶编号、实际容积、乙炔瓶皮重、乙炔瓶实重、剩余压力、剩余乙炔量、丙酮补加量、乙炔充装量、静置后压力、发生的问题、处理结果和操作者签章等。记录至少保存两年。

8.3 充装单位应建立所充装乙炔瓶的档案,其内容至少应包括乙炔瓶的原始资料、技术参数和历次充装、检验实况等。

附录 F

气瓶使用登记管理规则

TSG R5001—2005

Gas cylinder service registration administration regulation

第一章 总 则

第一条 为了加强气瓶的使用登记管理,规范使用登记行为,根据《特种设备安全监察条例》和《气瓶安全监察规定》,制定本规则。

第二条 本规则适用于正常环境温度($-40℃ \sim 60℃$)下使用的、公称工作压力大于或等于 0.2 MPa(表压),并且压力与容积的乘积大于或等于 $1.0 \text{ MPa} \cdot \text{L}$ 的盛装气体、液化气体和标准沸点等于或低于 60℃ 的液体的气瓶(不含灭火用气瓶、呼吸器用气瓶、非重复充装气瓶等)。

军事装备、核设施、航空航天器、铁路机车、船舶和海上设施使用的气瓶不适用本规则。

第三条 气瓶充装单位、车用气瓶产权单位或者个人(以下统称使用单位)应当按照本规则的规定办理气瓶使用登记,领取《气瓶使用登记证》(以下简称使用登记证,见附件1)。

使用登记证在气瓶定期检验合格期间内有效。

第四条 直辖市或者设区的市质量技术监督部门(以下统称登记机关),负责办理本行政区域内气瓶的使用登记工作。

登记机关可以委托下一级质量技术监督部门,以本机关的名义办理气瓶使用登记工作。

第五条 气瓶按批量或逐只办理使用登记。批量办理使用登记的气瓶数量由登记机关确定。

办理使用登记的气瓶必须是取得充装许可证的充装单位的自有产权气瓶或者经省级质量技术监督部门批准的其他在用气瓶。

第二章 使用登记

第六条 使用单位办理使用登记时,应当向登记机关提交以下文件:

(1)《气瓶使用登记表》(见附件 F—2)一式两份,并附电子文本;

(2) 气瓶产品质量证明书或者合格证(复印件);

(3) 气瓶产品安全质量监督检验证书(复印件);

(4) 气瓶产权证明和检验合格证明;

(5) 气瓶使用单位代码。

在用气瓶办理使用登记时,如果已经超过定期检验有效期,应当在定期检验合格后办理使用登记。

注:本条第(2)、(3)项只适用于新气瓶。

第七条 登记机关接到使用单位提交的文件后,应当按照以下规定及时审核、办理使用登记:

(1) 当场或者在 5 个工作日内向使用单位出具文件受理凭证;

(2) 对允许登记的气瓶,按照《气瓶使用登记代码和使用登记证编号规定》(见附件 F—3),编写气瓶使用登记代码和使用登记证编号;

(3) 自文件受理之日起 15 个工作日内完成审查登记、办理使用登记证。一次登记数量较大的，登记机关可以到使用单位现场办理登记，在 30 个工作日内完成审查发证手续。

第八条 使用单位按照通知时间持文件受理凭证领取使用登记证或者不予受理决定书。登记机关发证时应当返回使用单位提交的文件和一份由登记机关盖章的《气瓶使用登记表》。

第九条 使用单位应当建立气瓶安全技术档案，将使用登记证、登记文件妥善保存，并将有关资料录入计算机。

第十条 使用单位应当在每只气瓶的明显部位标注气瓶使用登记代码永久性标记。

第十一条 登记机关对有下列情况的气瓶不予登记：
（1）无制造许可证单位制造的气瓶；
（2）擅自变更使用条件或者进行过违规修理、改造的气瓶；
（3）超过规定使用年限的气瓶；
（4）无法确定产权关系的气瓶；
（5）超过定期检验周期或者经检验不合格的气瓶；
（6）其他不符合有关安全技术规范或国家标准规定的气瓶。

第十二条 登记机关应当采取在办公地点张贴悬挂使用登记程序流程图、提供免费文字介绍材料、网上公布等方式，公布气瓶使用登记的办理程序、要求，便于气瓶使用单位查询、了解。

第十三条 登记机关应当建档保存登记表，并且及时将《气瓶使用登记表》、气瓶使用登记代码、使用登记证编号等信息输入计算机数据库，实施动态监管。

第十四条 登记机关应当在发证后 5 个工作日内将登记信息传送给气瓶使用单位所在地县级质量技术监督部门。

县级质量技术监督部门接到登记信息后，应当对新增气瓶使用情况实施安全监察。

第十五条 使用单位应当于每年 12 月 31 日前，向登记机关报送气瓶变更情况，填写《气瓶使用登记表》，并附电子文件。

登记机关应当对气瓶使用登记实施年度监督检查，并且及时更新气瓶使用登记数据库。

第三章 过户和注销登记

第十六条 气瓶需要过户，气瓶原使用单位应当持使用登记证、《气瓶使用登记表》、有效期内的定期检验报告和接收单位同意接收的证明，到原登记机关办理使用登记注销手续。

原登记机关应当在《气瓶使用登记表》上做注销标记，并且向气瓶原使用单位签发《气瓶过户证明》（见附件 F—4）。

第十七条 气瓶原使用单位应当将《气瓶过户证明》、标有注销标记的《气瓶使用登记表》、历次定期检验报告以及登记文件全部移交给气瓶新使用单位。

第十八条 气瓶过户时，其使用登记代码永久标记不得更改，但应当在气瓶原标记前标注"GH＋气瓶新使用单位代码"字样。

第十九条 登记机关办理变更登记的工作时限同本规则第七条的规定。

第二十条 气瓶有以下情形之一的，不得申请变更登记：
（1）气瓶原使用单位未办理使用登记的；
（2）定期检验结论为判废或者到期报废的；
（3）擅自变更使用条件或者进行过违规修理、改造的；
（4）无技术资料的；
（5）超过规定使用年限的；
（6）制造单位不明或者制造日期不清的；

(7) 存在其他安全隐患的。

第二十一条 对于定期检验不合格的气瓶,气瓶检验机构应当书面告知气瓶使用单位和登记机关。登记机关收到报告后,应当注销其气瓶使用登记。

第二十二条 气瓶报废时,使用单位应当持使用登记证和《气瓶使用登记表》到登记机关办理报废、使用登记注销手续。

第四章 附 则

第二十三条 登记机关负责按照本规则规定的格式印制使用登记证。

第二十四条 本规则由国家质量监督检验检疫总局负责解释。

第二十五条 本规则自2005年10月1日起施行。

附件 F—1 气瓶使用登记证

气瓶使用登记证

按照《气瓶使用登记管理规则》的规定,准予使用登记。此证仅对《气瓶使用登记表》(附件2)中已经登记、有使用登记代码永久标记并且在安全技术规范规定的检验周期内经检验合格的气瓶有效。

使用登记证编号:
使用单位:
附《气瓶使用登记表》

登记机关:(加盖公章)

发证日期:　　年　　月　　日

注:使用单位是指气瓶充装单位、车用气瓶产权单位(或者个人)。

附件F—2 气瓶使用登记表

气瓶使用登记表

使用单位:(加盖使用单位公章)　　　　　　　　　　　使用单位代码:

序号	设备品种	充装介质	制造单位	制造年月	公称工作压力(MPa)	容积(L)	设计壁厚(mm)	最近一次检验日期	下次检验日期	气瓶使用登记代码	变更情况	停用情况	备注

共　页　第　页

申请人声明和签署:以上所列气瓶均标有唯一的使用登记代码,本人对本表所填内容的真实性负责。

申请单位法定代表人签名:　　　　　　　　　　　日期:

登记机关经办人:　　　　　　　　　　　　　　　日期:

安全监察机构负责人:　　　　　　　　　　　　　日期:

登记机关:(加盖公章)

附件 F—3 气瓶使用登记代码和使用登记证编号规定

一、气瓶使用登记代码

1. 气瓶使用登记代码由登记机关编制。
2. 结构

气瓶使用登记代码结构由气瓶品种代码、省级行政区域代码、使用单位代码、排序代码组成。

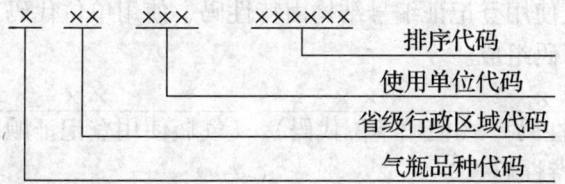

（1）气瓶品种代码。

气瓶品种代码见表 F—1。

表 F—1　　　　气瓶品种代码

气瓶品种	代码	气瓶品种	代码
无缝气瓶	1	溶解乙炔气瓶	4
焊接气瓶	2	车用气瓶	5
液化石油气钢瓶	3	低温绝热气瓶	6

液化石油气钢瓶的品种代码可省略。

（2）省级行政区域代码。

依据 GB/T 2260—2002《中华人民共和国行政区划代码》确定，如江苏省为 32。

（3）使用单位代码。

由省级质量技术监督部门统一确定的充装单位代码。

车用气瓶，用登记机关的行政所在地的行政区划代码代替。即前 1 位为 0，后 2 位为登记机关所在地的市（地）级行政区划代码，如江苏省无锡市，则为 002。

(4) 排序代码。

用六位阿拉伯数字表示。采用使用单位的气瓶顺序编号。从"000001"排至"999999"（不足六位的应在数字前加零），当气瓶总数超过 999999 只时，则将第一位数编为英文字母"A"，如第 100 万只的编号为 A000000。

二、气瓶使用登记证编号

气瓶使用登记证编号结构由特性码、使用单位代码和使用登记证顺序码组成。

$$\underline{\quad\times\times\quad}\ \underline{\quad\times\times\times\quad}\ \underline{\quad\times\times\quad}$$
（特性码）（使用单位代码）（气瓶使用登记证顺序码）

1. 特性码

由 QP 两个汉语拼音大写字母组成。

2. 使用单位代码

采用省级质量技术监督部门统一确定的充装单位代码。

车用气瓶，按照本编号规定一、2.（3）要求编号。

3. 气瓶使用登记证顺序码

该使用单位的使用登记证的顺序编号。

附件 F—4　气瓶过户证明

气瓶过户证明

附件 F—2《气瓶使用登记表》中所列的气瓶已经办理使用登记证注销手续，请予办理过户使用登记。

登记机关：（加盖公章）
日　　期：

参 考 文 献

吴粤燊. 气瓶安全 [M]. 北京：中国劳动社会保障出版社，2009.

崔政斌，王明明. 气瓶安全技术 [M]. 北京：化学工业出版社，2009.

郝澄，汪洋. 气瓶充装与安全 [M]. 北京：化学工业出版社，2007.

傅秦生，何雅玲，赵小明. 热工基础与应用 [M]. 北京：机械工业出版社，2001.

林志宏，刘新宇. 气瓶安全技术与管理 [M]. 沈阳：辽宁科学技术出版社，2007.

国家安全生产监督管理局. 危险化学品经营单位安全管理培训教材 [M]. 北京：气象出版社，2006.

王俊，姜德春. 气瓶检验安全技术 [M]. 大连：大连理工出版社，1993.

李训仁，文树德. 气瓶充装及气瓶检验使用安全技术 [M]. 长沙：湖南大学出版社，2001.

李锐. 氧气设备及氧气瓶的安全技术 [M]. 上海：上海科学技术出版社，1994.

白铁钧. 航天气瓶的断裂安全性 [M]. 沈阳：东北大学出版社，2004.

毕龙生. 低温容器应用进展及发展前景（一）[J]. 真空与低温，1999，5：(3) 125~134.

毕龙生. 低温容器应用进展及发展前景（二）[J]. 真空与低温，1999，5：(4) 187~192.

毕龙生. 低温容器应用进展及发展前景（三）[J]. 真空与低温，2000，6：(1) 1~7.

刘三江，郑辉等. 对长管拖车气瓶定期检验方法的探讨 [J]. 中国锅炉压力容器安全. 2004，21（2）：38~40.